지게차 운전기능사

총정리문제집

건설기계연구회 편저

머리글

우리나라는 국토건설사업은 물론 중국과 시베리아 등 해외개발도 매우 활발하게 추진되어 오고 있으며, 특히 많은 기계 공업 중 건설기계와 자동차 공업은 건설 및 각종 생산에서 가장 중요한 위치를 차지하고 있습니다. 근래에 와서는 모든 생산 및 건설분야가 전문화와 세분화됨에 따라 인력부족과 자리부족의 심각한 상황에 이르러 건설기계의 활용으로 대처해 나가고 있으나 기술인 부족으로 많은 고충을 겪고 있는 실정입니다.

이에 본사에서 건설기계를 배우고자 하는 여러분들과 현재 이 분야에 종사는 분들에게 장비의 기능을 이해하고, 충분히 활용할 수 있도록 도움을 드리기 위해 책으로 엮어 보았습니다.

1. 새로 개정된 출제기준에 따라 수록했습니다.
2. 요점 설명을 보완하여 이해가 쉽도록 하였습니다.
3. 용어 중 원어의 우리말 표기는 외래어 표기법에 따랐습니다.
4. 실전모의고사 3회분을 수록하였습니다.

끝으로 본의 아니게 잘못된 내용은 앞으로 철저히 수정보완하여 나가기로 약속드립니다.

출 제 기 준 표

◐ **주관처** : 한국산업인력공단
◐ **자격종목** : 지게차 운전기능사
◐ **직무내용** : 기술 지식과 숙련된 운전기능을 갖추어 각종 건설 및 물류 작업에서 적재, 하역, 운반 등의 직무를 수행
◐ **필기시험방법(문제수)** : 객관식(전과목 혼합, 60문항)
◐ **합격기준(필기·실기)** : 100점을 만점으로 하여 60점 이상
◐ **시험시간** : 1시간

필기과목명	문제수	세부항목	주요항목	미세항목
건설기계기관, 전기 및 작업장치, 유압일반, 건설기계관리법규 및 도로통행방법	60	1. 건설기계 기관장치	1. 기관의 구조, 기능 및 점검	1. 기관본체 2. 연료장치 3. 냉각장치 4. 윤활장치 5. 과급기
		2. 건설기계 전기장치	2. 전기장치의 구조, 기능 및점검	1. 시동장치 2. 충전장치 3. 조명장치 4. 계기류 5. 예열장치
		3. 건설기계 섀시장치	3. 섀시의 구조, 기능 및 점검	1. 동력전달장치 2. 제동장치 3. 조향장치 4. 주행장치
		4. 건설기계 작업장치	4. 굴착, 적하용 장비의 조종 및 작업장치	1. 굴착기 2. 지게차 3. 불도저 4. 기중기 5. 모터그레이더 6. 로더
		5. 유압 일반	1. 유압	1. 유압유
			2. 유압기기	1. 유압펌프 2. 제어밸브 3. 유압실린더와 유압모터 4. 기타 부속장치 등
		6. 건설기계 관리법규 및 도로통행방법	1. 건설기계등록검사	1. 건설기계 등록 2. 건설기계 검사
			2. 면허·사업·벌칙	1. 건설기계 조종사의 면허 및 건설기계사업 2. 건설기계 관리 법규의 벌칙
			3. 건설기계의 도로교통법	1. 도로통행방법에 관한 사항 2. 도로교통법규의 벌칙
		7. 안전관리	1. 안전관리	1. 산업안전 일반 2. 기계·기기 및 공구에 관한 사항 3. 오염방지장치
			2. 작업안전	1. 작업상의 안전 2. 기타 안전관련 사항

지게차 운전기능사 총정리문제집

CONTENTS

제1편 건설기계 기관

제2편 건설기계 전기

제3편 건설기계 섀시장치

제4편 건설기계 유압

제5편 건설기계 관리법규 및 안전관리

제6편 지게차 작업장치

제7편 실전모의고사

제 1 편

건설기계 기관

제 1 편

건설기계 기관

제1장. 기관주요부

1 기관 일반

1. 기관의 정의

열에너지(힘)을 기계적인 에너지로 변화시키는 기계장치로써 열기관이라고도 한다.

(1) 내연기관

실린더 내부에서 연소물질을 연소시켜 동력을 발생시키는 기관으로 가솔린, 디젤, 가스, 제트 기관 등이 있다.

(2) 외연기관

실린더 외부에서 연소물질을 연소시켜 동력을 발생시키는 기관으로 증기 기관 등이 있다.

2. 기관의 분류

(1) 기관 배열의 분류

직렬형, 수평형, 수평 대향형, V형, 성형, 도립형, X형, W형 등이 있다.

(2) 사용 연료의 분류

① **가솔린 기관** : 휘발유를 연료로 하는 기관으로 공기와 연료의 혼합기를 흡입 · 압축하여 전기적인 불꽃으로 점화하며, 소음이 적고 고속 · 경쾌하여 자동차 및 건설기계 일부에서 사용한다.

② **디젤 기관** : 경유를 연료로 하는 기관으로 공기만을 흡입 · 압축한 후 연료를 분사시켜 압축열에 의해서 착화하며, 열효율이 높고 출력이 커서 건설기계 · 대형차량 · 선박 · 농기계의 기관으로 많이 사용한다.

③ **LPG 기관** : LPG를 연료로 사용하는 기관으로 가솔린기관의 고압용기에 들어 있는 LPG를 감압기화장치를 통해 기화기로부터 기관에 흡입시켜 점화하며, 연료비가 싸고 연소실이나 윤활유의 더러움이 적고 엔진 수명이 길며 배기가스 속의 유해가스도 적어 자동차나 일부 대형차량에서 사용이 증가하고 있다.

(3) 점화 방법의 분류

① **전기 점화 기관** : 혼합가스에 전기적인 불꽃으로 점화시키는 기관
② **압축 착화 기관** : 연료를 분사하면 압축열에 의하여 착화되는 기관

(4) 열역학적 사이클의 분류

① **정적 사이클(오토 사이클)** : 일정한 용적 하에서 연소되는 가솔린 기관
② **정압 사이클(디젤 사이클)** : 일정한 압력 하에서 연소되는 저속 디젤 기관
③ **사바테 사이클(합성 사이클)** : 일정한 압력과 용적 하에서 연소되는 고속 디젤 기관

(5) 기계학적 사이클의 분류

① **4행정 사이클 기관** : 흡입, 압축, 폭발, 배기 등 4개 작용을 피스톤이 4행정하고 크랭크 축이 2회전하여 동력을 발생하는 기관

(2) **2행정 사이클 기관** : 흡입, 압축, 폭발, 배기 등 4개 작용을 피스톤 2행정에 마치고 크랭크 축이 1회전에 동력을 얻는 기관

3. 작동 원리

(1) 4행정 사이클 기관의 작동 원리

1) **흡입 행정** : 피스톤이 내려가면서 대기와의 압력차에 의해 신선한 혼합기가 유입되는 행정으로, 흡입 밸브는 열려 있고 배기 밸브는 닫혀 있으며, 디젤 기관에서는 피스톤이 하강함에 따라 실린더 내에는 공기만 흡입한다.

2) **압축 행정** : 피스톤이 올라가면서 혼합기를 압축시키는 행정(흡 · 배기 밸브 모두 닫혀 있다)으로 압축압력은 7~11kg/㎠(가솔린 기관)과 30~45kg/㎠(디젤 기관) 정도이다.

3) **폭발(동력)행정(Power Stroke)**

① 흡입과 배기밸브가 모두 닫혀 있으며, 압축행정 말기에 분사노즐로부터 실린더 내로 연료를 분사하여 연소시켜 동력을 얻는 행정으로, 폭발압력은 35~45kg/㎠(가솔린 기관)과 55~65kg/㎠(디젤 기관) 정도이다.

② 폭발행정 끝 부분에서 실린더 내의 압력에 의해서 배기가스가 배기밸브를 통해 배출되는 현상을 블로다운(Blow Down)이라 한다.

4) **배기 행정** : 배기밸브가 열리면서 폭발행정에서 일을 한 연소가스를 실린더 밖으로 배출시키는 행정(흡기 밸브는 닫혀있고, 배기 밸브는 열려 있다)으로 열효율은 25~32%(가솔린 기관)과 32~38%(디젤 기관) 정도이다.

(2) 2행정 사이클 기관의 작동 원리

1) **흡입, 압축 및 폭발 행정** : 피스톤이 상승하면서 흡입 포트가 열려 크랭크 케이스 내에 신선한 혼합기를 흡입하고, 피스톤 헤드부는 배기 구멍을 막은 다음 유입된 혼합기를 압축하여 점화 플러그에서 발생되는 불꽃에 의해서 연소시킨다.

2) **배기 및 소기** : 연소 가스가 피스톤을 밀어내려 배기공이 열리면 가스가 배출되며, 피스톤에 의해서 소기공이 열리면 흡입 행정에서 흡입된 혼합 가스가 피스톤 헤드부로 유입된다.

① **디플렉터** : 2행정 사이클 엔진에서 혼합기의 손실을 적게 하고 와류를 증가시키기 위해 피스톤 헤드에 설치된 돌기부를 말한다.

② **소기 행정** : 연소실에 유입되는 혼합기에 의해 연소 가스를 배출시키는 것을 말한다.

2 기관 본체

1. 실린더 블록과 실린더

(1) 실린더 블록

특수 주철합금제로 내부에는 물 통로와 실린더로 되어 있으며 상부에는 헤드, 하부에는 오일 팬이 부착되었고 외부에는 각종 부속 장치와 코어 플러그가 있어 동파 방지를 하고 있다.

(2) 실린더

피스톤 행정의 약 2배 되는 길이의 진원통이다. 습식과 건식 라이너가 있으며 마모를 줄이기 위하여 실린더 벽에 크롬 도금을 0.1mm한 것도 있다.

(3) 실린더 라이너

① **습식 라이너** : 두께 5~8mm로 냉각수가 직접 접촉, 디젤 기관에 사용된다.
② **건식 라이너** : 두께 2~3mm로 삽입시 2~3ton의 힘이 필요하며, 가솔린 기관에 사용된다.

(4) 실린더 헤드

1) 구성

① 개스킷을 사이에 두고 실린더블록에 볼트로 설치되며 피스톤, 실린더와 함께 연소실을 형성한다.
② 헤드 아래쪽에는 연소실과 밸브 시트가 있고, 위쪽에는 예열플러그 및 분사노즐 설치 구멍과 밸브개폐기구의 설치 부분이 있다.

2) 정비방법

균열점검(육안검사, 염색탐상방법, 자기탐상방법), 균열원인(과격한 열 부하, 겨울철 냉각수 동결), 변형점검 방법(곧은 자와 필러 게이지 이용), 변형원인(실린더헤드 개스킷 불량, 실린더헤드 볼트의 불균일한 조임, 기관 과열 또는 냉각수 동결)

3) 실린더헤드 개스킷의 역할

실린더헤드와 블록의 접합면 사이에 끼워져 양면을 밀착시켜서 압축가스, 냉각수 및 기관오일의 누출을 방지하기 위해 사용하는 석면계열의 물질

4) 연소실의 구비조건

① 연소실 체적이 최소가 되게 하고 가열되기 쉬운 돌출부가 없을 것
② 밸브면적을 크게 하여 흡·배기작용을 원활히 할 것
③ 압축행정시 혼합가스의 와류가 잘될 것
④ 화염 전파에 요하는 시간을 최소로 짧게 할 것

2. 피스톤

실린더 내를 왕복 운동하여 동력 행정시 크랭크 축을 회전운동시키며, 흡입, 압축, 배기 행정에서는 크랭크 축으로부터 동력을 전달받아 작동된다.

(1) 피스톤의 구비조건

① 가스 및 오일 누출 없을 것
② 폭발압력을 유효하게 이용할 것
③ 마찰로 인한 기계적 손실 방지
④ 기계적 강도 클 것
⑤ 열전도율 크고 열팽창률 적을 것

(2) 피스톤의 종류

① 캠연마 피스톤
② 솔리드 피스톤
③ 스플리트 피스톤
④ 인바스트럿 피스톤
⑤ 오프셋 피스톤
⑥ 슬리퍼 피스톤

(3) 피스톤 간극

1) 피스톤 간극이 클 때의 영향

① 블로 바이(blow by)에 의한 압축 압력이 낮아진다.
② 기관오일이 연소실에 유입되어 오일소비가 많아진다.
③ 기관 시동 성능 저하 및 출력이 감소한다.
④ 피스톤 슬랩 현상이 발생된다.
⑤ 연료가 기관오일에 떨어져 희석되어 오일의 수명이 단축된다.

2) 피스톤 간극이 작을 때의 영향

① 마찰열에 의해 소결이 된다.
② 마찰 마멸 증대가 생긴다.

3) 피스톤 슬랩 : 피스톤 간극이 클 때 실린더 벽에 충격적으로 접촉되어 금속음을 발생하는 것을 말한다.

(4) 피스톤 링과 피스톤 핀

1) 피스톤 링

피스톤에 3~5개 압축링과 오일링이 있으며, 실린더 벽보다 재질이 너무 강하면 실린더 벽의 마모가 쉽다.

① 피스톤 링의 조립

피스톤 링을 피스톤에 끼울 때 핀보스와 측압부분을 피하여 절개부를 120~180° 로 하여 조립하여야 압축가스가 새지 않는다.

② 피스톤 링의 3대 작용

㉮ 기밀 유지작용(밀봉작용)
㉯ 열전도작용(냉각작용)
㉰ 오일 제어작용

③ 구비조건

㉮ 열팽창률 적고 고온에서 탄성 유지할 것
㉯ 실린더 벽에 동일한 압력을 가하고, 실린더 벽보다 약한 재질일 것
㉰ 오래 사용하여도 링 자체나 실린더의 마멸이 적을 것

④ 링 절개부의 종류

㉮ 직각형(butt joint or straight joint, 종절형)
㉯ 사절형(miter joint or angle joint, 앵글형)
㉰ 계단형(step joint or lap joint, 단절형)

2) 피스톤 핀

① 기능

㉮ 피스톤 보스에 끼워져 피스톤과 커넥팅 로드 소단부 연결
㉯ 피스톤이 받은 폭발력을 커넥팅 로드에 전달

② **구비조건**

㉮ 강도 클 것
㉯ 무게 가벼울 것
㉰ 내마멸성 우수할 것

③ **피스톤 핀의 설치 방식**

㉮ 고정식 : 피스톤 보스부에 볼트로 고정한다.
㉯ 반부동식 : 커넥팅 소단부에 클램프 볼트로 고정한다.
㉰ 전부동식 : 보스부에 스냅링을 설치, 핀이 빠지지 않도록 한다.

(5) 커넥팅 로드

피스톤과 연결되는 소단부와 크랭크 축에 연결하는 대단부로 되어 있으며, 피스톤에서 받은 압력을 크랭크 축에 전달한다.

1) 갖추어야 할 조건

① 충분한 강성을 가지고 있을 것
② 내마멸성이 우수할 것
③ 가벼울 것

2) 커넥팅 로드의 길이

① 커넥팅 로드의 길이는 피스톤 행정의 약 1.5~2.3배 정도이다.
② 커넥팅 로드 길이가 짧은 경우
㉮ 기관의 높이가 낮아지고 무게를 줄일 수 있다.
㉯ 실린더 측압이 커져 기관 수명이 짧아지고 기관의 길이가 길어진다.
③ 커넥팅 로드 길이가 긴 경우
㉮ 실린더 측압이 작아져 실린더 벽 마멸이 감소하여 수명이 길어진다.
㉯ 강도가 낮아지고, 무게가 무거워지고, 기관의 높이가 높아진다.

3. 크랭크 축

(1) 크랭크 축

① **기능**

폭발행정에서 얻은 피스톤의 동력을 회전운동으로 바꿔 기관의 출력을 외부로 전달하고 동시에 흡입 · 압축 · 배기행정에서 피스톤에 운동을 전달한다.

② **형식**

직렬 4기통기관, 직렬 6기통기관, 직렬 8기통기관, V-8기통기관

③ **비틀림 진동 방지기**

㉮ 크랭크축이 긴 기관에서 비틀림 진동 방지기를 크랭크축앞 끝에 크랭크 축 풀리와 일체로 설치하여 진동을 흡수한다.
㉯ 크랭크축의 비틀림 진동은 회전력이 클수록, 속도가 빠를수록 크다.

(2) 베어링

기관 베어링은 회전 부분에 사용되는 것으로 기관에서는 보통 평면(플레인) 베어링이 사용된다.

1) 오일 간극

① **오일 간극** : 0.038~0.1mm
② **오일 간극이 크면** : 유압 저하, 윤활유 소비 증가
③ **오일 간극이 작으면** : 마모 촉진, 소결 현상

2) 베어링 지지방법

① **베어링 돌기** : 베어링을 캡 또는 하우징에 있는 홈과 맞물려 고정시키는 역할을 한다.

② **오일구멍과 홈** : 오일 홈은 저어널의 오일구멍과 일치하여 엔진오일이 베어링 홈에 유입되게 하는 역할을 하며, 오일 홈으로 흘러 베어링 전체에 공급하는 역할을 한다.

③ **베어링 스프레드** : 베어링을 장착하지 않은 상태에서 바깥 지름과 하우징의 지름의 차이, 조립 시 밀착을 좋게 하고 크러시의 압축에 의한 변형을 방지한다.

④ **베어링 크러시** : 베어링을 하우징과 완전 밀착시켰을 때 베어링 바깥 둘레가 하우징 안쪽 둘레보다 약간 큰데, 이 차이를 크러시라 하며 볼트로 압착시키면 차이는 없어지고 밀착된 상태로 하우징에 고정된다.

3) 필수조건

① 마찰계수 작고, 고온 강도 크고, 길들임성 좋을 것
② 내피로성, 내부식성, 내마멸성 클 것
③ 매입성, 추종 유동성, 하중 부담 능력 있을 것

(3) 플라이 휠(fly wheel)

클러치 압력판 및 디스크와 커버 등이 부착되는 마찰면과 기동모터 피니언 기어와 물리는 링 기어로 구성된다. 크기와 무게가 실린더 수와 회전수에 반비례하며 엔진 회전력의 맥동을 방지하여 회전 속도를 고르게 한다. 실린더 내에서 폭발이 일어나면 피스톤 → 커넥팅 로드 → 크랭크 축 → 플라이 휠(클러치) 순서로 전달된다.

4. 캠 축과 밸브 장치

(1) 캠 축과 밸브 리프터

엔진의 밸브 수와 동일한 캠이 배열되어 있으며, 연료 펌프 구동용 편심 캠과 배전기 구동용 헬리컬 기어가 설치되어 있고, 캠은 밸브 리프터를 밀어주는 역할을 하며 밸브 리프터는 유압식과 기계식이 있으며 대부분 유압식이 사용되고 있다.

1) 캠 축 구동방식

① **기어 구동식** : 크랭크 축과 캠 축을 기어로 물려 구동한다.
② **체인 구동식** : 크랭크 축과 캠 축을 사일런트 체인으로 구동한다.
③ **벨트 구동식** : 특수 합성 고무로 된 벨트로 구동한다.

2) 유압식 밸브 리프터의 특징

① 밸브 간극 조정이나 점검을 하지 않아도 된다.
② 밸브 개폐시기가 정확하게 되어 기관의 성능이 향상된다.
③ 작동이 조용하다.
④ 충격을 흡수하기 때문에 밸브 기구의 내구성이 향상된다.

(2) 밸브와 밸브 스프링

실린더 헤드에는 혼합가스를 흡입하는 흡입 밸브와 연소된 가스를 배출하는 배기 밸브가 한 개의 연소실당 2~4개 설치되어 흡 · 배기 작용을 하며 밸브 스프링은 밸브와 시트(valve seat)의 밀착을 도와 닫아주는 일을 한다.

1) 밸브 시트의 각도와 간섭각

① 30°, 45°, 60°가 사용됨
② 간섭각은 1/4~1°를 줌
③ 밸브의 시트의 폭은 1.4~2.0mm임
④ 밸브 헤드 마진은 0.8mm 이상임

2) 밸브 스프링의 구비 조건

① 블로 바이(blow by)가 생기지 않을 정도의 탄성 유지
② 밸브가 캠의 형상대로 움직일 수 있을 것
③ 내구성이 클 것
④ 서징(surging) 현상이 없을 것

3) 서징 현상과 방지책

① 부등 피치의 스프링 사용
② 2중 스프링을 사용
③ 원뿔형 스프링 사용

서징현상은 기계식 밸브 리프터의 경우 스프링의 고유운동이 캠에 의한 강제진동을 방해하여 스프링이 피로해지는 현상을 말한다.

(3) 밸브 간극

밸브 스템의 끝과 로커암 사이 간극을 말하며 정상온도 운전시 열팽창 될 것을 고려하여 흡기 밸브는 0.20~0.25mm, 배기 밸브는 0.25~0.40mm 정도의 간극을 준다.

1) 밸브 간극이 클 때의 영향

① 소음이 심하고 밸브 개폐기구에 충격을 준다.
② 정상작동 온도에서 밸브가 완전하게 열리지 못한다.
③ 흡입밸브의 간극이 크면 흡입량 부족을 초래한다.
④ 배기밸브의 간극이 크면 배기 불충분으로 기관이 과열된다.
⑤ 출력이 저하되며, 스템 엔드부의 찌그러짐이 발생된다.

2) 밸브 간극이 작을 때의 영향

① 밸브가 완전히 닫히지 않아 기밀 유지가 불량하다.
② 블로바이로 인해 기관 출력이 감소된다.
③ 정상작동 온도에서 일찍 열리고 늦게 닫혀 밸브 열림 기간이 길어진다.
④ 흡입밸브의 간극이 작으면 역화 및 실화가 발생한다.
⑤ 배기밸브의 간극이 작으면 후화 발생이 용이하다.

(4) 밸브 기구의 형식

① L헤드형 밸브 기구 : 캠 축, 밸브 리프트(태핏) 및 밸브로 구성 되어 있다.
② I헤드형 밸브 기구 : 캠 축, 밸브 리프트, 푸시로드, 로커암으로 구성되어 있으며, 현재 가장 많이 사용되는 밸브 기구이다.
③ F헤드형 밸브 기구 : L헤드형과 I헤드형 밸브 기구를 조합한 형식이다.
④ OHC(Over Head Cam shaft) 밸브 기구 : 캠 축이 실린더 헤드위에 설치된 형식으로 캠 축이 1개인 것을 SOHC라 하고, 캠 축이 헤드 위에 2개가 설치된 것을 DOHC라 한다.

(5) 유압식 밸브 리프터의 특징

① 밸브간극 조정은 자동으로 조절된다.
② 밸브개폐 시기가 정확하다.
③ 밸브기구의 내구성이 좋다.
④ 밸브기구의 구조가 복잡하다.
⑤ 윤활장치가 고장이 나면 기관의 작동이 정지된다.

(6) 밸브(Valve)의 구비조건

① 열에 대한 팽창률이 작을 것
② 무게가 가볍고, 고온가스에 견디고, 고온에 잘 견딜 것
③ 열에 대한 저항력이 크고, 열전도율이 좋을 것.

제 1 편

건설기계 기관

제2장. 냉각장치

1 냉각 일반

1. 냉각장치의 역할

작동 중인 기관의 동력행정 때 발생되는 열(1500~2000℃)을 냉각시켜 기관 과열(over heat)을 방지하고, 적당한 온도(75~80℃)로 유지하기 위한 장치이다.

(1) 과열로 인한 결과

① 윤활유의 연소로 인한 유막의 파괴
② 열로 인한 부품들의 변형
③ 윤활유의 부족으로 인하여 각 부품 손상
④ 조기점화나 노킹으로 인한 출력 저하

(2) 과냉으로 인한 결과

① 혼합기의 기화 불충분으로 출력 저하
② 연료 소비율 증대
③ 오일이 희석되어 베어링부의 마멸이 커짐

2. 냉각장치의 분류

(1) 공랭식 냉각장치

실린더 벽의 바깥 둘레에 냉각 팬을 설치하여 공기의 접촉 면적을 크게 하여 냉각시킨다. 자연 통풍방식과 강제 통풍방식이 있다.

① **장점** : 냉각수 보충 · 동결 · 누수 염려 없고, 구조가 간단하여 취급이 용이하다.
② **단점** : 기후 · 운전상태 등에 따라 기관의 온도가 변화하기 쉽고, 냉각이 불균일하여 과열되기 쉽다.

(2) 수냉식 냉각장치

냉각수를 사용하여 엔진을 냉각시키는 방식으로 냉각수는 정수나 연수를 사용한다. 자연 순환방식과 강제 순환방식이 있다.

2 냉각장치의 주요 구성 및 작용

1. 방열기기와 수온조절

(1) 라디에이터

실린더 헤드를 통하여 더워진 물이 라디에이터로 들어오면 냉각수 통로인 수관을 통하여 열이 발산되어 냉각이 이루어진다.

1) 기관의 정상 온도

① 실린더 헤드 물 재킷부의 냉각수 온도로서 75~85℃이다.
② 라디에이터 상부와 하부의 유출입 온도 차이는 5~10℃이다.

2) 라디에이터의 구비 조건

① 냉각수 흐름에 대한 저항이 적을 것
② 공기 저항이 적을 것
③ 가볍고 작을 것
④ 강도가 클 것
⑤ 단위 면적당 발열량이 많을 것

3) 라디에이터 코어

① 막힘률이 20% 이상이면 교환한다.
② 청소시 세척제는 탄산소다를 사용한다.

(2) 라디에이터 캡의 작용

냉각수 주입구의 마개이며 이 캡에는 압력 밸브와 진공 밸브가 설치되어 있다.

① 0.2~0.9kg/㎠정도 압력을 상승시킨다.
② 비등점을 110~120℃ 정도로 조정한다.
③ 캡을 열어보았을 때 기름이 떠 있거나 기름기가 생겼으면 헤드 개스킷의 파손 및 헤드 볼트가 풀리거나 이완된 상태이다.

(3) 수온조절기(thermostat, 정온기)

실린더 헤드와 라디에이터 상부 사이에 설치되며 항상 냉각수의 온도를 일정하게 유지할 수 있도록 조정하는 일종의 온도 조정장치로서 65℃ 정도에서 열리기 시작하여 85℃ 가 되면 완전히 열린다.

① **펠릿형** : 냉각수의 온도에 의해서 왁스가 팽창하여 밸브가 열리며, 가장 많이 사용한다.
② **벨로스형** : 에틸이나 알코올이 냉각수의 온도에 의해서 팽창하여 밸브가 열린다.

2. 냉각기기와 냉각수

(1) 물 펌프

물 펌프는 라디에이터 하부 탱크에 냉각된 물을 물 재킷에 보내려고 퍼올려서 강제적으로 순환시키는 장치이다.

(2) 냉각 팬과 벨트

냉각 팬은 플라스틱이나 강판으로 4~6매의 날개를 가지며, 라디에이터의 뒤편에 설치되어 많은 공기를 라디에이터 코어를 통해서 빨아들이며, 벨트는 보통 이음매가 없는 벨트로서 발전기 풀리, 크랭크 축 풀리, 물 펌프 풀리 사이에 끼워져 크랭크 축의 운동을 전달하며 일명 V벨트라고도 부른다.

(3) 팬 벨트와 전동 팬의 특징

① **팬 벨트** : V벨트로 접촉각 40°
② **팬 벨트 유격** : 10kg 정도로 눌러서 10~20mm
③ **유체 커플링 팬** : 실리콘 오일 봉입
④ **전동 팬** : 전동기 용량 35~130W, 수온 센서로 작동됨

(4) 냉각수와 부동액

내연기관의 냉각수는 메탄올을 주성분으로 한 것과 에틸렌 글리콜을 주성분으로 한 부동액이 있는데 후자를 많이 사용한다.

1) 부동액의 성질

① 물과 잘 혼합할 것
② 순환성이 좋을 것
③ 부식성이 없을 것
④ 휘발성이 없을 것

2) 에틸렌 글리콜의 성질

① 무취성으로 도료를 침식하지 않는다.
② 비점이 197.5℃ 정도로 증발성이 없다.
③ 불연성이다.
④ 응고점이 낮다(-50℃).

(5) 수냉식 기관의 과열원인

① 냉각수량 부족
② 냉각팬 파손
③ 구동벨트 장력이 작거나 파손
④ 수온조절기가 닫힌 채 고장
⑤ 라디에이터 코어 파손·오손
⑥ 물재킷 내에 스케일이 많이 쌓임
⑦ 수온조절기가 열리는 온도 너무 높음
⑧ 라디에이터 코어 20% 이상 막힘
⑨ 워터펌프 작동 불량
⑩ 라디에이터 호스 파손

제 1 편

건설기계 기관

제3장. 윤활장치

1 윤활 일반

1. 윤활의 필요성

기관의 마찰면에 윤활유를 공급하며 기관의 작동을 원활히 하고 마멸을 최소로 하게 하는 장치를 윤활장치라고 한다.

1) 마찰 작용

① 경계 마찰 : 고체 표면에 단일 분자층부터 기체의 막이 부착된 경계 윤활의 마찰이다.
② 건조 마찰 : 고체 마찰이라고 할 수 있으며 깨끗한 고체 표면 끼리의 마찰이다.
③ 유체 마찰 : 고체 표면간에 충분한 유체막을 형성하여 그 유체막으로 하중을 지지하는 윤활에 의한 마찰이다.

2) 윤활유의 6대 작용

① 마찰 감소 작용
② 냉각 작용
③ 세척 작용
④ 밀봉 작용
⑤ 부식 방지 작용
⑥ 완충(응력 분산) 작용

3) 윤활유의 구비 성질

① 인화점 및 발화점이 높을 것
② 점도와 온도의 관계가 적당할 것
③ 열전도가 양호할 것
④ 산화에 저항이 클 것
⑤ 카본 생성이 적을 것
⑥ 강인한 유막을 형성할 것
⑦ 비중과 점도가 적당할 것

2. 윤활유

윤활제는 액체 상태의 윤활유와 반고체 상태의 그리스 및 고체 윤활제로 대별된다.

(1) 기관 오일의 분류

1) 점도에 의한 분류

SAE(미국 자동차 기술협회) 분류 : SAE 번호로 오일의 점도를 표시하며, 번호가 클수록 점도가 높다.

계절	겨울	봄 · 가을	여름
SAE 번호	10~20	30	40~50

① 겨울용 기관오일 : 겨울에는 기관오일의 유동성이 떨어지기 때문에 점도가 낮아야 한다.
② 봄, 가을용 기관오일 : 봄, 가을용은 겨울용보다는 점도가 높고, 여름용보다는 점도가 낮다.
③ 여름용 기관오일 : 여름용은 기온이 높기 때문에 기관오일의 점도가 높아야 한다.
④ 범용 기관오일(다급 기관오일) : 저온에서 기관이 시동될 수 있도록 점도가 낮고, 고온에서도 기능을 발휘할 수 있는 기관오일 이다.

2) API 분류(사용조건의 분류) 및 SAE 신분류

구분	운전 조건	API 분류	SAE 분류
가솔린 기관	좋은 조건	ML	SA
	중간 조건	MM	SB
	가혹한 조건	MS	SC, SD
디젤 기관	좋은 조건	DG	CA
	중간 조건	DM	CB, CC
	가혹한 조건	DS	CD

(2) 점도 및 점도 지수

1) 점도 : 오일의 끈적끈적한 정도를 나타내는 것으로 유체의 이동 저항
① 점도가 높으면 : 끈적끈적하여 유동성 저하
② 점도가 낮으면 : 오일이 묽어 유동성 향상

2) 점도 지수 : 온도에 따른 점도 변화를 나타내는 수치
① 점도 지수가 크면 : 온도 변화에 따라 점도 변화 작음
② 점도 지수가 작으면 : 온도 변화에 따라 점도 변화 큼

3) 유성 : 오일이 금속 마찰면에 유막을 형성하는 성질

4) 오일의 혼합 : 점도가 다른 두 종류를 혼합 사용하거나 제작사가 다른 오일은 혼합하지 말아야 한다.

2 윤활장치의 구성 및 작용

1. 윤활 및 여과 방식

내연기관의 윤활 방식은 혼합식과 분리식 있으나 건설기계는 대부분 분리식이 사용된다.

1) 2행정 사이클의 윤활 방식

① 혼기식(혼합) : 기관 오일을 가솔린과 9~25:1의 비율로 미리 혼합하여, 크랭크 케이스 안에 흡입할 때와 실린더의 소기를 할 때 마찰 부분을 윤활한다.

② 분리 윤활식 : 주요 윤활 부분에 오일 펌프로 오일을 압송하는 형식이며 4사이클 기관의 압송식과 같다.

2) 4행정 사이클 기관의 윤활 방식

① 비산식 : 오일펌프가 없으며, 커넥팅로드 대단부에 부착한 주걱(Oil Dipper)으로 오일 팬 내의 오일을 크랭크축이 회전할 때의 원심력으로 퍼올려서 뿌려준다.

② 압송식 : 캠축으로 구동되는 오일펌프로 오일을 흡입 · 가압하여 각 윤활 부분으로 보내며, 최근에 많이 사용되고 있다.

③ 비산 압송식 : 비산식과 압송식을 조합한 것으로, 오일 펌프도 있고 오일 디퍼도 있다.

3) 윤활 방식의 종류

① 전류식 : 오일펌프에서 압송한 오일이 필터에서 불순물을 걸러진 후 윤활부로 공급되는 방식이다.

② 분류식 : 오일펌프에서 압송된 오일을 각 윤활부에 직접 공급하고, 일부의 오일을 오일필터로 보낸 뒤 다음 오일 팬으로 다시 돌려보내는 방식이다.

③ 복합식(샨트식) : 입자의 크기가 다른 두 종류의 필터를 사용하여 입자가 큰 필터를 거친 오일은 오일 팬으로 복귀시키고 입자가 작은 필터를 거친 오일은 각 윤활부에 직접 공급하도록 되어 있는 전류식과 분류식을 결합한 방식이다.

2. 윤활장치의 구성

1) 오일 팬 : 오일을 저장하며 오일의 냉각작용도 한다. 섬프가 있어 경사지에서도 오일이 고여 있고, 외부에는 오일 배출용 드레인 플러그가 있다.

2) 오일 스트레이너 : 펌프로 들어가는 오일을 여과하는 부품이며, 철망으로 제작하여 비교적 큰 입자의 불순물을 여과한다.

3) 오일 펌프

캠 축이나 크랭크에 의해 기어 또는 체인으로 구동되는 윤활유 펌프로 오일 팬 내에 있는 오일을 빨아 올려 기관의 각 작동 부분에 압송하는 펌프이며, 보통 오일 팬 안에 설치된다.

① 기어 펌프 : 내접 기어형과 외접 기어형
② 로터 펌프 : 이너 로터와 아웃 로터와 작동됨
③ 베인 펌프 : 편심 로터가 날개와 작동됨
④ 플런저 펌프 : 플런저가 캠 축에 의해 작동됨

4) 유압 조절 밸브(유압 조정기)

유압이 과도하게 상승하는 것을 방치하여 일정하게 압력을 유지시키는 작용을 한다.

① 유압이 높아지는 원인
㉮ 기관오일의 점도가 지나치게 높다.
㉯ 윤활회로의 일부가 막혔다.
㉰ 유압조절 밸브(릴리프 밸브) 스프링의 장력이 과다하다.
㉱ 유압조절 밸브가 닫힌 채로 고착되었다.

② 유압이 낮아지는 원인
㉮ 오일 팬 내에 오일이 부족하다.
㉯ 크랭크축 오일틈새가 크다.
㉰ 오일펌프가 불량하다.
㉱ 유압조절 밸브가 열린 상태로 고장 났다.
㉲ 기관 각부의 마모가 심하다.
㉳ 기관오일에 경유가 혼입되었다.
㉴ 커넥팅로드 대단부 베어링과 핀 저널의 간극이 크다.

5) 오일 여과기(Oil Filter)

윤활유 속에는 부품 사이에 생긴 마찰로 인하여 발생한 불순물과 연소될 때 발생한 이물질이 들어 있다. 이러한 이물질은 기관 작동에 치명적인 결함을 발생시킬 수 있으므로 불순물을 제거하기 위한 오일 여과기가 필요하다.

① 오염 상태 판정
㉮ 검정색에 가까운 경우 : 심하게 오염(불순물 오염)
㉯ 붉은색에 가까운 경우 : 가솔린의 유입
㉰ 우유색에 가까운 경우 : 냉각수가 섞여 있음

② 오일의 교환(정상 사용시) : 200~250시간

6) 오일 게이지와 오일 점검

① 오일량 점검방법
㉮ 건설기계를 평탄한 지면에 주차시킨다.
㉯ 기관을 시동하여 난기운전(워밍업)시킨 후 기관을 정지한다.
㉰ 유면표시기를 빼어 묻은 오일을 깨끗이 닦은 후 다시 끼운다.
㉱ 다시 유면표시기를 빼어 오일이 묻은 부분이 "F"와 "Lㅌㅋ"선의 중간 이상에 있으면 된다.
㉲ 오일량을 점검할 때 점도도 함께 점검한다.

② 유압계
윤활장치 내를 순환하는 오일 압력을 운전자에게 알려주는 계기 장치를 말한다.
㉮ 유압계 : 2~3kg/㎠(가솔린 기관), 3~4kg/㎠(디젤기관)
㉯ 유압 경고등 : 사용시 점등된 후 꺼지면 유압이 정상

7) 오일 냉각기

마찰되는 부분과 연소실 부분은 열이 발생한다. 이 열은 오일의 운반 작용을 통해 감소되는데, 이때 오일의 높아진 온도를 감소시키기 위해서 오일 냉각기가 사용된다.

유압 상승 및 하강 원인

구분	원인
유압 상승	· 윤활 회로의 일부 막힘(오일여과기가 막히면 유압 상승) · 기관온도가 낮아 오일 점도 높음 · 유압조절밸브 스프링의 장력 과다
유압 하강	· 기관오일의 점도가 낮고 오일팬의 오일량 부족 · 크랭크축 베어링의 과다 마멸로 오일 간극 커짐 · 오일펌프의 마멸 또는 윤활 회로에서 오일 누출 · 유압조절밸브 스프링 장력이 약하거나 파손

제 1 편

건설기계 기관

제4장. 디젤연소실과 연료장치

1 디젤기관 일반

1. 디젤 기관의 연소실

디젤 기관은 압축열(600℃)에 의한 자연착화기관이므로 공기와 연료가 잘 혼합될 수 있는 구조여야 한다.

(1) 직접 분사식

연소실이 피스톤 헤드나 실린더 헤드에 있어 이곳에 연료를 150~300kg/㎠의 분사 압력으로 분사하며 시동을 돕기 위한 예열 장치가 흡기다기관에 설치되어 있다.

장점	단점
① 열효율이 높고 시동이 쉽다. ② 냉각에 의한 열손실이 적으며 열변형이 적다.	① 분사 압력이 높아 분사 펌프와 노즐 등의 수명이 짧다. ② 분사 노즐의 상태와 연료의 질에 민감하다. ③ 노크가 일어나기 쉽다.

(2) 예연소실식

실린더헤드의 주연소실에 비해 30~40% 정도 체적의 예연소실이 있고, 이곳에 분사노즐과 예열플러그가 있어 연료를 100~120kg/㎠ 정도로 분사하면 예연소실로부터 연소가 시작되어 압력이 주연소실로 밀려나와 피스톤을 밀어준다.

장점	단점
① 분사 압력이 낮아 연료장치의 고장이 적다. ② 연료의 성질 변화에 둔하고 선택 범위가 넓다. ③ 노크가 적게 된다.	① 연소실 표면이 커서 냉각 손실이 많다. ② 시동보조장치인 예열플러그가 필요하다. ③ 연료 소비율이 약간 많고 구조가 복잡하다.

(3) 와류실식

실린더 헤드나 실린더 주변에 둥근공 모양의 보조 연소실이 주연소실의 70~80% 용적을 가지고 설치되어, 압축 공기가 이 와류실에서 강한 선회 운동을 할 때 100~140kg/㎠ 정도의 분사 압력으로 연료가 분사되어 연소가 일어난다.

장점	단점
① 기관의 회전 속도 범위가 넓고 회전 속도를 높일 수 있다. ② 예연소실에 비해서 연료 소비율이 적다. ③ 평균 유효 압력이 높으며 분사 압력이 비교적 낮다.	① 시동시 예열 플러그가 필요하고 구조가 복잡하다. ② 열효율이 낮고 저속에서 노크가 일어나기 쉽다.

(4) 공기실식

피스톤 헤드나 실린더 헤드 연소실에 주연소실의 6~20% 체적으로 공기실이 있다. 공기실은 예비 연소실과 같이 노즐이 공기실에 있지 않고 주연소실에서 직접 연료를 분사하므로, 연료가 주연소실부터 시작되어 공기실로 전달되기 때문에 주연소실의 1차 폭발력에 이어 2차적인 압력을 피스톤에 가할 수 있다.

2. 연소와 노크

(1) 연소실의 구비 조건

① 평균 유효 압력이 높고 연소 시간이 짧아야 한다.
② 연료 소비가 적고 연소 상태가 좋아야 한다.
③ 와류가 잘 되어 공기와 연료의 혼합이 잘 되어야 한다.
④ 시동이 쉽고 노크가 적어야 한다.

(2) 연소 과정

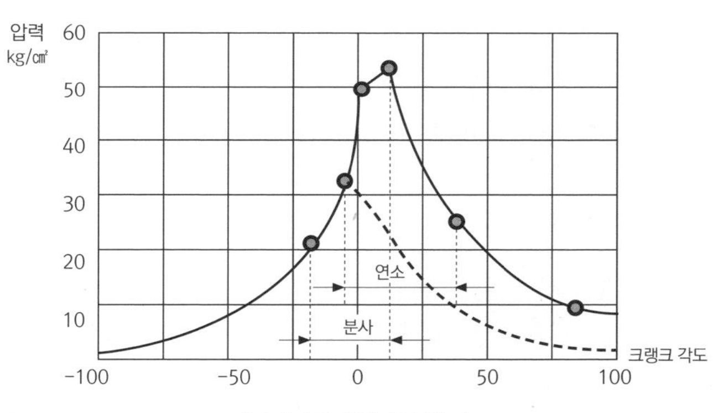

[디젤기관의 분사와 연소]

① 착화 지연 기간(A~B) : 연료가 분사되어 착화될 때까지의 기간
② 폭발 연소 기간(화염 전파 기간(B~C) : 착화 지연 기간 동안에 형성된 혼합기가 착화되는 기간
③ 연소 제어 기간(직접 연소 기간)(C~D) : 화염에 의해서 분사와 동시에 연소되는 기간
④ 후기 연소 기간(D~E) : 분사가 종료된 후 미연소 가스가 연소하는 기간

(3) 이상 연소와 노크 방지

① 디젤 노크는 착화 지연 기간 중 분사된 다량의 연료가 화염 전파 기간 중 일시적으로 이상 연소가 되어 급격한 압력 상승이나 부조 현상이 되는 상태를 말한다.

② 디젤기관의 노크 방지책
㉮ 압축비를 높인다.
㉯ 흡기 온도를 높인다.
㉰ 냉각수 온도를 높인다.
㉱ 착화성이 좋은 연료(세탄가가 높은 연료)를 사용한다.
㉲ 와류가 일어나게 한다.

2 구성 및 작용

1. 연료의 일반 성질

(1) 발열량

연료가 완전 연소하였을 때 발생되는 열량이며 디젤 기관 연료인 경유의 발열량은 10,700kcal/kg이다.

(2) 인화점

일정한 연료를 서서히 가열했을 때 불이 붙는 온도이다.

① 가솔린 인화점 : -15℃ 이내이다.
② 경유의 인화점 : 40~90℃ 이내이다.

(3) 착화점

온도가 높아져서 자연 발화되어 연소되는 온도이다.

① 경유의 착화점은 공기 속에서 358℃이다.

(4) 세탄가

디젤 연료의 착화성을 나타내는 척도를 말하며 착화 지연이 짧은 세탄($C_{16}H_{34}$)과 착화지연이 나쁜 a -메틸 나프탈렌 ($C_{11}H_{10}$) 의 혼합염료의 비를 %로 나타내는 것이다.

$$\text{세탄가} = \frac{\text{세탄}}{\text{세탄} + \text{a메틸 나프탈렌}} \times 100\%$$

(5) 디젤 연료의 구비 조건

① 연소속도가 빠르고, 자연발화점이 낮을 것(착화가 용이할 것)
② 카본의 발생이 적을 것
③ 세탄가가 높고, 발열량이 클 것
④ 적당한 점도를 지니며, 온도변화에 따른 점도변화가 적을 것

2. 연료기기의 작용

(1) 연료 공급 펌프

연료 탱크에 있는 연료를 분사 펌프에 공급하는 펌프로 분사 펌프의 옆이나 실린더 블록에 부착되어 캠 축에 의해 작동된다. 플런저식은 플런저와 스프링으로 구성되어 있다.

※ 연료장치의 공기빼기

① 연료장치에 공기가 흡입되면 기관회전이 불량해 진다. 즉, 기관이 부조를 일으킨다.
② 공기를 빼는 순서는 연료공급펌프 → 연료여과기 → 분사펌프 이다.
③ 공기빼기 작업은 연료탱크 내의 연료가 결핍되어 보충한 경우, 연료호스나 파이프 등을 교환한 경우, 연료여과기의 교환, 분사펌프를 탈 · 부착한 경우 등에 한다.

(2) 연료 여과기

연료 속의 불순물, 수분, 먼지, 오물 등을 제거하여 정유하는 것으로 공급 펌프와 분사 펌프 사이에 설치되어 있다. 내부에는 압력이 1.5~2kg/㎠ 이상 또는 연료 과잉량을 탱크로 되돌려 보내는 오버플로우 밸브가 있다.

※ 오버플로 밸브의 기능

① 연료여과기 엘리먼트를 보호한다.
② 연료공급 펌프의 소음발생을 방지한다.
③ 연료계통의 공기를 배출한다.

(3) 분사 펌프

분사 펌프는 공급 펌프와 여과기를 거쳐서 공급된 연료를 고압으로 노즐에 보내어 분사할 수 있도록 하는 펌프로 조속기, 타이머가 함께 부착되어 작동된다.

① **펌프 엘리먼트** : 플런저와 플런저 배럴로서 분사 노즐로 연료를 압송한다.

② **분사량 제어기구** : 제어 래크, 제어 슬리브 및 피니언으로서 래크를 좌우(21~25mm)로 회전시킨다.

③ **딜리버리 밸브** : 노즐에서 분사된 후의 연료 역류 방지와 잔압을 유지해 후적을 방지한다.

④ **앵글라이히 장치** : 엔진의 모든 속도 범위에서 공기와 연료의 비율을 알맞게 유지한다.

⑤ **타이머** : 엔진 부하 및 회전 속도에 따라 분사 시기를 조정하는 것으로 분사 펌프 캠 축과 같이 작동된다.

⑥ **조속기(Governor)** : 조속기란 기관의 회전속도나 부하의 변동에 따라 자동으로 연료 분사량을 조절하는 제어장치이다. 조속기는 여러 가지 원인에 의해 기관에 부하가 변동하더라도 여기에 대응하는 연료 분사량을 조정하여 기관의 회전 속도를 언제나 원하는 속도로 유지하는 역할을 한다.

(4) 분사 노즐

분사 노즐은 실린더 헤드에 정지되어 있고 분사 펌프로부터 압송된 연료를 실린더 내에 분사하는 역할을 하며, 분사개시 압력을 조절하는 조정 나사가 있다.

① **개방형** : 분사 펌프와 노즐 사이가 항시 열려 있어 후적을 일으킨다.

② **밀폐형(폐지형)** : 분사 펌프와 노즐 사이에 니들 밸브가 설치되어 필요할 때만 자동으로 연료를 분사한다.

③ **연료 분무 조건**

㉮ 무화가 적을 것
㉯ 관통도가 있을 것
㉰ 분포가 좋을 것
㉱ 분사도가 알맞을 것
㉲ 분사율과 노즐 유량계수가 적당할 것

④ **노즐의 구비조건**

㉮ 분무를 연소실의 구석구석까지 뿌려지게 할 것
㉯ 연료를 미세한 안개 모양으로 쉽게 착화하게 할 것
㉰ 고온 · 고압의 가혹한 조건에서 장기간 사용할 수 있을 것
㉱ 연료의 분사 끝에서 후적이 일어나지 말 것

⑤ **노즐의 종류별 특징**

구분	구멍형	핀틀형	스로틀형
분사 압력	150~300kg/cm²	100~150kg/cm²	100~140kg/cm²

제 1 편 제5장. 흡·배기장치 및 시동보조장치

1 흡·배기장치 일반

1. 흡·배기에 관한 영향

기관이 충분한 출력을 내면서 작동되기 위해서는 실린더 내부에 혼합 가스나 공기를 흡입하여 적절한 압축과 폭발 과정을 거쳐야 하며 연소된 후에도 그 연소 가스를 효과적으로 배출하여야 할 것이다. 이러한 일들을 담당하는 장치들을 흡·배기 장치라 한다.

2. 배출 가스와 대책

(1) 블로 바이(Blow by) 가스

실린더와 피스톤 사이에 틈새를 지나 크랭크 케이스와 환기 기구를 통하여 대기로 방출되는 가스를 말한다.

(2) 배기 가스

① **인체에 해가 없는 것** : 수증기(H_2O), 질소(N_2) 탄산가스(CO_2) 이다.
② **유해 물질** : 탄화수소(HC), 질소산화물(NO_x), 일산화탄소(CO) 등은 공해 방지를 위한 감소 대상 물질이다.

(3) 디젤 기관의 가스 발생 대책

흑연, HC, CO 등은 연소 상태를 좋게 개선하면 감소시킬 수 있으나 NOx는 반대로 연소 온도를 낮추지 않으면 감소시킬 수 없다.

2 구성 및 작용

1. 흡·배기 기기

(1) 공기청정기

디젤기관이 동력을 발생시키기 위해서는 공기가 필요하다. 그러나 공기에 먼지와 같은 이물질이 함유되어 있으면 실린더 안에서 왕복운동을 하는 피스톤에 끼어서 미세한 상처를 입히게 되며, 이는 결국 기관이 고장이 나는 원인이 될 수 있다. 따라서 연소될 공기 속에 불순물의 유입을 막기 위해 공기 청정기를 설치한다.

① **건식 공기청정기** : 건식 공기청정기는 여과지나 여과포로 된 여과 엘리먼트(Filter Element)를 사용한다.

② **습식 공기청정기** : 공기를 오일(엔진오일)로 적셔진 금속 여과망의 엘리먼트를 통과시켜 여과된다.

(2) 흡기다기관

공기나 혼합가스를 흡입하는 통로로서 주철 합금이나 알루미늄 합금으로 만들어져 있으며 될 수 있는 대로 저항을 적게 하여 질과 양이 균일한 혼합기를 각 실린더에 분배할 수 있도록 하였다.

(3) 과급기(Supercharger)

과급기란 기관의 작동 중 흡입에 의한 충전 효율을 높여서 회전력, 연료 소비율, 기관의 출력 등을 향상시키기 위하여 흡입되는 가스에 압력을 가하여 주는 일종의 공기 펌프이다.

1) 터보차저

① 터보차저는 4행정 기관에서 실린더 내에 공기의 충전 효율을 증가시켜 주기 위해서 두고 있다.
② 배기 가스 압력에 의해 작동된다.
③ 기관 전체 중량은 10~15%가 무거워진다.
④ 기관의 출력은 35~45% 증대된다.

2) 블로어

① 루트 블로어는 하우징 내부에 2개의 로터가 양단에 베어링으로 지지된다.
② 베어링이나 로터 기어의 윤활용 오일이 새는 것을 방지하기 위해 기름막이 장치로 래버린스(Lavyrinth) 링이 부착되어 있다.

(4) 배기다기관과 소음기

1) 배기 다기관

배기가스로부터 나오는 연소 가스를 모으고 소음기로 배출하는 역할을 하는 장치이다. 또한 과급기를 구동시키는 역할도 한다.

2) 소음기

연소된 배기가스는 온도와 기압이 매우 높다. 이런 고온고압의 가스가 갑작스럽게 공기 중으로 배출하게 될 경우 대기 중에서 팽창하여 공기를 진동시키기 때문에 매우 큰 소음이 발생한다. 이 발생되는 소음을 줄이기 위해서는 배출되는 가스의 압력과 온도가 낮아야 한다. 이러한 역할을 하는 것이 소음기로서 배기가스의 온도와 압력을 낮추는 역할을 한다.

① **정상 연소** : 무색 또는 담청색
② **윤활유 연소** : 백색
③ **진한 혼합기** : 검은 연기
④ **장비의 노후 연료의 질 불량** : 검은 연기
⑤ **희박한 혼합비** : 볏짚색
⑥ **노킹이 생길 때** : 황색에서 시작되어 검은 연기 발생

2. 예열 기구

(1) 흡기 가열식

흡입 공기를 흡입 통로인 다기관에서 가열시켜 흡입시키는 방식이다.

① **연소식 히터** : 흡기 히터는 작은 연료 탱크로 구성되어 있으며, 연료 여과기에서 보낸 연료를 흡기다기관 안에서 연소시키고 흡입 공기를 가열하여 기관의 온도가 낮을 때 시동이 잘 되게 한다.

② **전열식 흡기 히터** : 공기 히터와 히터 릴레이에 흡입 공기의 통로에 설치된 흡기 히터의 통전(通電)을 제어하는 히터 릴레이, 히터의 적열 상태를 운전석에 표시하는 표시등(Indicator)으로 구성되어 있다.

(2) 예열 플러그식

1) 예열 플러그식 예열 기구는 실린더 헤드에 있는 예열소실에 부착된 예열 플러그가 공기를 가열하여 시동을 쉽게 하는 방식이다.

2) 예열 플러그(Glow plug) : 금속제 보호관에 코일이 들어 있는 예열 플러그를 실드형(Shield Type) 예열 플러그라 하며 직접 코일이 노출되어 있는 코일형(Coil type)이 있다.

3) 예열 플러그 파일럿

① 예열 플러그 파일럿은 히트 코일과 이것을 지지하는 단자 및 보호 커버로 구성되어 있다.

② 전류에 의해 예열 플러그와 함께 적열되도록 되어 운전석에서 확인할 수 있도록 하였다.

4) 예열 플러그 릴레이

① 예열 플러그 릴레이란 기동용과 예열용 릴레이의 독립된 두 릴레이가 하나의 케이스에 들어 있어, 각각 기동 스위치의 조작에 의해 작동되는 것이다.

② 예열 플러그의 양쪽 끝에 가해진 전압이 예열시와 기동 전동기를 작동할 때 변화하지 않고 양호한 적열 상태가 유지 되도록 회로를 절환한다.

2. 감압 장치

배기 밸브를 열고 기관을 크랭킹시키면 가볍게 크랭크 축을 회전 운동시키게 되고 계속해서 크랭킹시키면 플라이 휠에 원심력을 얻게된다.
이 때 급격히 배기 밸브를 닫아주면 어느 한 기통이 갑자기 플라이 휠의 원심력과 기동 모터의 회전력이 합산된 힘으로 크랭크축을 돌려주기 때문에 압축이 완료됨으로써 폭발 운동을 갖게 되어 가볍게 시동을 걸 수 있도록 한 시동 보조장치를 감압 장치 또는 디컴프 장치라고 한다.

제 1 편 **건설기계 기관** 출제예상문제

01 **다음 중 열 에너지를 기계적 에너지로 변화시켜 주는 장치는?**

① 펌프 ② 모터
③ 엔진 ④ 밸브

해설 자동차가 스스로 움직이기 위해서는 동력을 발생시키는 장치가 필요한데 이 역할을 하는 것이 바로 기관(Engine)이다. 대부분의 자동차에 사용되는 기관은 가스나 액체 연료를 기관 내부에서 연소하여 발생한 열에너지를 기계적인 에너지로 바꾸는 방식의 내연기관이다.

02 **다음 중 4행정 사이클 기관의 작동 순서는?**

① 흡입 → 압축 → 폭발 → 배기
② 흡입 → 배기 → 폭발 → 압축
③ 압축 → 흡입 → 폭발 → 배기
④ 흡입 → 압축 → 배기 → 폭발

해설 4행정 사이클 기관은 피스톤의 흡입 → 압축 → 폭발 → 배기행정 순으로 작용하여 1사이클을 마친다.

03 **다음 중 연료 분사 노즐로부터 실린더 내로 연료를 분사하여 연소시켜 동력을 얻는 행정은?**

① 폭발 행정 ② 압축 행정
③ 배기행정 ④ 흡입 행정

04 **4행정 기관이 2사이클을 완성하려면 캠 축은 몇 회전하는가?**

① 1회전 ② 2회전
③ 4회전 ④ 8회전

해설 1사이클 당 크랭크축은 2회전, 캠축은 1회전한다. 따라서 2×1=2회전

05 **4행정 사이클 기관은 크랭크축이 몇 회전에 한 사이클을 끝마치는가?**

① 1회전 ② 2회전
③ 3회전 ④ 4회전

해설 4행정 사이클 기관이란 크랭크축이 2회전을 한 사이에 피스톤이 흡입, 압축, 폭발, 배기의 4행정을 마치는 기관을 말한다.

06 **기관의 실린더 수가 많은 경우의 장점이 아닌 것은?**

① 기관의 진동이 적다.
② 저속 회전이 용이하고 큰 동력을 얻을 수 있다.
③ 연료 소비가 적고 큰 동력을 얻을 수 있다.
④ 가속이 원활하고 신속하다.

07 **공기만을 실린더 내로 흡입하여 고압축비로 압축한 다음 압축열에 연료를 분사하는 디젤기관의 작동원리는?**

① 압축착화기관
② 전기점화기관
③ 외연기관
④ 제트기관

해설 디젤 기관은 실린더 내부에 공기만을 고온으로 압축시킨 상태에서, 분사 노즐을 통해 연료가 안개처럼 분사되면 압축 시 발생된 열에 의해 자기 착화 연소가 되는 압축착화기관이다.

08 **실린더 벽이 마멸되었을 때 일어나는 현상은?**

① 기관의 회전수가 증가한다.
② 오일 소모량이 증가한다.
③ 열효율이 증가한다.
④ 폭발 압력이 증가한다.

09 **다음 중 기관에서 실린더 마모가 가장 큰 부분은?**

① 실린더 아래 부분
② 실린더 윗 부분
③ 실린더 중간 부분
④ 일정하지 않다.

10 **다음 중 알맞은 것은?**

① 피스톤이 실린더를 2회 왕복하는 기관은 2행정 기관이다.
② 2행정 사이클 디젤 기관은 크랭크가 1회전을 하면 피스톤은 2행정을 하는 구조이다.
③ 4행정 사이클 디젤 기관은 소기 및 압축과 작동, 배기 및 소기 작용을 완료한다.
④ 4행정 사이클 디젤 기관에서 피스톤이 2행정을 하면 크랭크는 1회전을 한다.

해설 피스톤이 실린더를 2회 왕복하는 기관을 4행정 사이클 기관이라 하고, 피스톤이 1왕복하는 기관을 2행정 사이클 기관이라 한다. 2행정 사이클 디젤 기관은 크랭크가 1회전을 하면 피스톤은 2행정을 하는 구조이다. 4행정 사이클 디젤 기관은 피스톤 행정이 흡입, 압축, 작동, 배기의 4행정으로 구분되고, 2행정 사이클 디젤 기관은 2행정 동안에 소기 및 압축과 작동, 배기 및 소기 작용을 완료한다.

11 **피스톤과 실린더와의 간극이 클 때 일어나는 현상 중 틀린 것은 어느 것인가?**

① 피스톤 슬랩 현상이 생긴다.
② 압축 압력이 저하된다.
③ 오일이 연소실로 유입된다.
④ 피스톤과 실린더의 소결이 일어난다.

정답 01. ③ 02. ① 03. ① 04. ② 05. ② 06. ③ 07. ① 08. ② 09. ② 10. ② 11. ④

12 다음 중 기관의 피스톤이 고착되는 원인으로 맞지 않는 것은?

① 기관 오일이 너무 많았을 때
② 피스톤 간극이 작을 때
③ 기관 오일이 부족하였을 때
④ 기관이 과열되었을 때

13 다음 중 피스톤 링의 3대 작용은?

① 밀봉 작용, 냉각 작용, 흡입 작용
② 흡입 작용, 압축 작용, 냉각 작용
③ 밀봉 작용, 냉각 작용, 오일 제어 작용
④ 밀봉 작용, 냉각 작용, 마멸 방지 작용

14 피스톤이 실린더에서 가장 낮게 이동한 위치를 무엇이라 하는가?

① 상사점　② 하사점
③ 실린더 보어　④ 행정

해설 하사점은 피스톤이 실린더 가장 아래 쪽으로 내려간 상태를 말한다.

15 오일과 오일링의 작용 중 오일의 작용에 해당되지 않는 것은?

① 방청 작용　② 냉각 작용
③ 응력 분산 작용　④ 오일 제어 작용

16 내연기관의 동력 전달은?

① 피스톤 → 커넥팅 로드 → 클러치 → 크랭크 축
② 피스톤 → 클러치 → 크랭크 축
③ 피스톤 → 크랭크 축 → 커넥팅 로드 → 클러치
④ 피스톤 → 커넥팅 로드 → 크랭크 축 → 클러치

17 기관의 본체를 구성하는 부품이 아닌 것은?

① 실린더　② 크랭크실
③ 캠축　④ 서모스탯

해설 기관 본체는 실린더와 실린더 블록, 실린더 헤드, 크랭크축, 피스톤, 커넥팅 로드, 크랭크 축, 플라이휠, 캠축, 밸브 등으로 구성되어 있다. 서모스탯(온도조절기)은 냉각장치의 부품으로 엔진과 라디에이터 사이에 설치되어 있으며 냉각수 온도 변화에 따라 자동적으로 개폐하여 라디에이터로 흐르는 유량을 조절하는 장치이다.

18 실린더 라이너에서 가장 많이 마멸되는 곳은?

① 상부　② 중간
③ 하부　④ 중간과 하부사이

해설 실린더 라이너는 위쪽에서 실린더 헤드에 연결되어 있고 실린더 헤드에는 각종 밸브가 설치되어 있다. 실린더 라이너의 아래에는 여러 개의 소기공이 있으며 위쪽은 고온 고압의 연소가스가 접촉하고 피스톤이 왕복운동을 하게 되므로 마멸되기가 쉽다.

19 실린더에 대한 내용으로 적절하지 않은 것은?

① 실린더는 피스톤의 왕복운동을 하게 하는 기관이다.
② 실린더 블록은 연소 가스의 누설을 방지하고 피스톤과 마찰을 최소화하는 역할을 한다.
③ 실린더 라이너는 건식과 습식으로 나뉜다.
④ 실린더는 연소에 따른 압력과 고온 때문에 재질이 열과 고온에 강해야 한다.

해설 실린더 블록은 엔진의 뼈대가 되는 몸체로 피스톤과 크랭크축 등이 설치되는 부분이다. 연소 가스의 누설을 방지하고 피스톤과 마찰을 최소화하는 역할을 하는 것은 실린더 벽(Wall)이며, 실린더 벽을 통해 피스톤과 마찰을 줄여 손상을 방지하게 된다.

20 다음 중 크랭크 축에 제일 많이 사용되는 베어링은?

① 테이퍼 베어링
② 롤러 베어링
③ 플레인 베어링
④ 볼 베어링

21 다음에 열거한 부품 중 점(착)화 시기를 필요로 하지 않는 것은?

① 크랭크 축 기어
② 캠 축 기어
③ 연료분사 펌프 구동기어
④ 오일 펌프 구동기어

22 기관에서 밸브 스프링의 장력이 약할 때 어떤 현상이 발생하는가?

① 배기가스량이 적어진다.
② 밀착 불량으로 압축가스가 샌다.
③ 밀착은 정상이나 캠이 조기 마모된다.
④ 흡입 공기량이 많아져서 출력이 증가된다.

23 다음 중 실린더 라이너의 마멸 원인이라 보기 어려운 것은?

① 윤활유 사용량의 부족
② 윤활유 성질의 부적합
③ 연료유나 공기 중에 혼입된 입자
④ 유압 밸브 개방

해설 실린더 라이너가 마멸되는 주요 원인은 유막의 형성이 불량해 금속 접촉의 마찰로 인한 경우, 연료유나 공기 중에 혼입된 입자와의 마찰과 윤활유 사용량이 부족하거나 윤활유 성질의 부적합할 경우에 발생된다.

24 기관의 맥동적인 회전을 관성력을 이용하여 원활한 회전으로 바꾸어 주는 역할을 하는 것은?

① 크랭크축　② 피스톤
③ 플라이휠　④ 커넥팅로드

해설 원판모양으로 된 플라이휠은 기관 연소 시 충격을 흡수하고, 다음 연소가 되기 전까지 크랭크축이 관성을 유지할 수 있도록 역할을 한다.

정답 12. ① 13. ③ 14. ② 15. ④ 16. ④ 17. ④ 18. ① 19. ② 20. ③ 21. ④ 22. ② 23. ④ 24. ③

25 4행정 사이클 디젤기관에서 실린더 라이너가 많이 마멸되었을 때 일어나는 현상이 아닌 것은?

① 조속기(거버너)의 작동 불량　② 불완전 연소
③ 출력의 감소　④ 크랭크실 내의 윤활유 오손

> 해설 실린더는 기관이 작동될 때 약 1500~1800℃ 정도의 연소열에 노출되어 마멸(갈려서 닳아 없어지는 현상)이 일어나기 쉽다. 조속기는 기관의 회전속도를 일정한 값으로 유지하기 위해 사용되는 연료장치로 실린더 라이너와 직접적인 관련성이 없다.

26 다음 중 밸브 스프링의 서징현상은 어느 때 생기는가?

① 저속　② 중속
③ 고속　④ 공전

27 실린더를 왕복하면서 폭발 행정에서 얻은 동력을 커넥팅 로드를 거쳐 크랭크축에 전달하는 엔진 본체 부속은?

① 헤드 개스킷　② 인젝터
③ 피스톤　④ 타이밍 벨트

> 해설 피스톤(Piston)은 실린더를 왕복운동을 하면서 폭발행정에서 얻은 동력을 커넥팅 로드를 거쳐 크랭크축에 전달하고, 혼합기를 흡입하고 압축하여 연소가스를 배출하는 역할을 한다.

28 다음 중 피스톤의 구성 요소가 아닌 것은?

① 피스톤 헤드　② 압축 링
③ 오일 링　④ 조속기

> 해설
> · 조속기는 기관이 회전하는 속도나 변화에 따라 연료 분사량을 자동으로 조절하는 연료장치 중 하나이다.
> · 피스톤 헤드는 피스톤의 가장 윗부분으로 연소실의 일부를 형성하는 곳이다.
> · 압축 링은 오일 링과 함께 피스톤의 일부를 구성하는 피스톤링의 한 종류이다. 피스톤링(piston ring)은 피스톤의 상부에 둘러져 있는 금속제 링을 말하는데 피스톤과 함께 왕복운동을 한다. 4 행정기관에는 3개의 링이 결합되어 있는데 이 가운데 위의 2개를 압축 링이라 부르며, 나머지 1개를 오일 링이라 칭한다. 압축 링은 실린더 내부의 혼합기와 폭발가스 및 배기가스를 누설되지 않게 밀봉하는 역할을 하며, 오일 링은 실린더 벽면에 남아 있는 윤활오일을 긁어내리는 역할을 한다.

29 피스톤 중 압축 링의 역할은?

① 공기누설 방지 작용　② 오일의 연소실 유입 제어 작용
③ 연소 가스 배출　④ 밸브 개폐작용

> 해설 압축 링은 실린더 내부의 혼합기와 폭발가스 및 배기가스를 누설되지 않게 밀봉하는 역할을 하며, 오일 링은 실린더 벽면에 급유되어 압축 링의 마찰을 방지하기 위한 윤활유가 연소실 내부로 들어가지 못하게 하는 역할을 한다. 압축 링이 2개인 이유는 각각의 링의 틈새로 압축가스가 새는 것을 방지하기 위함이다.

30 피스톤과 피스톤 핀의 연결방법에 따른 피스톤 핀의 종류가 아닌 것은?

① 고정식　② 반고정식
③ 부동식　④ 압축식

> 해설 피스톤 핀은 피스톤과 커넥팅 로드를 연결하는 핀을 말한다. 피스톤 핀은 피스톤이 받는 큰 힘을 커넥팅 로드를 통해 크랭크 샤프트에 전달하는 역할을 하며, 결합 방식에 따라 고정식, 반고정식, 부동식으로 구분한다.

31 실린더 블록과 헤드에 물 재킷(water jacket)을 설치하여 냉각시키는 방식은 무엇인가?

① 자연 순환식
② 강제 통풍식
③ 자연 통풍식
④ 강제 순환식

32 작업 중 엔진온도가 급상승하였을 때 먼저 점검하여야 할 것은?

① 윤활유 수준 점검
② 고부하 작업 여부 점검
③ 장기간 작업 여부 점검
④ 냉각수의 양 점검

33 피스톤링 표면에 크롬 도금을 하는 가장 큰 이유는?

① 윤활 작용을 보조한다.
② 가스의 누설을 방지한다.
③ 마멸되는 것을 최소화한다.
④ 윤활유를 잘 긁어내린다.

> 해설 연소하는 부분과 맞닿아 있는 최상부의 링은 높은 온도와 높은 가스 압력을 받기 때문에 다른 링보다 마멸되기 쉽다. 따라서 이를 막기 위해서 링 표면에 아주 얇은 크롬 도금을 입힌다.

34 팬 벨트에 대한 점검과정이다. 틀린 것은?

① 팬 벨트는 눌러(약 10kgf) 13~20mm 정도로 한다.
② 팬 벨트는 풀리의 밑부분에 접촉되어야 한다.
③ 팬 벨트의 조정은 발전기를 움직이면서 조정한다.
④ 팬 벨트가 너무 헐거우면 기관 과열의 원인이 된다.

35 기관에서 냉각계통으로 배기가스가 누설되는 원인에 해당되는 것은?

① 실린더 헤드 개스킷 불량
② 매니폴더의 개스킷 불량
③ 워터펌프의 불량
④ 냉각 팬의 벨트 유격 과대

36 다음 중 라디에이터의 구성품이 아닌 것은?

① 냉각수 주입구　② 냉각핀
③ 코어　④ 물 재킷

37 피스톤의 왕복운동을 크랭크축에 전달하는 역할을 하는 것은?

① 플라이휠　② 흡기 밸브
③ 크랭크 암　④ 커넥팅 로드

> 해설 커넥팅 로드(Connecting Rod)는 피스톤의 상하 왕복운동을 크랭크축의 회전운동으로 변환시키는 부품이다.

정답 25. ① 26. ③ 27. ③ 28. ④ 29. ① 30. ④ 31. ④ 32. ④ 33. ③ 34. ② 35. ① 36. ④ 37. ④

38 다음 중 크랭크축의 구성 요소가 아닌 것은?

① 핀 저널(pin journal)
② 메인 저널(main journal)
③ 크랭크 암(crank arm)
④ 링 기어(ring gear)

39 다음 중 연소열로 인해 냉각해야 할 부분과 관계가 없는 것은?

① 실린더 라이너 ② 실린더 헤드
③ 피스톤 ④ 크랭크 축

해설 실린더 라이너, 실린더 헤드, 피스톤은 기관의 연소실을 구성하기 때문에 고온과 고압에 항상 노출되어 있다. 크랭크축은 피스톤의 왕복 운동을 커넥팅 로드에 의해 전달받아 회전 운동으로 변화시키는 부분으로 연소에 의한 열을 직접적으로 받는 연소실 구성 요소가 아니다.

40 라디에이터 캡의 스프링이 파손되었을 때 가장 먼저 나타나는 현상은?

① 냉각수 비등점이 낮아진다.
② 냉각수 순환이 불량해진다.
③ 냉각수 순환이 빨라진다.
④ 냉각수 비등점이 높아진다.

41 냉각수 순환용 물 펌프가 고장났을 때, 기관에 나타날 수 있는 현상으로 가장 중요한 것은?

① 시동 불능 ② 축전지의 비중 저하
③ 발전기 작동 불능 ④ 기관 과열

42 냉각장치에서 소음의 원인이 아닌 것은?

① 팬 벨트의 불량
② 팬의 헐거움
③ 정온기의 불량
④ 물 펌프 베어링의 불량

43 냉각장치 가운데 엔진을 직접 대기와 접촉시켜 열을 방산하는 형식은?

① 피스톤식 ② 수냉식
③ 공랭식 ④ 전기식

해설 공랭식은 엔진을 대기와 직접 접촉시켜 뜨거워진 열을 방산하는 냉각구조이다. 공랭식은 구조가 간단하여 취급이 용이하다는 장점이 있지만 냉각이 균등하지 않기 때문에 2륜 자동차에 주로 사용된다.

44 수랭식 냉각 장치의 구성 요소가 아닌 것은?

① 과급기 ② 수온조절기
③ 물펌프 ④ 라디에이터

45 기관이 작동 중 라디에이터 캡 쪽으로 물이 상승하면서 연소 가스가 누출될 때의 원인에 해당되는 것은?

① 실린더 헤드에 균열이 생겼다.
② 분사노즐의 동 와셔가 불량하다.
③ 물 펌프에 누설이 생겼다.
④ 라디에이터 캡이 불량하다.

해설 실린더 헤드(Cylinder Head)는 실린더 블록 바로 위에 설치되어 연소실을 형성하고, 연소 시 발생하는 열을 냉각시키도록 냉각 통로가 설치되어 있다. 냉각수는 실린더 헤드의 관로를 따라 이동하며 열을 흡수하고 수온 조절기를 지나 라디에이터로 들어가 냉각을 하게 되는데 실린더 헤드에 균열이 발생하면 냉각수가 누출된다.

46 다음 중 기관의 냉각수 수온을 측정하는 곳은?

① 라디에이터의 윗물통 ② 실린더 헤드 물 재킷부
③ 물 펌프 임펠러 내부 ④ 온도조절기 내부

47 기관의 정상적인 냉각수 온도에 해당되는 것으로 가장 적절한 것은?

① 20~35℃ ② 35~60℃
③ 75~95℃ ④ 110~120℃

48 다음 중 부동액이 구비하여야 할 조건으로 가장 알맞은 것은?

① 증발이 심할 것
② 침전물을 축적할 것
③ 비등점이 물보다 상당히 낮을 것
④ 물과 용이하게 용해될 것

49 부동액의 종류 중 가장 많이 사용되는 것은?

① 에틸렌 ② 글리세린
③ 에틸렌글리콜 ④ 알코올

50 윤활장치의 각 구성 요소의 역할이 잘못된 것은?

① 오일펌프는 윤활유를 각 윤활부로 압송하는 역할을 한다.
② 유압조절밸브는 윤활유의 점도를 향상시키는 역할을 한다.
③ 오일 여과기는 윤활유 속에 들어있는 불순물을 걸러내는 역할을 한다.
④ 오일 냉각기는 순환 중인 뜨거운 엔진 오일을 냉각시켜 오일의 산화를 방지하는 역할을 한다.

해설 유압조절밸브는 윤활 장치 내의 압력이 높아지거나 낮아지는 것을 방지하고 회로의 유압을 일정하게 유지시키는 역할을 한다.

51 오일 팬 내의 오일을 흡입하고 압력을 가하여 각 윤활부에 압송을 하는 역할을 하는 것은?

① 유압실린더 ② 스트레이너
③ 오일펌프 ④ 오일 탱크

해설 오일펌프는 오일 팬 내의 오일을 흡입하고 압력을 가하여 각 윤활부에 압송을 하는 역할을 하며 보통 캠축이나 크랭크축에 의해 구동이 된다. 오일펌프는 작동 방식에 따라 기어 펌프와 로터 펌프로 구분된다.

정답 38. ④ 39. ④ 40. ① 41. ④ 42. ③ 43. ③ 44. ① 45. ① 46. ② 47. ③ 48. ④ 49. ③ 50. ② 51. ③

52 다음 중 윤활유의 구비 조건으로 적당치 않는 것은?

① 윤활성에 관계없이 점도가 적당할 것
② 윤활성이 좋을 것
③ 응고점이 높을 것
④ 인화점이 높을 것

53 다음 중 윤활유의 기능으로 맞는 것은?

① 마찰감소, 스러스트작용, 밀봉작용, 냉각작용
② 마멸방지, 수분흡수, 밀봉작용, 마찰증대
③ 마찰감소, 마멸방지, 밀봉작용, 냉각작용
④ 마찰증대, 냉각작용, 스러스트작용, 응력분산

54 피스톤, 실린더, 베어링 등과 같은 디젤기관에 윤활유를 공급하는 방식 가운데 크랭크가 회전하면서 크랭크실 바닥의 유면을 쳐서 기름을 튀어오르게 하여 윤활이 필요한 곳에 기름이 뿌려지도록 하여 윤활 하는 방식은?

① 비산식 급유 방식　② 압력 급유 방식
③ 중력 급유 방식　④ 강제 순환식

해설
① 비산식 급유 방식은 윤활유가 움직이는 부위에 직접 튀기게 하여 윤활 하는 방식이다.
② 압력 급유 방식은 주유기에서 오일에 압력을 가하여 디젤기관의 각 마찰부위에 압송하는 방식을 하는 방식이다.
③ 중력 급유 방식은 연료나 윤활유 등을 기계에 급유하는 데 있어서, 탱크를 기계보다 높은 곳에 설치하여 액체의 중력에 의해 자연 낙하시켜 급유하는 방식이다.
④ 강제 순환식은 윤활유 펌프를 이용하여 윤활이 필요한 모든 마찰 부위에 윤활유를 공급하고, 윤활이 끝난 윤활유는 재사용하기 위하여 펌프로 별도의 저장조로 회수해 여과 및 냉각 과정을 거친 후 반복 사용하여 방식이다.

55 다음 중 실린더 라이너의 윤활 시 실린더 내의 가스 압력에 의해 윤활유가 역류하는 것을 방지하기 위해 부착하는 것은?

① 오일 쿨러　② 스테이터
③ 체크 밸브　④ 오일 스트레이너

해설
체크 밸브(check valve)는 유체를 한쪽 방향으로만 흐르게 하고 반대편으로 흐르지 못하도록 제어하는 방향제어밸브이다. 실린더 내의 가스 압력에 의해 윤활유가 역류하는 것을 방지하기 위한 체크 밸브(check valve)를 설치한다. 실린더 라이너의 윤활유(실린더유)는 소모되어 없어지는 윤활유이며, 윤활이 종료되면 산도와 점도가 상승되어 일반 윤활유처럼 회수하여 사용할 수 없다.

56 엔진오일이 우유색을 띠고 있을 때의 원인은?

① 경유가 유입되었다.　② 연소가스가 섞여있다.
③ 냉각수가 섞여있다.　④ 가솔린이 유입되었다.

57 윤활유가 연소실에 올라와 연소할 때 배기가스의 색은?

① 흑색　② 백색
③ 청색　④ 황색

58 윤활유 공급 펌프에서 공급된 윤활유 전부가 엔진오일 필터를 거쳐 윤활부로 가는 방식은?

① 분류식　② 자력식
③ 전류식　④ 샨트식

59 다음 중 오일 여과기의 역할은?

① 오일의 순환작용　② 연료와 오일 정유작용
③ 오일 세정작용　④ 오일의 압송

60 오일 펌프의 압력조절 밸브를 조정하여 스프링 장력을 높게 하면 어떻게 되는가?

① 유압이 높아진다.
② 윤활유의 점도가 증가된다.
③ 유압이 낮아진다.
④ 유량의 송출량이 증가된다.

61 유압계가 부착된 건설기계에서 유압계 지침이 정상으로 압력 상승이 되지 않았다. 그 원인으로 틀린 것은?

① 오일 파이프의 파손　② 오일 펌프의 고장
③ 유압계의 고장　④ 연료 파이프의 파손

62 다음 중 디젤엔진의 연료로 사용이 되는 것은?

① 경유　② 휘발유
③ 등유　④ LPG

해설
경유는 자동차용 또는 선박용 디젤 엔진 연료로 사용되는 연료이다.

63 고속 디젤 기관은 다음 중 어느 것인가?

① 오토 사이클　② 디젤 사이클
③ 사바테 사이클　④ 카르노 사이클

64 다음 중 디젤 기관의 장점이 아닌 것은?

① 가속성이 좋고 운전이 정숙하다.　② 열효율이 높다.
③ 화재의 위험이 적다.　④ 연료소비율이 낮다.

65 다음 중 디젤기관과 관계가 없는 것은?

① 윤활장치　② 냉각장치
③ 점화장치　④ 연료공급장치

해설
디젤기관은 외부에서 흡입한 공기를 압축시켜 실린더 내부를 고온으로 만들어 자연 착화를 하는 방식이기 때문에 따로 기화기와 같은 점화장치가 필요하지 않다.

66 가솔린기관과 디젤기관의 가장 큰 차이점은?

① 점화장치　② 윤활장치
③ 냉각장치　④ 동력전달장치

해설
디젤기관은 실린더 내부에 공기만을 흡입하여 압축시켜 높아진 열로 점화를 하는 압축착화기관이며, 가솔린기관은 가솔린과 공기를 혼합해 점화플러그로 연소하여 동력을 얻는 기관이다.

정답 52. ③ 53. ③ 54. ① 55. ③ 56. ③ 57. ② 58. ③ 59. ③ 60. ① 61. ④ 62. ① 63. ③ 64. ① 65. ③ 66. ①

67 다음 중 열효율이 가장 좋은 기관은?

① 가솔린기관 ② 디젤기관
③ 증기기관 ④ 가스기관

해설 가솔린 엔진이 일반적으로 흡기시 공기에 연료를 섞어 실린더에서 점화 플러그의 불꽃으로 연소를 시키는 방식인 데에 반해, 디젤 엔진은 실린더에 공기만을 흡입시켜 압축하여 고온으로 만든 뒤 연료를 뿜어 자연발화 시키는 방식으로 작동한다. 즉 디젤기관의 디젤 엔진은 400~500도의 온도에서 고압에 연료를 안개처럼 뿌려서 자체 폭발을 하기 때문에 골고루 동시에 폭발을 하게 된다. 따라서 연료의 연소율이 높아지고 결과적으로는 연비가 좋아지는 효과를 나타내는 것이다.

68 연료 소비율이 가장 적고 압력이 가장 높은 형식의 연소실은?

① 직접분사실식 ② 예비연소실식
③ 와류실식 ④ 공기실식

69 다음 중 디젤 기관 연료의 중요한 성질은?

① 휘발성과 옥탄가 ② 옥탄가와 점성
③ 점성과 착화성 ④ 착화성과 압축성

70 디젤 기관의 연료의 착화성은 다음 중 어느 것으로 나타내는가?

① 옥탄가 ② 세탄가
③ 부탄가 ④ 프로판가

71 디젤기관의 압축비를 증가시킬 경우 나타나는 현상은?

① 압축압력이 높아진다.
② 연료 소비율이 증가한다.
③ 평균 유효 압력이 감소한다.
④ 진동과 소음이 작아진다.

해설 피스톤이 하사점에 있을 때의 실린더 부피를 피스톤이 상사점에 있을 때의 압축 부피로 나눈 값을 압축비라 한다. 디젤엔진은 큰 압축비를 내어 폭발시키는 방식으로 압축비가 높으면 엔진의 효율이 올라간다. 다만, 디젤기관은 가솔린 기관에 비해 압축압력과 연소시의 압력이 크므로 구조가 견고하여야 한다.

72 연료 공급 펌프에서 수동 프라이밍 펌프의 역할은?

① 연료 장치에 공기가 들어간 경우 공기를 제거하는 역할을 한다.
② 연료 중 공기를 유입하는 역할을 한다.
③ 연료 분사시 압력을 높이는 장치이다.
④ 연료의 포함된 불순물을 추가적으로 걸러내는 장치이다.

해설 프라이밍 펌프는 연료 공급 펌프에 있는 것으로 연료 장치 내부의 유입된 공기를 빼내는 역할을 한다.

73 디젤기관의 연료분사 조건으로 짝지어진 것은?

㉠ 무화	㉡ 관통
㉢ 냉각	㉣ 분산

① ㉠, ㉣ ② ㉢, ㉣
③ ㉠, ㉡, ㉣ ④ ㉠, ㉡, ㉢, ㉣

해설 디젤기관의 연료 분사는 무화(atomization), 관통(penetration), 분산(dispersion)이 뛰어나야 한다.

74 디젤 기관에서 연료장치 공기빼기 순서가 바른 것은?

① 공급 펌프 → 연료 여과기 → 분사 펌프
② 공급 펌프 → 분사 펌프 → 연료 여과기
③ 연료 여과기 → 공급 펌프 → 분사 펌프
④ 연료 여과기 → 분사 펌프 → 공급 펌프

75 기관의 속도에 따라 자동적으로 분사시기를 조정하여 운전을 안정되게 하는 것은?

① 타이머 ② 노즐
③ 과급기 ④ 디콤퍼

76 다음은 분사 노즐에 요구되는 조건을 든 것이다. 맞지 않는 것은?

① 연료를 미세한 안개모양으로 하여 쉽게 착화되게 할 것
② 분무가 연소실의 구석구석까지 뿌려지게 할 것
③ 분사량을 회전속도에 알맞게 조정할 수 있을 것
④ 후적이 일어나지 않게 할 것

77 다음 중 디젤 노크(diesel knock) 현상이란?

① 연료가 지연 착화로 인해 일시에 연료가 연소되면서 급격한 압력 상승으로 진동과 소음이 발생한 현상
② 펌프의 입구와 출구에 부착된 진공계와 압력계의 지침이 흔들리고 동시에 토출유량이 변화를 가져오는 현상
③ 관 속에 유체가 꽉 찬 상태로 흐를 때 관 속 액체의 속도를 급격하게 변화시키면 액체에 압력변화가 생겨 관 내에 순간적인 충격과 진동이 발생하는 현상
④ 자동차 운전 중에 핸들조작이 쉽게 앞바퀴의 설치각을 앞뒤로 경사지게 하는 것

해설 ② 펌프의 입구와 출구에 부착된 진공계와 압력계의 지침이 흔들리고 동시에 토출유량이 변화를 가져오는 현상은 맥동현상이다.
③ 관 속에 유체가 꽉 찬 상태로 흐를 때 관 속 액체의 속도를 급격하게 변화시키면 액체에 압력변화가 생겨 관 내에 순간적인 충격과 진동이 발생하는 현상은 수격현상이다.
④ 자동차 운전 중에 핸들조작이 쉽게 앞바퀴의 설치각을 앞뒤로 경사지게 하는 것은 캐스터(caster)이다.

78 다음 중 디젤 노킹의 발생 원인이라 보기 어려운 것은?

① 낮은 세탄가 연료 사용
② 연소실의 낮은 압축비
③ 연소실의 낮은 온도
④ 연료 분사량 과소

해설 연료의 분사량이 과다할 경우 잔여 연료 때문에 다음 착화시의 연료량에 더해져 압력 상승을 유발시켜 노킹 현상이 발생하게 된다.

79 4행정 디젤기관에서 동력행정을 뜻하는 것은?

① 흡기행정 ② 압축행정
③ 폭발행정 ④ 배기행정

해설 폭발행정은 폭발로 인한 압력으로 피스톤이 하강하여 크랭크축이 회전력을 얻기 때문에 동력 행정으로도 불린다.

정답 67. ② 68. ① 69. ③ 70. ② 71. ① 72. ① 73. ③ 74. ① 75. ① 76. ③ 77. ① 78. ④ 79. ③

80 **4행정 디젤기관의 운동 순서를 나열한 것은?**

① 공기 압축 → 공기 흡입→가스 폭발→배기→점화
② 공기압축→착화→배기→점화→공기압축
③ 공기흡입→공기 압축→연료 분사→착화→배기
④ 공기흡입→연료 분사→공기압축→연료 배기→착화

해설 4행정 디젤기관은 흡입→압축→폭발→배기의 순서로 이어진다. 좀 더 자세히 알아보면 흡입밸브가 열리면서 외부의 공기를 흡입한 후 흡기밸브가 모두 닫히며 피스톤이 상승하면서 공기를 압축하여 착화할 수 있는 온도까지 압축을 하게 된다. 이후 실린더 내부로 연료 분사 밸브에서 연료가 분사되어 착화가 이루어지면서 동력을 발생시키고, 연소된 가스를 배출하기 위해 배기 밸브가 열리게 된다.

81 **연소에 필요한 공기를 실린더로 흡입할 때, 먼지 등의 불순물을 여과하여 피스톤 등의 마모를 방지하는 역할을 하는 장치는?**

① 과급기(super charger)
② 에어 클리너(air cleaner)
③ 냉각장치(cooling system)
④ 플라이 휠(fly wheel)

82 **다음 중 디젤기관의 점화 방법은?**

① 전기 점화 ② 불꽃 점화
③ 압축 착화 ④ 열구 점화

해설 디젤기관은 실린더 내부에 공기만을 흡입하여 압축시켜 높아진 열로 점화를 하는 압축착화기관이다.

83 **터보차저에 대한 설명 중 틀린 것은?**

① 흡기관과 배기관 사이에 설치된다.
② 과급기라고도 한다.
③ 배기가스 배출을 위한 일종의 블로워(blower)이다.
④ 기관 출력을 증가시킨다.

해설 터보차저(과급기)는 내연기관의 출력을 증가시키기 위해 외부 공기를 실린더에 강제적으로 밀어 넣는 압축기를 가리킨다. 다량의 공기를 연소실로 보내게 되어 본래 연소할 때 보다 많은 공기가 들어가 더 많은 연료를 연소하게 되어, 기관의 출력을 증가시킨다.

84 **기관의 배기가스 색이 회백색이라면 고장 예측으로 가장 적절한 것은?**

① 소음기의 막힘 ② 노즐의 막힘
③ 흡기 필터의 막힘 ④ 피스톤 링의 마모

해설 본래 정상적인 배기가스의 색은 백색으로 회백색의 배기가스가 배출된다면 기관 연소 시에 오일이 침투한 것으로 판단할 수 있으며, 피스톤 링 마모나 피스톤 링 또는 실린더 간극이 커진 것이 그 원인일 수 있다. 피스톤 링이 마모되면 연소실로 오일이 유입되는 것을 방지하는 오일 제어 작용을 제대로 할 수 없으며, 피스톤 링 또는 실린더 간극이 커지면 기관오일이 연소실에서 연소한다. 따라서 배기가스 색이 회백색이 된다.

85 **디젤기관 운전 중 흑색의 배기가스를 배출하는 원인으로 틀린 것은?**

① 공기청정기 막힘
② 노즐 불량
③ 압축 불량
④ 오일 팬 내 유량과다

해설 흑색의 배기가스는 공기청정기 필터가 막혀 공기가 충분하게 흡입되지 않는 경우처럼 불완전한 연소 상태에서 나타난다.

86 **기관에서 배기상태가 불량하여 배압이 높을 때 생기는 현상과 관련 없는 것은?**

① 기관이 과열된다.
② 피스톤의 운동을 방해한다.
③ 기관의 출력이 감소한다.
④ 냉각수 온도가 내려간다.

해설 배압이란 배기가스의 압력으로 배기상태가 정상적이지 못할 경우 배기가스가 외부로 나가지 못해 배압이 높아지게 된다. 밖으로 배출되지 못한 배기가스로 인하여 배압이 높아지면 당연히 기관이 과열되어 기관이 정상적인 출력이 낮아지면서 냉각수의 온도로 낮아지게 된다.

87 **기관에서 실화(miss fire)가 일어났을 때의 현상으로 맞는 것은?**

① 엔진의 출력이 증가한다.
② 연료 소비가 적다.
③ 엔진이 과냉한다.
④ 엔진 회전이 불량하다.

88 **디젤 기관을 시동할 때 배기색이 검게 나오는 이유 중 틀린 것은?**

① 노즐의 니들 밸브의 고착
② 공기청정기 막힘
③ 연료 필터가 약간 막힘
④ 연료 분사량이 많음

89 **디젤 기관에서 감압 장치의 기능은?**

① 크랭크 축을 느리게 회전시킬 수 있다.
② 타이밍 기어를 원활하게 회전시킬 수 있다.
③ 캠 축을 원활히 회전되게 할 수 있는 장치이다.
④ 각 실린더의 배기 밸브를 열어주면 가볍게 회전시킨다.

90 **디젤 엔진에 사용되는 과급기의 주된 역할은?**

① 출력의 증대
② 윤활성의 증대
③ 냉각효율의 증대
④ 배기의 정화

정답 80. ③ 81. ② 82. ③ 83. ③ 84. ④ 85. ④ 86. ② 87. ④ 88. ① 89. ④ 90. ①

건설기계 전기

제 2 편

건설기계 전기

제1장. 전기기초 및 축전지

1 전기기초

1. 전기의 정체

전기란 우리 눈에 보이지는 않으나 여러 가지 적절한 실험과 작용으로 알 수 있다. 모든 물질은 분자로 이루어지며 분자는 원자의 집합체로 이루어진다. 전자론에 의하면 원자는 다시 양전기를 띤 원자핵과 음전기를 띤 전자로 이루어져 있다.

(1) 물질의 구성

모든 물질은 분자(molecule)로 구성되어 있으며, 분자는 한 개 또는 그 이상의 원자로 구성되어 있다. 전자론에 의하면 원자는 양전기를 가지는 양자(proton)와 음전기를 가지는 전자, 그리고 전기적으로 중성인 중성자(neutron)의 3가지 입자로 구성된다.

(2) 전류의 3가지 작용

① **발열작용** : 도체 중의 저항에 전류가 흐르면 열이 발생한다. 예) 전구
② **자기작용** : 전선이나 코일에 전류가 흐르면 그 주위에 자기현상이 일어난다. 예) 전동기, 발전기
③ **화학작용** : 전해액에 전류가 흐르면 화학작용이 발생한다. 예) 축전지, 전기도금

2. 전기의 구성

(1) 전류

1) 전류의 개요

양전하를 가진 물질과 음전하를 가진 물질이 금속선에 연결되면 양쪽 전하 사이의 흡입력에 의해 음전하(자유전자)는 금속선을 지나 양전하가 있는 쪽으로 이동하고 이로써 양자가 결합하여 중화된다. 즉, 음전하 쪽에서 양전하 쪽으로 전자가 흐르며, 이 현상으로 금속선에는 전류가 흐른다.

2) 전류의 측정과 단위

① 전류의 단위 : 암페어(Ampere, 약호 A)
② 단위의 종류(기호) : 1암에퍼(A) = 1000밀리암페어(mA), 1밀리암페어(mA) = 1000마이크로암페어(μA)

(2) 전압

전류를 흐르게 하는 전기적인 압력을 전압이라고 하며 단위는 볼트(V)이다.

(3) 저항

물질에 전류가 흐르지 못하는 정도를 전기 저항(resistance, 약호 R)이라 한다. 전기 저항의 크기를 나타내는 단위는 옴(ohm, 약호 Ω)을 사용하며, 1옴은 1A의 전류가 흐를 때 1V의 전압을 필요로 하는 도체의 저항을 말한다.

(4) 옴의 법칙

① 도체에 흐르는 전류는 가해지는 전압에 비례하고, 저항에 반비례 한다.
② 도체의 저항은 도체 길이에 비례하고 단면적에 반비례한다.

(5) 접촉저항

접촉저항은 스위치 접점, 배선의 커넥터, 축전지 단자(터미널) 등에서 발생하기 쉽다.

(6) 퓨즈(Fuse)

퓨즈는 전기장치에서 과전류에 의한 화재예방을 위해 사용하는 부품이다. 용량은 암페어(A)로 표시하며, 회로에 직렬로 연결된다. 재질은 납과 주석의 합금이다.

(7) 반도체

1) 반도체 소자

① 다이오드 : P형 반도체와 N형 반도체를 마주 대고 접합한 것으로 정류작용을 한다.
② 포토다이오드 : 빛을 받으면 전류가 흐르지만 빛이 없으면 전류가 흐르지 않는다.
③ 제너다이오드 : 어떤 전압 하에서는 역방향으로 전류가 흐르도록 한 것이다.
④ 발광다이오드(LED) : 순반향으로 전류를 공급하면 빛이 발생한다.

2) 반도체의 특징

① 소형 · 경량이며, 내부의 전력손실이 적다.
② 예열시간을 요구하지 않고 곧바로 작동한다.
③ 수명이 길고, 내부 전압강하가 적다.
④ 150℃ 이상 되면 파손되기 쉽고, 고전압에 약하다.

2 축전지

1. 축전지 일반

(1) 축전지 개요

축전지는 전기적인 에너지를 화학적인 에너지로 바꾸어 저장하고, 다시 필요에 따라 전기적인 에너지로 바꾸어 공급할 수 있는 기능을 갖고 있다.

(2) 축전지의 작용

① 기관을 시동할 때 시동장치 전원을 공급한다(가장 중요한 기능).
② 발전기가 고장일 때 일시적인 전원을 공급한다.
③ 발전기의 출력과 부하의 불균형(언밸런스)를 조정한다.

2. 납작 축전지의 구조와 기능

(1) 케이스(전조)

케이스 내부는 6실로 되어 있으며, 셀당 전압은 2.1V로 직렬로 연결되어 만든다.

(2) 극판

극판에는 양극판과 음극판 두 가지가 있으며 납과 안티몬 합금으로 격자를 만들어 여기에 작용 물질을 발라서 채운다. 극판과 극판 사이에 격리판을 끼워서 방전을 방지하며, 극판 수는 음극판이 양극판 수보다 1장 더 많다.

(3) 격리판의 구비조건

① 양극판과 음극판 사이에서 단락을 방지할 것
② 다공성이고, 비전도성이라야 할 것
③ 전해액이 부식되지 않고 확산이 잘 될 것
④ 극판에 좋지 못한 물질을 내뿜지 않을 것
⑤ 합성 수지, 강화 섬유, 고무 등이 사용될 것

(4) 극판군

극판군은 여러 장의 양극판, 음극판, 격리판을 한 묶음으로 조립을 하여 만들며, 이렇게 해서 만든 극판군을 단전지라 하고 완전 충전시 약 2.1V의 전압이 발생한다. 극판의 장수를 늘리면 축전지 용량이 증가하여 이용 전류가 많아진다.

(5) 벤트 플러그

벤트 플러그는 합성 수지로 만들며, 간 단전지(cell)의 상부에 설치되어서 전해액이나 증류수를 보충하고 비중계나 온도계를 넣을 때 사용되며 내부에서 발생하는 산소 가스를 외부에 방출하는 통기공이 있다.

(6) 셀(cell) 커넥터 및 터미널

셀 커넥터는 납합금으로 되어 있으며, 축전지 내의 각각의 단전지(cell)를 직렬로 접속하기 위한 것이며 단자 기둥은 많은 전류가 흘러도 발열하지 않도록 굵게 규격화되었다.

① 양극단자(+)는 적갈색, 음극단자는 회색이다.
② 양극단자의 직경이 크고, 음극단자는 작다.
③ 양극단자는 (P)나 (+)로 표시한다.
④ 음극단자는 (N)나 (-)로 표시한다.

(7) 전해액

전해액은 극판 중의 양극판(pb O_2), 음극판(Pb)의 작용 물질과 전해액(H_2SO_4)의 화학 반응을 일으켜 전기적 에너지를 축적 및 방출하는 작용 물질로 무색, 무취의 좋은 양도체이다.

1) 전해액 제조순서

① 용기는 질그릇 등 절연체인 것을 준비한다.
② 물(증류수)에 황산을 부어서 혼합하도록 한다.
③ 조금씩 혼합하도록 하며, 유리막대 등으로 천천히 저어서 냉각시킨다.
④ 전해액의 온도가 20℃에서 1.280이 되도록 비중을 조정하면서 작업을 마친다.

2) 전해액 비중

① 전해액 비중은 축전지가 충전상태일 때, 20℃에서 1.240, 1.260, 1.280의 세 종류를 쓰며, 열대지방에서는 1.240, 온대지방에서는 1.260, 한냉지방에서는 1.280을 쓴다. 국내에서는 일반적으로 1.280(20℃)을 표준으로 하고 있다.
② 전해액의 비중은 온도에 따라 변화한다. 온도가 높으면 비중은 낮아지고 온도가 낮으면 비중은 높아진다.
③ 표준온도 20℃로 환산하여 비중은 온도 1℃의 변화에 대해 온도계수 0.0007이 변화된다.

(8) 용량

완전 충전된 축전지를 일정한 전류로 연속 방전시켜 방전 종지전압이 될 때까지 꺼낼 수 있는 전기량(암페어시 용량)을 말한다. 단위는 AH로 표시한다. 축전지 용량은 극판의 수, 극판의 크기, 전해액의 양에 따라 정해지며, 용량이 크면 이용 전류가 증가하며 용량 표시는 25℃를 표준으로 한다.

(9) 납산축전지의 화학작용

방전이 진행되면 양극판의 과산화납과 음극판의 해면상납 모두 황산납이 되고, 전해액은 물로 변화한다.

① 충전 중의 화학반응
양극판(과산화납)+전해액(묽은 황산)+음극판(해면상납)
② 방전 중의 화학반응
양극판(황산납)+전해액(물)+음극판(황산납)

(10) 자기방전(자연방전)

충전된 축전지를 방치해 두면 사용하지 않아도 조금씩 방전하여 용량이 감소된다.

1) 자기방전의 원인

① 구조상 부득이 하다(음극판의 작용물질이 황산과의 화학작용으로 황산납이 되기 때문에).
② 전해액에 포함된 불순물이 국부전지를 구성하기 때문이다.
③ 탈락한 극판 작용물질이 축전지 내부에 퇴적되어 단락되기 때문이다.
④ 축전지 커버와 케이스의 표면에서 전기누설 때문이다.

2) 축전지의 자기방전량

① 전해액의 온도와 비중이 높을수록 자기방전량은 크다.
② 날짜가 경과할수록 자기방전량은 많아진다.
③ 충전 후 시간의 경과에 따라 자기방전량의 비율은 점차 낮아진다.

해설
충전된 축전지는 사용치 않더라도 15일마다 충전하여야 한다.

3) 축전지의 연결법

① **직렬연결법** : 전압이 상승, 전류 동일
② **병렬연결법** : 전류 상승, 전압이 동일
③ **직·병렬 연결법** : 전류와 전압이 동시에 상승

(11) 축전지 취급 및 충전시 주의사항

① 전해액의 온도는 45℃가 넘지 않도록 할 것
② 화기에 가까이 하지 말 것
③ 통풍이 잘 되는 곳에서 충전할 것
④ 과충전, 급속 충전을 피할 것
⑤ 장기간 보관시 2주일(15일)에 한번씩 보충 충전할 것
⑥ 축전지 커버는 베이킹소다나 암모니아수로 세척할 것
⑦ 축전지를 떼어내지 않고 급속충전을 할 경우에는 발전기 다이오드를 보호하기 위해 반드시 축전지와 기동전동기를 연결하는 케이블을 분리한다.
⑧ 축전지 충전시 양극에서 산소, 음극에서 수소가스가 발생되며 수소가스는 가연성으로 폭발의 위험이 있다.

제 2 편

건설기계 전기

제2장. 시동장치

1 기동 전동기 일반

(1) 전동기의 필요성

내연기관을 사용하는 건설기계나 자동차들은 자기 힘만으로는 기동되기 어렵다. 따라서 외력의 힘에 의해 크랭크축을 회전시켜 1회의 폭발을 일으켜야 작동이 되는데, 이 1회의 폭발을 기동장치가 담당하는 역할을 한다. 현재 사용되는 건설기계에는 축전지를 전원으로 하는 직류 직권 전동기가 사용되고 있다.

(2) 전동기 원리와 종류

1) 플레밍의 왼손법칙과 전동기 작용

N극과 S극의 자장 내에 도체를 놓고, 이 도체에 전류를 공급하면 도체가 움직이는 방향이 전자력의 방향이 된다. 즉 검지를 자력선의 방향, 장지를 도체의 전류방향과 일치시키면 엄지가 가리키는 방향이 전자력의 방향이 되며 이 원리를 이용한 것이 전동기이다.
그 작용은 축전지의 전류가 브러시, 정류자, 전기자코일을 통해 계자 코일을 통과하므로 계자 철심에는 강력한 자력선이 생기게 되므로 전자력의 방향이 정해지고 전기자는 회전하게 된다.

2) 시동 전동기 종류와 특성

① **직권식 전동기** : 전기자 코일과 계자 코일이 전원에 대해 직렬로 접속되어 있다. 기동 회전력이 크고, 부하가 증가하면 회전속도가 낮아지고 흐르는 전류가 커지는 장점이 있으나 회전속도 변화가 큰 단점이 있다.

② **분권식 전동기** : 전기자 코일과 계자 코일이 전원에 대해 병렬로 접속되어 있다.

③ **복권식 전동기** : 2개의 코일은 직렬과 병렬로 연결된다.

2 구성 및 작용

(1) 전동기의 구성

기동 전동기를 크게 구분하면 회전력을 발생시키는 부분과 회전력을 전달하는 부분 및 축전지의 전원 공급 회로를 연결 및 차단 시키는 스위치부로 나눌 수 있다.

1) 아마추어(전기자)

축전지의 전원을 코뮤데이터(정류자)에 의하여 공급받은 아마추어 권선은 강한 자장을 이루어 필드에 강한 자력선과 반발 작용에 의하여 아마추어가 밀려서 회전하게 되고 아마추어 축 양쪽이 베어링에 의하여 지지된다.

① **전기자 코일** : 큰 전류가 흐르기 때문에 단면적이 큰 평각 구리선을 사용하여 한쪽은 N극, 다른 한쪽은 S극 쪽에 오도록 철심의 홈에 절연되어 정류자에 각각 납땜되어 있다.

② **전기자 철심** : 자력선 통과와 자장의 손실을 막기 위한 철판을 절연하여 겹친 것이다.

③ **코뮤테이터** : 전류를 일정 방향으로 흐르게 하고 운모의 언더컷은 0.5~0.8mm이며 기름, 먼지 등이 묻어 있으면 회전력이 적어진다.

2) 계자 코일(field coil)과 계자 철심

계자 코일은 전동기의 고정 부분으로 계자 철심에 감겨져 자력을 일으키는 코일이다. 결선 방법은 일반적으로 기관의 시동에 적합한 직권식을 쓴다.

3) 브러시와 홀더 및 스프링

흑연 또는 구리로 만들어져 있으며 축전지의 전기를 코뮤테이터에 전달하는 구성품이다. 이 브러시는 홀더에 삽입되어 스프링으로 압착하고 있으며 길이가 1/3 정도 마모되면 교환한다.

4) 스위치

전동기로 통하는 전류를 개폐하는 스위치 모터로 통하는 전류는 건설기계의 전기회로 중 가장 큰 것으로, 이것을 개폐하는 스위치는 재질이나 강도 면에서 강하고 내구력이 있는 것이 좋다.
마그넷식(전자식)은 전동기로 통하는 전류를 전자 스위치로 개폐 한다.

5) 스타트 릴레이

시동 모터가 전기를 가장 많이 소모하기 때문에 다른 곳으로 전기가 가는 것을 막아 시동모터로만 전기를 보내서 시동이 용이하게 걸리게 해주는 장치를 말한다.

(2) 동력 전달 기구

1) 개요

동력 전달 기구란 기동 모터가 회전되면서 발생한 토크를 기관의 플라이 휠로 전달해 주는 기구로서, 클러치와 시프트 레버 및 피니언 기어 등을 말한다. 전자 피니언 섭동식에서는 기관의 경우 시동되어도 기동 스위치를 차단하지 않는 한 피니언 기어는 물린 상태로 있기 때문에 전기자와 베어링이 파손될 염려가 있다. 이것을 방지할 목적으로 클러치가 설치되어 기관의 회전력이 기동 전동기에 전달되지 않도록 한다.

2) 분류

① **벤딕스식** : 전기자 축 위에 내부가 나사 홈으로 피니언 기어가 끼워져서 회전된다.

② **전기자 섭동식** : 피니언 기어가 전기자 축에 고정되어 전기자와 하나되어 섭동하면서 회전된다.

③ **피니언 섭동식**(오버런닝 클러치형) : 전기자 축의 스플라인 위에서 피니언 기어가 앞뒤로 움직이면서 플라이 휠의 링 기어에 물린다.

제3장. 충전장치

1 충전장치 일반

1. 충전의 필요성

축전지는 전기적 에너지를 화학적 에너지로 변화시켜 저장하였다가 필요할 때에는 전기적 에너지로 다시 변화시켜 사용하는 전기 장치이다. 축전지는 사용하게 되면 축전량이 계속 감소하기 때문에 지속적으로 충전을 하여야 사용할 수 있다. 충전 장치는 축전지의 축전량을 유지할 수 있도록 주행 중에 충전지를 충전시키고, 충전지 이외의 전기장치에 전기를 보내는 역할을 한다. 함께 사용하는 전압 조정기(Voltage regulator)도 축전지를 충전하는 기능을 가졌기 때문에 충전장치로 부른다.

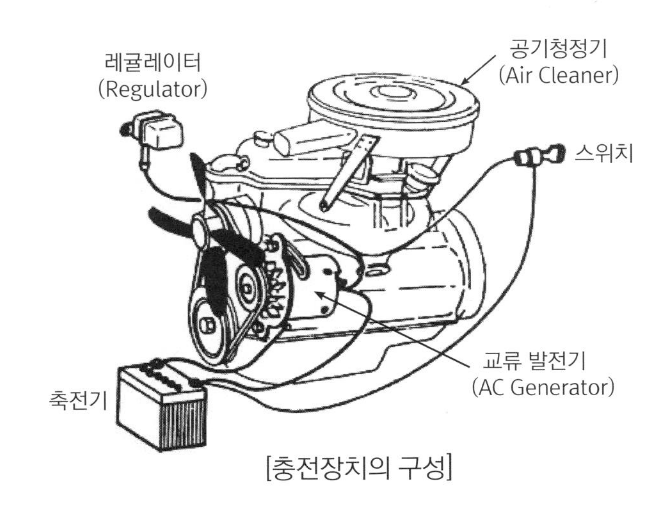

[충전장치의 구성]

2. 발전기의 원리

(1) 플레밍의 오른손 법칙

"오른손 엄지손가락, 인지, 가운데 손가락을 서로 직각이 되게 하고 인지를 자력선의 방향에, 엄지손가락을 운동의 방향에 일치시키면 가운데 손가락이 유도 기전력의 방향을 표시한다." 는 법칙이며, 발전기의 원리로 사용된다. 건설기계에서는 주로 3상 교류 발전기를 사용한다.

① 자려자 발전기(DC발전기 해당) : 발전기 내부에 영구 자석이나 일시자석, 코일로 구성되어 발전한다.

② 타려자 발전기(AC발전기 해당) : 외부 전류를 잠시 끌어들여 자기를 형성하여 발전한다.

(2) 렌츠의 법칙

"유도기전력의 방향은 코일 내의 자속의 변화를 방해하려는 방향으로 발생한다." 는 법칙이다.

(3) 발전기의 역할

발전기는 기관 운행 중에 축전지(Battery)를 충전한다. 따라서 발전기가 고장이 나면 충전 경고등 계기판에 불이 들어온다. 발전기를 회전시키는 벨트가 끊어지거나 발전기가 고장이 나면 충전기능이 되지 않으므로 얼마간의 운행은 가능하지만 얼마 못가서 라이트 불빛이 약해지고 경적음이 약해지다가 시동이 꺼지게 된다.

2 구성 및 작용

1. 직류(DC) 발전기(제네레이터)

(1) 기본 작동과 발전

직류 발전기는 계자 코일과 철심으로 된 전자석의 N극과 S극 사이에 둥근형의 아마추어 코일을 넣고, 코일A와 B를 정류자(comminitator)의 정류자편 E와 F에 접속한 다음 크랭크축 풀리와 팬 벨트로 회전시키면 코일 A와 B가 함께 회전하는 도체는 자력선을 끊어 전자 유도 작용에 의한 전압을 발생시키는 일종의 자려자식이며 계자 코일과 전기자 코일의 연결이 병렬식(분권식)이다.

(2) 직류 발전기의 구조

① 전기자(아마추어) : 전류를 발생하며 둥근 코일선이 사용된다.
② 계자 철심과 코일 : 계자 코일에 전류가 흐르면 철심은 N극과 S극으로 된다.
③ 정류자 : 브러시와 함께 전류를 밖으로 유출시킨다.

(3) 발전기 레귤레이터(조정기)

① **컷 아웃 릴레이** : 축전지의 전압이 발생 전압보다 높을 경우 발전기로 역류하는 것을 막는 장치이다.
② **전압 조정기** : 발전기의 전압을 일정하게 유지하기 위한 장치이다.
③ **전류 제한기** : 발전기 출력 전류가 규정 이상의 전류가 되면 소손되므로 소손을 방지하기 위한 장치이다.

2. 교류(AC) 발전기(알터네이터)

(1) 기본 작동과 발전

교류(AC) 발전기는 기본적으로 도선의 코일 선으로 구성되어 자기 내에서 회전되든가 아니면 자기를 띠는 자석이 회전을 하면 그 내부에서 유도 전류를 발생하게 되어 있다. 이 유도 전류를 이용하기 위해 미끄럼 접촉을 사용하여 코일 선을 외부 회로와 연결시켰으며, 발전기는 3상으로 영구자석 대신 철심에 코일을 감아 자장의 크기를 조정할 수 있게 한 전자석을 사용했다.
즉, 회전축에 부착한 두 개의 슬립 링(slip ring)에 코일의 단자를 연결하고 슬립 링에 접촉된 브러시(brush)를 통하여 전류를 통하게 한 후 회전시켜 주므로 발전된다.

(2) 교류 발전기의 구조

① **스테이터 (고정자) 코일** : 직류 발전기의 전기자에 해당되며 철심에 3개의 독립된 코일이 감겨져 있어 로터의 회전에 의해 3상 교류가 유지된다.

② **로터 회전자** : 직류 발전기의 계자 코일에 해당하는 것으로 팬 벨트에 의해서 엔진 동력으로 회전하며 브러시를 통해 들어온 전류에 의해 철심이 N극과 S극의 자석을 띤다.

③ **슬립 링과 브러시** : 축전기 전류를 로터에 출입시키며, (+)측과 (-)측으로 써 슬립 링이 금속이면 금속 흑연 브러시, 구리이면 전기 흑연 브러시를 사용한다.

④ **실리콘 다이오드**

스테이터 코일에 발생된 교류 전기를 정류하는 것으로 + 다이오드 3개와 - 다이오드 3개가 합쳐져 6개로 되어 있으며, 축전지로부터 발전기로 전류가 역류하는 것을 방지하고 교류를 다이오드에 의해 직류로 변환시키는 역할을 한다.

⑤ **교류 발전기 레귤레이터**

컷 아웃 릴레이와 전류 조정기가 필요 없고 전압 조정기만 필요하다.

(3) 교류 · 발전기의 특징

① 속도변화에 따른 적용 범위가 넓고 소형 · 경량이다.
② 저속에서도 충전 가능한 출력전압이 발생한다.
③ 실리콘 다이오드로 정류하므로 전기적 용량이 크다.
④ 브러시 수명이 길고, 전압조정기만 있으면 된다.
⑤ 다이오드를 사용하기 때문에 정류 특성이 좋다.
⑥ 출력이 크고, 고속회전에 잘 견딘다.

[직류 발전기와 교류 발전기의 차이점]

구분	직류 발전기	교류 발전기
중량	무겁다	가볍고 출력이 크다
브러시의 수명	짧다	길다
정류	정류자와 브러시	실리콘 다이오드
공회전시	충전 불가능	충전 가능
구조	계자 코일 고정, 아마추어 회전	스테이크 고정, 로터 회전
사용범위	고속 회전용으로 부적합하다	고속 회전에 견딜 수 있다
조정기	컷 아웃 릴레이, 전압, 전류 조정	전압 조정기뿐이다
소음	라디오에 잡음이 들어간다	잡음이 적다
정비	정류자의 정비가 필요하다	슬립 링의 정비가 필요 없다

제4장. 계기·등화 장치 및 냉·난방 장치

1 계기류

1. 계기판

(1) 계기판(Instrument Panel)

계기판은 운행 중 차량의 작동 상태와 이상 유무를 확인하는 곳으로 쉽게 알아볼 수 있어야 한다. 표시방법은 바늘을 이용한 지침식이나 형광식이 사용된다.

(2) 계기판의 구성

① **속도계** : 차량의 운전 속도를 표시해주는 계기이다.

② **연료계** : 잔존 연료의 양을 표시하는 계기이다. 연료 탱크 속에 들어 있는 기름의 높이를 측정하는 방식으로 직접지시와 원격지시 방식이 있다.

③ **적산 거리계** : 속도계 내부에 있는 것으로 현재까지의 주행 거리의 합계를 표시하는 거리계이다.

④ **수온계** : 냉각수의 온도를 체크하는 계기이다.

⑤ **엔진 회전계** : 1분당 엔진 회전수(rpm)를 나타내는 것으로 적정한 변속시기를 선택하고 엔진의 과회전 또는 과부하를 방지하는 역할을 한다.

2. 경고등

(1) 경고등 : 계기판의 경고등 색상 중 초록색은 안전, 붉은색은 위험을 나타내는 신호등과 같은 의미로 붉은색 경고등은 운전에 관해 매우 위험한 요소가 있을 경우 들어온다. 노란색 경고등은 운전자에게 주의하라는 의미를 가지며 안전에 관한 위험을 알려주는 신호이다. 초록색은 위험과는 직접적인 관련은 없고 차량 보조 기기들의 작동 상태를 나타낸다. 그래서 대부분 경고등이라고 하면 노란색과 빨간색 경고등을 의미한다.

(2) 경고등의 종류

① **엔진오일 압력 경고등** : 엔진 오일의 압력이 낮은 경우에 들어온다.

② **예열 표시등** : '돼지 꼬리'처럼 표시되는 예열 표시등은 예열 플러그의 상태를 표시해 준다. 시동이 'On' 상태가 되면 점등되고 예열이 완료되면 소등된다.

③ **브레이크 경고등** : 주차 브레이크가 작동되어 있거나 브레이크액이 부족한 상태에서 점등이 된다.

④ **엔진 경고등** : 엔진을 제어하는 장치의 이상이 생긴 경우 점등되는 표시등이다.

⑤ **충전 경고등** : 배터리가 방전되거나 팬 벨트가 끊어진 경우, 또는 충전 장치가 고장난 상태에서 점등되는 표시등이다.

⑥ **연료 필터 수분 경고등** : 디젤 차량에 있는 표시등으로 연료 필터에 물이 규정량 이상으로 포함되어 있으면 점등된다.

⑦ **저압 타이어 경고등** : 타이어의 공기압이 현저하게 낮은 경우 점등된다.

2 등화장치

1. 등화장치 일반

건설기계의 등화장치를 크게 구분하면 대상물을 잘 보기 위한 목적의 조명 기능과 다른 장비나 차량과 기타 도로 이용자들에게 장비의 이동 상태를 알려주는 것을 목적으로 하는 신호 기능 등 2가지로 구분된다.

즉, 전조등이나 안개등은 조명용이며 방향지시등, 제동등, 후미등 들은 신호를 목적으로 한 것이지만 신호 기능을 가진 램프들은 구조상 일체로 된 것이 많고 이것을 조합등이라고 한다.

(1) 조명의 용어

① **광속** : 광원에서 나오는 빛의 다발이며, 단위는 루멘(Lumen, 기호는 1m)이다.

② **광도** : 빛의 세기이며 단위는 칸델라(Candle, 기호는 cd)이다.

③ **조도** : 빛을 받는 면의 밝기이며, 단위는 룩스(Lux, 기호는 Lx)이다.
광도와 거리의 관계는 다음과 같다.

$$E = \frac{cd}{r^2}$$

E : 조도(Lx) r : 거리(m) cd : 광도

(2) 전조등

전조등은 장비가 야간 운행 및 야간 작업시 전방을 비추는 등화이며 램프 유닛(Lamp Unit)과 이 유닛을 차체에 부착하여 조정하는 기구로 되어 있고, 램프 유닛은 전구와 반사경 및 렌즈로 구성되어 있다.

1) 전조등의 구성과 조건

① 전조등은 병렬로 연결된 복선식이다.
② 좌 · 우 각각 1개씩(4등색은 2개를 1개로 본다) 설치되어 있어야 한다.
③ 등광색은 양쪽이 동일하여야 하며 흰색이여야 한다.

2) 세미 실드빔형 전조등

① 공기 유통이 있어 반사경이 흐려질 수 있다.
② 전구만 따로 교환할 수 있다. 최근에는 할로겐 램프를 주로 사용한다.

3) 실드빔형 전조등

① 렌즈, 반사경 및 필라멘트가 일체로 된 형식이다.
② 내부에 불활성 가스가 들어 있다.
③ 반사경이 흐려지는 일이 없다.
④ 광도의 변화가 적다.
⑤ 필라멘트가 끊어지면 램프 전체를 교환하여야 한다.

(3) 방향지시등(Turn Signal Light)

1) 방향지시등의 구성과 조건

① 방향지시등은 건설기계 중심에 대해 좌 · 우 대칭일 것
② 건설기계 너비의 50% 이상 간격을 두고 설치되어 있을 것
③ 점멸 주기는 매분 60회 이상 120회 이하일 것
④ 등광색은 노란색 또는 호박색일 것

2) 플래셔 유닛의 종류

① 전자열선식
② 축전기식
③ 수은식
④ 바이메탈식

3) 지시등의 점멸이 느릴 때의 원인

① 전구의 접지 불량이다.
② 축전지 용량이 저하되었다.
③ 전구의 용량이 규정값보다 작다.
④ 플래셔 유닛의 결함이 있다.
⑤ 퓨즈 또는 배선의 접촉이 불량하다.

4) 좌 · 우의 점멸 횟수가 다르거나 한 쪽이 작동되지 않는 원인

① 규정 용량의 전구를 사용하지 않았다.
② 접지가 불량하다.
③ 전구 1개가 단선되었다.
④ 플래셔 스위치에서 지시등 사이에 단선이 있다.

(4) 제동등(Brake Light) 및 후진등(Reverse Light)

후진등은 건설기계가 후진할 때 점등되는 것으로 후방 75m를 비출 수 있어야 한다.

1) 제동등의 구성과 조건

① 등광색은 붉은색일 것
② 제동 조작 동안 지속적으로 점등 상태가 유지될 수 있을 것
③ 다른 등화와 겸용시 광도가 3배 이상 증가할 것
④ 등화의 설치 높이는 지상 35cm 이상, 200cm 이하일 것

2) 후진등의 구성과 조건

① 후진등은 2개 이하 설치되어 있을 것
② 등광색은 흰색 또는 노란색일 것
③ 등화의 설치 높이는 지상 25cm 이상, 120cm 이하일 것(트럭 적재식 건설기계에 한함)
④ 후퇴등은 변속장치를 후퇴 위치로 조작시 점등될 것

2. 등화의 조작

(1) 등화를 해야 하는 경우

① 어두운 밤에 도로에서 차를 운행하거나 고장이나 그 밖의 부득이한 사유로 도로에서 차를 정차 또는 주차하는 경우
② 안개가 끼거나 비 또는 눈이 올 때에 도로에서 차를 운행하거나 고장이나 그 밖의 부득이한 사유로 도로에서 차를 정차 또는 주차하는 경우
③ 터널 안을 운행하거나 고장 또는 그 밖의 부득이한 사유로 터널 안 도로에서 차를 정차 또는 주차하는 경우

(2) 등화의 조작

① 밤에 서로 마주보고 진행하는 때에는 전조등의 밝기를 줄이거나 빛의 방향을 아래로 향하게 하거나 일시적으로 등을 꺼야 한다. 다만, 도로의 상황으로 보아 마주보고 진행하는 차 서로간의 교통을 방해할 우려가 없는 경우에는 등을 끄지 않아도 된다.
② 밤에 앞차의 바로 뒤를 따라가는 때에는 전조등 불빛의 방향을 아래로 향하도록 하여야 하고, 전조등 불빛의 밝기를 함부로 조작하여 앞차의 운전을 방해해서는 안 된다.

③ 교통이 빈번한 곳에서 운행하는 때에는 전조등의 불빛을 계속 아래로 유지하여야 한다.

3. 배선

1) 배선의 개요

① 배선은 단선식과 복선식이 있다.
② 배선을 굵은 것으로 사용하는 이유는 많은 전류가 흐르게 하기 위함이다.
③ 배선에 표시된 0.85RW에서 0.85는 배선의 단면적, R은 바탕색, W은 줄색이다.

2) 건설기계에 전기 배선 작업시 주의할 점

① 배선을 차단할 때에는 우선 어스(접지)선을 떼고 차단한다.
② 배선을 연결할 때에는 어스(접지)선을 나중에 연결한다.

⊙ 전선

전선에는 나선(맨살선)과 피복선이 있으며, 나선은 보통 어스선에 사용된다. 면, 명주, 비닐 등의 절연물로 피복되어 있으며 특히 점화 플러그에 불꽃을 튀게 하는 전선에는 절연 내력이 높은 고압코드(high tesnion cord)라고 하는 전선을 사용한다. 심선(core wire)에는 단선과 꼰 선이 있으며, 각각 허용 전류의 범위 내에서 사용하는 것이 중요하다. 전류 용량이 큰 배터리와 스타터 사이에는 배터리 케이블이라고 하는 특별히 큰 전선을 사용한다.

3 냉 · 난방장치

1. 난방장치의 작용

(1) 열원별 난방장치 종류

난방장치를 열원별로 나누면 온수식, 배기열식, 연소식의 3종류가 있으며, 일반적으로 온수식이 사용된다.

(2) 온수식 공기도입법의 분류

① 외기순환식(후레시)
② 내기순환식(리서큘레이팅)
③ 외기도입 내기순환변환식

2. 냉방장치의 작용

(1) 작동 원리 및 순서

냉매 사이클은 4가지의 작용을 순환 반복함으로써 주기를 이루게 되는 카르노 사이클을 이용하여 “증발(액체가 기체로 변함) → 압축(외기에 의해 기체가 액체로 변함) → 응축(기체가 액체로 변함) → 팽창(냉매의 압축을 낮춤)” 순이다.

(2) 신냉매(HFC-134a)와 구냉매(R-12)의 비교

건설기계 냉방장치에 사용되고 있는 R-12는 냉매로서는 가장 이상적인 물질이지만 단지 CFC(염화불화탄소)의 분자중 Cl(염소)가 오존층을 파괴함으로써 지표면에 다량의 자외선을 유입하여 생태계를 파괴하고, 또 지구의 온난화를 유발하는 물질로 판명됨에 따라 이의 사용을 규제하기에 이르렀다.
따라서 이의 대체물질로 현재 실용화되고 있는 것이 HFC-134a(Hydro Fluro Carbon 134a)이며 이것을 R-134로 나타내기도 한다.
[참고] 국가기술자격필기문제에서는 R-134a로 표시하였다.

(3) 에어컨의 구조

① **압축기(Compressor)** : 증발기에서 기화된 냉매를 고온·고압 가스로 변환시켜 응축기로 보낸다.

② **응축기(Condenser)** : 고온·고압의 기체냉매를 냉각에 의해 액체냉매 상태로 변화시킨다.

③ **리시버 드라이어(Receiver Dryer)** : 응축기에서 보내온 냉매를 일시 저장하고 항상 액체상태의 냉매를 팽창밸브로 보낸다,

④ **팽창밸브(Expansion Valve)** : 고압의 액체냉매를 분사시켜 저압으로 감압시킨다.

⑤ **증발기(Evaporator)** : 주위의 공기로부터 열을 흡수하여 기체 상태의 냉매로 변환시킨다.

⑥ **송풍기(Blower)** : 직류직권 전동기에 의해 구동되며, 공기를 증발기에 순환시킨다

제 2 편 건설기계 전기

출제예상문제

01 전기가 이동하지 않고 물질에 정지하고 있는 전기는?

① 동전기
② 정전기
③ 직류전기
④ 교류 전기

해설 정전기란 전기가 이동하지 않고 물질에 정지하고 있는 전기이다.

02 다음 중 전류의 3가지 작용에 속하지 않는 것은?

① 자기 작용 ② 발열 작용
③ 전기 작용 ④ 화학 작용

03 다음 중 전류의 자기작용을 응용한 것은?

① 전구 ② 축전지
③ 예열플러그 ④ 발전기

해설 발전기(generator)는 자기 작용을 이용한 장치이다.

04 전선의 전기 저항은 단면적이 클수록 어떻게 변화하는가?

① 작게 된다.
② 크게 된다.
③ 단면적엔 관계없고 길이에 따라 변화한다.
④ 단면적을 변화시키면 항상 증가한다.

05 다음 중 교류 발전기의 다이오드 역할로 맞는 것은?

① 전압 조정 ② 자장 형성
③ 전류 생성 ④ 정류 작용

해설 다이오드(Diode)는 교류를 직류로 변환하는 역할을 하며, 전류를 한 방향으로만 흐르게 하는 정류 작용을 하여 역류를 방지한다.

06 다음 중 교류발전기를 설명한 내용으로 맞지 않는 것은?

① 정류기로 실리콘 다이오드를 사용한다.
② 스테이터 코일은 주로 3상 결선으로 되어 있다.
③ 발전 조정은 전류조정기를 이용한다.
④ 로터 전류를 변화시켜 출력이 조정된다.

해설 전류 조정기는 직류발전기에 사용된다.

07 다음의 기호의 해설이 틀린 것은?

① 전류의 세기 - A
② 저항 - Ω
③ 전압 - V
④ 전력량 - ㎌

08 전류의 크기를 측정하는 단위로 맞는 것은?

① V ② A
③ R ④ K

해설 전류 : 암페어(A), 전압 : 볼트(V), 저항 : 옴(Ω)

09 퓨즈의 접촉이 불량하면 어떤 현상이 일어나는가?

① 과대 전류가 흐르나 끊어지지 않는다.
② 전류의 흐름이 떨어지고 끊어진다.
③ 전류의 흐름이 떨어지나 끊어지지 않는다.
④ 과대 전류가 흐르고 끊어진다.

10 AC(교류)발전기에서 전류가 흐를 때 전자석이 되는 것은?

① 계자 철심
② 로터
③ 스테이터 철심
④ 아마추어

해설 로터(회전자)는 자장을 형성하여 발전기에서 회전하는 부분으로 전자석의 역할을 한다.

11 교류 발전기가 작동하는 경우 소음이 발생하는 원인이 아닌 것은?

① 베어링이 손상되었다.
② 벨트 장력이 약하다.
③ 고정 볼트가 풀렸다.
④ 축전지가 방전되었다.

해설 발전기는 고속으로 회전을 하는 기계로 고정시키기 위한 볼트가 풀리거나 벨트가 느슨해지면서 장력이 약해진 경우 또는 베어링이 손상되면 소음이 발생할 수 있다.

12 퓨즈는 회로 속에 어떻게 설치되는가?

① 병렬 ② 직렬
③ 직 · 병렬 ④ 혼선

정답 01. ② 02. ③ 03. ④ 04. ① 05. ④ 06. ③ 07. ④ 08. ② 09. ② 10. ② 11. ④ 12. ②

13 다음은 축전지에 대한 설명이다. 틀리는 것은?

① 축전지의 전해액으로는 묽은 황산이 사용된다.
② 축전지의 극판은 양극판이 음극판보다 1매가 더 많다.
③ 축전지의 1셀당 전압은 2~2.2V 정도이다.
④ 축전지의 용량은 암페어시(Ah)로 표시한다.

14 축전지 격리 판의 구비조건으로 틀린 것은?

① 기계적 강도가 있을 것
② 다공성이고 전해액에 부식되지 않을 것
③ 극판에 좋지 않은 물질을 내뿜지 않을 것
④ 전도성이 좋으며 전해액의 확산이 잘 될 것

해설 격리 판은 비 전도성일 것

15 납산 축전지에 관한 설명으로 틀린 것은?

① 기관 시동 시 전기적 에너지를 화학적 에너지로 바꾸어 공급한다.
② 기관 시동 시 화학적 에너지를 전기적 에너지로 바꾸어 공급한다.
③ 전압은 셀의 개수와 셀 1개당의 전압으로 결정된다.
④ 음극판이 양극판보다 1장 더 많다.

해설 축전지는 기관을 시동할 때 화학적 에너지를 전기적 에너지로 꺼낼 수 있다.

16 다음 중 퓨즈의 용량 표기가 맞는 것은?

① M ② A
③ E ④ V

해설 퓨즈용량은 암페어(A)로 표기한다.

17 다음 중 전해액을 만들 때 반드시 해야 할 일은?

① 황산을 물에 부어야 한다.
② 물을 황산에 부어야 한다.
③ 철제의 용기를 사용한다.
④ 황산을 가열하여야 한다.

18 다음 중 지게차에 많이 사용하는 축전지는?

① 납산 축전지이다.
② 알칼리 축전지이다.
③ 분젠 전지이다.
④ 건전지이다.

19 축전지를 오랫동안 방전 상태로 두면 못쓰게 되는 이유는?

① 극판이 영구 황산납이 되기 때문이다.
② 극판에 산호납이 형성되기 때문이다.
③ 극판에 수소가 형성되기 때문이다.
④ 산호납과 수소가 형성되기 때문이다.

20 다음 중 축전지 케이스와 커버 세척에 가장 알맞은 것은?

① 솔벤트와 물
② 소금과 물
③ 소다와 물
④ 가솔린과 물

21 납산 축전지의 전해액으로 가장 적합한 것은?

① 증류수
② 물(경수)
③ 묽은 황산
④ 엔진오일

해설 납산 축전지 전해액은 증류수에 황산을 혼합한 묽은 황산이다.

22 납산 축전지의 충전상태를 판단할 수 있는 계기로 옳은 것은?

① 온도계
② 습도계
③ 점도계
④ 비중계

해설 비중계로 전해액의 비중을 측정하면 축전지 충전여부를 판단할 수 있다.

23 다음 중 축전지 용량의 단위는?

① WS ② Ah
③ V ④ A

24 다음 중 축전지 터미널에 녹이 슬었을 때의 조치 요령은?

① 물걸레로 닦아낸다.
② 뜨거운 물로 닦고 소량의 그리스를 바른다.
③ 터미널을 신품으로 교환한다.
④ 아무런 조치를 하지 않아도 무방하다.

25 축전지를 충전할 때 전해액의 온도가 몇 도를 넘어서는 안되는가?

① 10℃ ② 20℃
③ 30℃ ④ 45℃

정답 13. ② 14. ④ 15. ① 16. ② 17. ① 18. ① 19. ① 20. ③ 21. ③ 22. ④ 23. ② 24. ② 25. ④

26 **납산 축전지의 터미널에 녹이 발생했을 때 조치방법으로 가장 적합한 것은?**

① 물걸레로 닦아내고 더 조인다.
② 녹을 닦은 후 고정시키고 소량의 그리스를 상부에 도포한다.
③ [+]와 [-] 터미널을 서로 교환한다.
④ 녹슬지 않게 엔진오일을 도포하고 확실히 더 조인다.

해설 터미널(단자)에 녹이 발생하였으면 녹을 닦은 후 고정시키고 소량의 그리스를 상부에 도포한다.

27 **축전지의 용량(전류)에 영향을 주는 요소로 틀린 것은?**

① 극판의 수
② 극판의 크기
③ 전해액의 양
④ 냉간율

해설 축전지의 용량을 결정짓는 인자는 극판의 수, 극판의 크기, 전해액의 양이다.

28 **지게차의 축전지가 충전 부족이 되는 원인이 아닌 것은?**

① 전압 조정기의 조정전압이 너무 낮을 때
② 전압 조정기의 조정전압이 너무 높을 때
③ 충전회로에 누전이 있을 때
④ 전기의 사용이 너무 많을 때

29 **충전된 축전지라도 방치해두면 사용하지 않아도 조금씩 자연 방전하여 용량이 감소하는 현상은?**

① 화학방전
② 자기방전
③ 강제방전
④ 급속방전

해설 자기방전이란 충전된 축전지라도 방치해두면 사용하지 않아도 조금씩 자연 방전하여 용량이 감소하는 현상이다.

30 **다음 중 급속충전을 할 때 주의사항으로 옳지 않은 것은?**

① 충전시간은 가급적 짧아야 한다.
② 충전 중인 축전지에 충격을 가하지 않는다.
③ 통풍이 잘되는 곳에서 충전한다.
④ 축전지가 차량에 설치된 상태로 충전한다.

해설 급속충전을 할 때에는 접지케이블을 분리한 후 충전한다.

31 **축전지 전해액이 자연 감소되었을 때 보충에 가장 적합한 것은?**

① 증류수 ② 황산
③ 경수 ④ 수돗물

해설 축전지 전해액이 자연 감소되었을 경우에는 증류수를 보충한다.

32 **건설기계에서 기관 시동에 사용되는 기동 전동기는?**

① 직류 직권식
② 직류 분권식
③ 교류 직권식
④ 교류 복권식

33 **전동기의 종류와 특성 설명으로 틀린 것은?**

① 직권전동기는 계자코일과 전기자 코일이 직렬로 연결 된 것이다.
② 분권전동기는 계자코일과 전기자 코일이 병렬로 연결 된 것이다.
③ 복권전동기는 직권전동기와 분권전동기 특성을 합한 것이다.
④ 내연기관에서는 순간적으로 강한 토크가 요구되는 복권전동기가 주로 사용된다.

해설 내연기관에서는 순간적으로 강한 토크가 요구되는 직권전동기가 사용된다.

34 **기동 전동기 스위치에는 축전지로부터 많은 전류가 흐른다. 무엇을 고려해야 하는가?**

① 발로 작동되도록 한다.
② 접촉 면적을 크게 해야 한다.
③ 운전석 바닥에 설치한다.
④ 릴레이를 사용한다.

35 **다음 중 기동전동기의 기능으로 틀린 것은?**

① 기관을 구동시킬 때 사용한다.
② 플라이휠의 링 기어에 기동전동기 피니언을 맞물려 크랭크축을 회전시킨다.
③ 축전지와 각부 전장품에 전기를 공급한다.
④ 기관의 시동이 완료되면 피니언을 링 기어로부터 분리시킨다.

해설 축전지와 각부 전장품에 전기를 공급하는 장치는 발전기이다.

36 **시동 전동기의 전기자나 계자를 오일로 세척하면 안되는 이유로 알맞은 것은?**

① 계자 철심이 손상된다.
② 전기자 축이 손상된다.
③ 절연 부분이 손상된다.
④ 구리의 연결부가 손상된다.

정답 26. ② 27. ④ 28. ② 29. ② 30. ④ 31. ① 32. ① 33. ④ 34. ② 35. ③ 36. ③

37 기동 모터에 큰 전류는 흐르나 아마추어가 회전하지 않는 고장 원인은?

① 계자 코일 연결 상태 불량
② 아마추어나 계자 코일의 단선
③ 브러시 연결선 단선
④ 마그네틱 스위치 접지

38 겨울철에 디젤기관 기동전동기의 크랭킹 회전수가 저하되는 원인으로 틀린 것은?

① 엔진오일의 점도가 상승
② 온도에 의한 축전지의 용량 감소
③ 점화스위치의 저항증가
④ 기온저하로 기동부하 증가

39 건설기계에서 기동전동기가 회전하지 않을 경우 점검할 사항이 아닌 것은?

① 축전지의 방전여부
② 배터리 단자의 접촉여부
③ 타이밍벨트의 이완여부
④ 배선의 단선여부

40 엔진이 기동되었을 때 시동 스위치를 계속 ON 위치로 두면 미치는 영향으로 맞는 것은?

① 시동 전동기의 수명이 단축된다.
② 캠이 마멸된다.
③ 클러치 디스크가 마멸된다.
④ 크랭크 축 저널이 마멸된다.

41 다음 중 기관 시동시 스타팅 버튼은?

① 30초 이상 계속 눌러서는 안 된다.
② 3분 이상 눌러서는 관계없다.
③ 2분 정도 눌러서는 관계없다.
④ 계속하여 눌러도 된다.

42 다음 중 기관의 기동을 보조하는 장치가 아닌 것은?

① 공기 예열장치
② 실린더의 감압장치
③ 과급장치
④ 연소촉진제 공급 장치

43 다음 중 기동전동기의 마그넷 스위치는?

① 전자석스위치이다. ② 전류조절기이다.
③ 전압조절기이다. ④ 저항조절기이다.

44 기관에서 예열 플러그의 사용 시기는?

① 축전지가 방전되었을 때
② 축전지가 과다 충전되었을 때
③ 기온이 낮을 때
④ 냉각수의 양이 많을 때

해설 예열 장치는 차가운 환경에서 디젤 기관이 쉽게 착화를 할 수 있게 만드는 장치로, 실린더 내에 공기를 가열하여 공기 온도를 높이기 위해서 연소실에 예열 플러그를 설치한다. 예열장치는 디젤기관에만 설치되어 있는 장치이다.

45 겨울철 디젤기관 시동이 잘 안 되는 원인에 해당하는 것은?

① 엔진오일의 점도가 낮은 것을 사용
② 4계절용 부동액을 사용
③ 예열장치 고장
④ 점화코일 고장

해설 디젤기관은 압축착화기관으로 겨울이나 추운 지역에서는 공기가 차갑기 때문에 흡입되는 공기가 착화되기 쉬운 적정 온도로 미리 가열하여야 시동이 잘 걸리게 된다. 예열장치는 차가운 환경에서 디젤기관이 쉽게 착화를 할 수 있게 만드는 장치로, 실린더 내에 공기를 가열하여 공기 온도를 높이기 위해서 연소실에 예열 플러그를 설치한다. 따라서 예열 장치가 고장이 나면 겨울철에 시동이 잘 안 될 수 있다.

46 디젤기관에서 시동을 돕기 위해 설치된 부품으로 맞는 것은?

① 과급 장치
② 발전기
③ 디퓨저
④ 히트레인지

해설 직접 분사실식에서 예열 플러그를 적당히 설치할 곳이 마땅치 않아 흡입 다기관에 히터를 설치하는데, 히트 레인지는 흡입다기관에 설치된 열선에 전원을 공급하여 발생되는 열에 의해 흡입되는 공기를 가열하는 예열 장치이다.

47 실드형 예열플러그에 대한 설명으로 맞는 것은?

① 히트코일이 노출되어 있다.
② 발열량은 많으나 열용량은 적다.
③ 열선이 병렬로 결선되어 있다.
④ 축전지의 전압을 강하시키기 위하여 직렬접속 한다.

48 다음의 기구 중 플레밍의 오른손 법칙을 이용한 기구는?

① 전동기
② 발전기
③ 축전기
④ 점화 코일

정답 37. ② 38. ③ 39. ③ 40. ① 41. ① 42. ③ 43. ① 44. ③ 45. ③ 46. ④ 47. ③ 48. ②

49 예열플러그가 15~20초에서 완전히 가열되었을 경우의 설명으로 옳은 것은?

① 정상상태이다.
② 접지 되었다.
③ 단락 되었다.
④ 다른 플러그가 모두 단선되었다.

해설 예열 플러그가 15~20초에 완전히 가열되는 것은 정상이다.

50 세미실드빔 형식의 전조등을 사용하는 건설기계장비에서 전조등이 점등되지 않을 때 가장 올바른 조치 방법은?

① 렌즈를 교환한다.
② 반사경을 교환한다.
③ 전조등을 교환한다.
④ 전구를 교환한다.

해설 세미실드빔 형은 전구만을 교체할 수 있으며, 실드빔 형식은 램프 유닛 전체를 교환하여야 한다.

51 다음 중 광속의 단위는?

① 칸델라
② 럭스
③ 루멘
④ 와트

해설 칸델라(Candela)란 광도의 단위이다. 광도란 광원에서 나오는 빛의 세기(밝기)를 말한다.
조도(Illuminance)란 조명이 밝은 정도를 말하는 조명도의 단위를 말하며, 기호로는 Lux로 나타낸다.
와트(W)는 전력의 단위이다.

52 헤드라이트에서 세미 실드빔 형은?

① 렌즈, 반사경 및 전구를 분리하여 교환이 가능한 것
② 렌즈, 반사경 및 전구가 일체인 것
③ 렌즈와 반사경은 일체이고, 전구는 교환이 가능한 것
④ 렌즈와 반사경을 분리하여 제작한 것

해설 전조등은 조명과 신호를 위해 차량 앞쪽에 부착된 등화 장치를 말한다. 전조등을 통해 다른 운전자에게 자신의 상태와 차량의 진행방향을 알려주는 기능을 한다. 전조등은 전조등 전구, 렌즈, 반사경 등으로 이루어져 있으며, 문제가 생겼을 경우 전체로 교환해야 하는 실드 빔(Sealed Beam) 형식과 전구만을 교환할 수 있는 세미 실드빔(Semi-sealed Beam) 형식이 있다. 세미실드 빔 형태의 전조등의 불이 점등되지 않는다면, 전구만을 따로 교체하여 이상 유무를 확인 할 수 있다.

53 연소실 내의 공기를 직접 가열하는 방식은?

① 흡기가열식
② 예열 플러그식
③ 공기식
④ 분사식

해설 예열 플러그식은 연소실 내의 압축된 공기를 직접 예열하는 방식이다.

54 발전기가 충전작용을 하지 못하는 경우에 점검사항이 아닌 것은?

① 레귤레이터
② 솔레노이드 스위치
③ 발전기 구동벨트
④ 충전회로

해설 솔레노이드 스위치는 기동전동기의 전자석 스위치이다.

55 축전지 및 발전기에 대한 설명으로 옳은 것은?

① 시동 전 전원은 발전기이다.
② 시동 후 전원은 배터리이다.
③ 시동 전과 후 모두 전력은 배터리로부터 공급된다.
④ 발전하지 못해도 배터리로만 운행이 가능하다.

해설 기관 시동 전의 전원은 배터리이며, 시동 후의 전원은 발전기이다. 또 발전기가 발전하지 못해도 배터리로만 운행이 가능하다.

56 야간 작업시 헤드라이트가 한쪽만 점등되었다. 고장 원인으로 가장 거리가 먼 것은?

① 전구 불량
② 전구 접지불량
③ 한 쪽 회로의 퓨즈 단선
④ 헤드라이트 스위치 불량

해설 헤드라이트가 한쪽만 점멸되는 원인으로는 전구를 용량에 맞지 않는 것을 사용하거나 단선처럼 접촉이 불량한 것이 원인이 될 수 있다.

57 교류발전기에서 마모성 부품은 어느 것인가?

① 스테이터 ② 다이오드
③ 슬립링 ④ 엔드프레임

해설 슬립링은 브러시와 접촉되어 회전하므로 마모성이 있다.

정답 49. ① 50. ④ 51. ③ 52. ③ 53. ② 54. ② 55. ④ 56. ④ 57. ③

58 한쪽 방향지시등만 점멸 속도가 빠른 원인으로 옳은 것은?

① 전조등 배선 접촉 불량
② 플래셔 유닛 고장
③ 한쪽 램프의 단선
④ 비상등 스위치 고장

해설 방향지시 및 비상경고등의 점멸회수가 이상하게 빠르거나 늦을 때는 전구의 단선이나 접지 불량일 수 있다. 방향지시등의 좌우측 전구 중 하나가 평상시보다 빠르게 점멸되고 있는 증상은 전구 연결이 끊어지면서 흐르는 전류의 차이에 의해 작동시키는 방향의 램프 점멸주기가 빨라지는 것이다. 따라서 방향지시등 전구 점검 및 교환을 해야 한다.

59 방향지시등의 한쪽 등 점멸이 빠르게 작동하고 있을 때, 운전자가 가장 먼저 점검하여야 할 곳은?

① 플래셔 유닛
② 전구(램프)
③ 콤비네이션 스위치
④ 배터리

해설 방향지시등의 한쪽만 점멸되고 있는 상태라면 전구의 접촉이 불량하거나 점멸되지 않는 쪽의 전구부분의 전류가 흐르지 못하는 것이라 볼 수 있다.

60 엔진정지 상태에서 계기판 전류계의 지침이 정상에서 (-)방향을 지시하고 있다. 그 원인이 아닌 것은?

① 전조등 스위치가 점등위치에서 방전되고 있다.
② 배선에서 누전되고 있다.
③ 엔진 예열장치를 동작시키고 있다.
④ 발전기에서 축전지로 충전되고 있다.

해설 발전기에서 축전지로 충전되면 전류계 지침은 (+)방향을 지시한다.

61 다음은 교류 발전기 부품이다. 관련 없는 부품은?

① 다이오드
② 슬립링
③ 스테이터 코일
④ 전류 조정기

62 DC(직류)발전기 조정기의 컷 아웃 릴레이의 작용은?

① 전압을 조정한다.
② 전류를 제한한다.
③ 전류가 역류하는 것을 방지한다.
④ 교류를 정류한다.

63 일반적으로 교류 발전기 내의 다이오드는 몇 개인가?

① 3개 ② 6개
③ 7개 ④ 8개

64 교류 발전기에서 교류를 직류로 바꾸어 주는 것은?

① 다이오드
② 슬립 링
③ 계자
④ 브러시

65 장비 기동 시에 충전계기의 확인 점검은 언제 하는가?

① 기관을 가동 중
② 주간 및 월간 점검 시
③ 현장관리자 입회 시
④ 램프에 경고등이 착등 되었을 때

해설 발전기는 기관 운행 중에 축전지(Battery)를 충전하므로 기관을 가동되는 기간에 충전계기를 확인하여야 한다.

66 건설기계에서 사용되는 전기장치에서 과전류에 의한 화재예방을 위해 사용하는 부품으로 가장 적절한 것은?

① 콘덴서 ② 저항기
③ 퓨즈 ④ 전파방지기

해설 퓨즈(Fuse)는 전선이 합선 등에 의해 갑자기 높은 전류의 전기가 흘러 들어왔을 경우 규정 값 이상의 과도한 전류가 계속 흐르지 못하게 자동적으로 차단하는 장치이다.

67 퓨즈의 접촉이 나쁠 때 나타나는 현상으로 옳은 것은?

① 연결부의 저항이 떨어진다.
② 전류의 흐름이 높아진다.
③ 연결부가 끊어진다.
④ 연결부가 튼튼해진다.

해설 퓨즈가 자주 끊어지는 것은 과부하 또는 결함이 있는 장비의 단락표시이다. 사용하는 제품의 수를 줄이고 결함이 있는 장비를 교체하도록 조치한다.

68 다음 중 조명에 관련된 용어의 설명으로 틀린 것은?

① 광도의 단위는 캔들이다.
② 피조면의 밝기는 조도이다.
③ 빛의 세기는 광도이다.
④ 조도의 단위는 루멘이다.

69 다음 중 건설기계 전기 회로의 보호 장치로 맞는 것은?

① 안전밸브
② 캠버
③ 퓨저블 링크
④ 시그널 램프

정답 58. ③ 59. ② 60. ④ 61. ④ 62. ③ 63. ② 64. ① 65. ① 66. ③ 67. ③ 68. ④ 69. ③

70 **다음 중 전기 장치의 배선 작업에서 작업 시작 전에 제일 먼저 조치하여야 할 사항은?**

① 점화 스위치를 끈다.
② 고압 케이블을 제거한다.
③ 접지선을 제거한다.
④ 배터리 비중을 측정한다.

71 **실드빔식 전조등에 대한 설명으로 맞지 않는 것은?**

① 대기조건에 따라 반사경이 흐려지지 않는다.
② 내부에 불활성 가스가 들어왔다.
③ 필라멘트를 갈아 끼울 수 있다.
④ 사용에 따른 광도의 변화가 적다.

72 **작업 중 갑자기 전조등이 꺼졌을 경우 관계가 없는 것은?**

① 퓨즈 단선
② 배선의 부착 불량
③ 축전지 용량 부족
④ 필라멘트 단선

73 **전조등의 좌우 램프간 회로에 대한 설명으로 맞는 것은?**

① 직렬로 되어 있다.
② 직렬 또는 병렬로 되어 있다.
③ 병렬로 되어 있다.
④ 병렬과 직렬로 되어 있다.

74 **헤드라이트에서 세미 실드빔형은?**

① 렌즈와 반사경을 분리하여 제작한 것
② 렌즈, 반사경 및 전구를 분리하여 교환이 가능한 것
③ 렌즈. 반사경 및 전구가 일체인 것
④ 렌즈와 반사경은 일체이고, 전구는 교환이 가능한 것

75 **전조등 회로의 구성 품으로 틀린 것은?**

① 전조등 릴레이
② 전조등 스위치
③ 디머 스위치
④ 플래셔 유닛

해설 전조등 회로에는 디머 스위치, 전조등 스위치, 퓨즈, 전조등 릴레이 등으로 구성되어 있다.

정답 70. ③ 71. ③ 72. ③ 73. ③ 74. ④ 75. ④

건설기계 섀시장치

제 3 편

건설기계 섀시장치

제1장. 동력전달장치

1 동력전달장치

1. 클러치(Clutch)

클러치는 기관과 변속기사이에 부착되어 있으며, 동력전달장치로 전달되는 기관의 동력을 연결하거나 차단하는 장치를 말한다.

(1) 클러치 일반

1) 클러치의 필요성 및 특징

① 기관을 시동할 때 기관을 무부하상태로 하기 위하여
② 변속기어를 변속할 때 기관의 회전력을 차단하기 위하여
③ 정차 및 기관의 동력을 서서히 전달하기 위하여
④ 관성운전을 하기 위하여

2) 클러치의 구비조건

① 동력차단이 신속히 될 것
② 동력전달 및 절단이 원활할 것
③ 작동이 확실할 것
④ 구조가 간단하며 점검 및 취급이 용이할 것
⑤ 동력이 절단된 후 수동부분에 회전타성이 적을 것
⑥ 방열이 잘 되고 과열되지 않을 것
⑦ 회전부분의 평형이 좋을 것

3) 클러치 용량

클러치가 전달할 수 있는 회전력의 크기는 엔진 회전력의 1.5~2.3배이다.

(2) 클러치 구조 및 작용

1) 마찰 클러치

① **클러치판** : 토션 스프링, 쿠션 스프링, 페이싱으로 구성된 원판이며 플라이 휠과 압력판 사이에 설치되어 클러치축을 통하여 변속기에 동력을 전달하는 역할을 한다.

② **압력판** : 클러치 스프링의 장력으로 클러치판을 플라이 휠에 밀착시키는 일을 한다.

③ **릴리스 레버** : 릴리스 베어링의 힘을 받아 압력판을 움직이는 역할을 한다.

④ **클러치 스프링** : 클러치 커버와 압력판 사이에 설치되어 압력판에 압력을 발생시킨다.

⑤ **릴리스 베어링** : 릴리스 포크에 의해 클러치 축의 길이 방향으로 움직이며, 회전 중인 릴리스 레버를 눌러 동력을 차단시키는 일을 하며 솔벤트나 액체의 세척제로 닦아서는 안 된다.

2) 유체 클러치와 토크 컨버터

① 펌프 임펠러, 터빈, 가이드링으로 구성된다.
② 가이드링이 유체 충돌방지를 한다.
③ 동력전달 효율 1:1(유체 클러치식)이다.
④ 토크 컨버터(Torque Convertor)는 스테이터가 토크를 전달한다.
⑤ 스테이터(토크 컨버터만 해당) : 오일의 흐름 방향을 바꾸어 준다.

(3) 클러치의 조작기구

① **기계식** : 클러치 페달의 밟는 힘을 로드나 케이블을 통하여 릴리스 포크에 전달하는 형식

② **유압식** : 클러치 페달의 밟는 힘에 의해서 발생된 유압으로 릴리스 포크를 움직이는 형식

(4) 클러치의 고장원인과 점검

1) 클러치 연결시 진동의 원인

① 릴리스레버 높이가 불평형할 때, 릴리스레버 높이는 25~40mm 정도가 정상이다.
② 클러치판의 허브가 마모되었을 때
③ 플라이휠 장착압력판 및 클러치커버의 체결이 풀어졌을 때

2) 클러치가 미끄러지는 원인

① 클러치 페달의 자유 간격이 불량(25~30mm)
② 클러치 스프링의 장력 약화 또는 절손
③ 페이싱에 기름 부착
④ 페이싱의 과도한 마모시

3) 출발시 진동이 생기는 원인

① 릴리스 레버의 높이가 일정치 않다.
② 클러치판의 허브가 마모되었을 때
③ 클러치판 커버 볼트의 이완

4) 클러치 페달에 유격을 주는 이유

① 클러치가 잘 끊기도록 해서 변속시 치차의 물림을 쉽게 한다.
② 미끄러짐을 방지한다.
③ 클러치 페이싱의 마멸을 작게 한다.

5) 클러치 유격이 작을 때의 영향

① 클러치 미끄럼이 발생하여 동력 전달이 불량하다.
② 클러치판이 소손된다.
③ 릴리스 베어링이 빨리 마모된다.
④ 클러치 소음 발생한다.

6) 클러치의 끊어짐이 불량한 원인

① 클러치 페달의 유격이 너무 클 때
② 클러치판이 흔들리거나 비틀어졌을 때
③ 베어링 급유 부족으로 파일럿 부시부가 고착되었을 때

2. 변속기(Transmission)

변속기는 엔진의 동력을 자동차 주행 상태에 맞도록 기어의 물림을 변경시켜 속도를 바꾸어 구동바퀴에 전달하는 장치이다. 즉 주행 상황에 맞도록 속도의 가감을 조정하는 장치로서 자동변속기와 수동변속기, 무단변속기(CVT)가 있다.

구 분	내 용
자동변속기	자동변속기는 클러치 페달이 없어 주행 중 변속조작이 필요 없으므로 편리한 운전으로 피곤함을 줄여준다. 그러나 수동 변속기에 비해 구조가 매우 복잡하여 제작비가 많이 소요되며 아울러 가격이 고가이다. 자동변속기는 토크 변환기(Torque Converter)를 비롯하여 유성기어, 변속제어 장치, 전자제어기구 장치 등으로 구성되어 있다.
수동변속기	클러치 페달을 이용하여 운전자 조작에 의해 수동으로 변속비(Gear Ratio)를 변화시키는 장치이다. 즉 수동 조작에 의해 바퀴를 역회전(Reverse)시키고 동력전달을 끊는 등의 기능을 한다.
무단변속기	변속비를 자동으로 제어하여 무단계로 변속할 수 있는 장치이다.

(1) 변속기 일반

1) 변속기의 필요성

① 기관 회전속도와 바퀴 회전속도와의 비를 주행 저항에 응하여 바꾼다.
② 바퀴의 회전방향을 역전시켜 차의 후진을 가능하게 한다.
③ 기관과의 연결을 끊을 수도 있다.

2) 변속기의 구비 조건

① 단계가 없이 연속적인 변속조작이 가능할 것
② 변속조작이 쉽고, 신속 정확하게 변속될 것
③ 전달효율이 좋을 것
④ 소형 · 경량이고, 고장이 없고 다루기가 쉬울 것

3) 동력 인출장치(PTO)

① 엔진의 동력을 주행 외에 용도에 이용하기 위한 장치이다.
② 변속기 케이스 옆면에 설치되어 부축상의 동력 인출 구동기어에서 동력을 인출한다.

4) 오버 드라이브의 특징

① 차의 속도를 30% 정도 빠르게 할 수 있다.
② 엔진 수명을 연장한다.
③ 평탄 도로에서 약 20%의 연료가 절약된다.
④ 엔진 운전이 조용하게 된다.

(2) 변속기의 구조 및 작용

① **섭동기어식 변속기** : 변속레버가 기어를 직접 움직여 변속시키며 내부에는 GO(기어오일) 80#(겨울용)과 90~120#(여름용)이 주입된다.

② **상시물림식 변속기** : 동력을 전달하는 기어를 항상 맞물리게 하고 클러치 기어를 이동시켜 변속을 한다.

③ **동기물림식 변속기** : 상시물림식과 같은 식에서 동기물림 기구를 두어 기어가 물릴 때 작용한다.

④ **유성기어식 변속기** : 유성기어 변속장치(Panetary Gear Unit)는 토크 변환기의 뒷부분에 결합되어 있으며, 다판 클러치, 브레이크 밴드, 프리휠링 클러치, 유성기어 등으로 구성되어 토크변환 능력을 보조하고 후진 조작기능을 함께 한다.

(3) 변속기의 고장 원인과 점검

1) 변소기어가 잘 물리지 않을 때

① 클러치가 끊어지지 않을 때
② 동기물림링과의 접촉이 불량할 때
③ 변속레버선단과 스플라인홈 마모
④ 스플라인키나 스프링 마모

2) 기어가 빠질 때

① 싱크로나이저 클러치기어의 스플라인이 마멸되었을 때
② 메인 드라이브 기어의 클러치기어가 마멸되었을 때
③ 클러치축과 파일럿 베어링의 마멸
④ 메인 드라이브 기어의 마멸
⑤ 시프트링의 마멸
⑥ 로크볼의 작용 불량
⑦ 로크스프링의 장력이 약할 때

3) 변속기어의 소음

① 클러치가 잘 끊기지 않을 때
② 싱크로나이저의 마찰면에 마멸이 있을 때
③ 클러치기어 허브와 주축과의 틈새가 클 때
④ 조작기구의 불량으로 치합이 나쁠 때
⑤ 기어 오일 부족
⑥ 각 기어 및 베어링 마모시

3. 드라이브 라인(Drive Line)

뒤차축 구동방식의 건설기계에서 변속기의 출력을 구동축에 전달하는 장치로, 기관의 동력을 원활하게 뒤차축에 전달하기 위해 추진축의 중간 부분에 슬립이음, 추진축의 앞쪽 또는 양쪽 끝에 자재이음이 있고 이것을 합쳐서 드라이브 라인이라고 부른다.

(1) 추진축

변속기로부터 종감속 기어까지 동력을 전달하는 축으로서, 강한 비틀림을 받으면서 고속회전하므로 비틀림이나 굽힘에 대한 저항력이 크고 두께가 얇은 강관의 원형 파이프를 사용한다.

(2) 슬립 이음(Slip Joint)

변속기 출력축의 스플라인에 설치되어 주행 중 추진축의 길이 변화를 주는 부품이다.

(3) 자재 이음(Universal Joint)

자재 이음은 각도를 가진 2개의 축 사이에 설치되어 원활한 동력을 전달할 수 있도록 사용되며, 추진축의 각도 변화를 가능케 한다.

① **십자형 자재 이음** : 각도 변화를 12~18° 이하로 하고 있다.
② **플렉시블 이음** : 설치 각도는 3~5° 이다.
③ **GV 자재 이음** : 설치 각도는 29~30° 이다.

4. 종감속 기어와 차동기어 장치

(1) 종감속 기어

추진축의 종감속기어는 추진축에 전달되는 동력을 직각이나 또는 직각에 가까운 각도로 바꾸어 뒤 차축에 전달하며 기관의 출력, 구동 바퀴의 지름 등에 따라 적합한 감속비로 감속하여 토크(회전력)을 증대시키는 역할을 한다.

$$종감속비 = \frac{링\ 기어\ 잇수(또는\ 회전수)}{구동\ 기어\ 잇수(또는\ 회전수)}$$

(2) 종감속 기어의 종류

① **하이포이드기어** : 스파이럴 베벨기어의 구동 피니언을 편심시킨 기어로 편심량은 링 기어 지름의 10~20%이다.

② **웜기어** : 감속비가 크지만 전동효율이 낮다.

③ **스파이럴 베벨** : 베벨 기어의 형태가 매우 경사진 것이다.

④ **스퍼 기어 2단 감속식** : 최종 감속을 차동기축과 바퀴축의 2곳에서 하는 것이다.

(3) 차동 기어 장치

주행시 커브길에서 양쪽 바퀴가 미끄러지지 않고 원활히 회전되도록 바깥 바퀴를 안쪽 바퀴보다 더 많이 회전시킨다. 따라서 요철부분의 길을 통과할 때 양 바퀴의 회전수를 다르게 하여 원활한 회전을 가능하게 하는 장치이다. 이는 랙과 피니언의 원리를 이용한 것이다.

(4) 총 감속비와 구동력

$$N = \frac{n_1 + n_2}{2}$$

n_1 : 저항이 많은 바퀴의 움직인 양
n_2 : 저항이 적은 바퀴의 움직인 양
N : 피니언 기어의 움직인 양

5. 차축과 타이어

액슬축(차축)은 기관에서 발생된 동력을 전달할 수 있는 구동륜 차축과 구동력을 바퀴로 전달하지 못하는 유동륜차축으로 나누어지며 어느 형식이든 바퀴를 통해 차량이나 장비의 무게를 지지하는 부분으로, 구조상으로는 현가방식에 따라 일체차축식과 분할차축식으로 나눌 수 있다.

(1) 앞차축

너클의 킹핀의 조립상태에 따라 엘리엇형, 역엘리엇형, 로모아형, 마몬형이 있다.

(2) 뒤차축

차축과 하우징의 상태에 따라 수직 · 수평 · 하중이 달라지며, 반부동식 · 3/4 부동식 · 전부동식(대형 트럭)이 있다.

(3) 휠과 타이어

휠은 타이어를 지지하는 림과 허브, 포크부로 되어 제동시의 토크, 선회시의 원심력에 견디며, 타이어는 공기압력을 유지하는 타이어튜브와 타이어로 구성된다. 타이어는 나일론과 레이온 등의 섬유와 양질의 고무를 합쳐 코드(cord)를 만들고 이것을 겹쳐서 유황을 첨가하여 형틀 속에 성형으로 제작한 것이다.

1) 타이어의 구조

① **카커스** : 목면 · 나일론 코드를 내열성 고무로 접착

② **비드** : 타이어와 림에 접하는 부분

③ **브레이커** : 트레드와 카커스 사이의 코드층

④ **트레드** : 노면과 접촉하는 부분으로 미끄럼 방지 · 열발산

2) 타이어 주행현상과 호칭법

① **스탠딩 웨이브** : 고속 주행시 도로 바닥과 접지면과의 마찰력에 의해 고무가 물결모양으로 늘어나 타이어가 찌그러드는 현상

② **하이드로 플레인** : 비가 내릴 때 노면의 빗물에 의해 공중에 뜬 상태

3) 타이어 트레드 패턴의 필요성

① 타이어 옆 방향, 전진 방향 미끄러짐 방지
② 타이어 내부의 열 발산
③ 트레드부에 생긴 절상 등의 확대 방지
④ 구동력이나 설회 성능 현상

제2장. 조향장치

1 조향장치 일반

1. 조향원리와 중요성

조향장치란 자동차의 주행 방향을 운전자 요구대로 조정하는 장치이다. 즉 조향 휠(핸들)을 돌려 좌우의 앞바퀴를 주행하고자 하는 방향으로 바꿀 수 있다.

(1) 조향원리

① 전차대식 : 좌・우 바퀴와 액슬축이 함께 회전이 된다. 핸들 조작이 힘들고 선회 성능이 나빠 사용되지 않는다.

② 애커먼식 : 좌・우 바퀴만 나란히 움직이므로 타이어 마멸과 선회가 나빠 사용되지 않는다.

③ 애커먼 장토식 : 애커먼식을 개량한 것으로 선회시 앞바퀴가 나란히 움직이지 않고 뒤 액슬의 연장 선상의 1점 0에서 만나게 되며 현재 사용되는 형식이다.

(2) 최소 회전반경

조향 각도를 최대로 하고 선회할 때 그려지는 동심원 가운데 가장 바깥쪽 원의 회전반경을 말한다.

$$R = \frac{L}{sina} + r$$

R : 최소 회전반경(m)
L : 축거(휠 베이스, m)
$sina$: 바깥쪽 바퀴의 조향 각도
r : 킹핀 중심에서부터 타이어 중심간의 거리(m)

(3) 조향 기어비

조향 핸들이 회전한 각도와 피트먼 암이 회전한 각도의 비를 말한다.

$$\text{조향 기어비} = \frac{\text{조향핸들이 회전한 각도}}{\text{피트먼 암이 회전한 각도}}$$

(4) 조향 장치가 갖추어야 할 조건

① 조향 조작이 주행 중의 충격에 영향받지 않을 것
② 조작하기 쉽고 방향 변환이 원활하게 행하여 질 것
③ 회전 반경이 작을 것
④ 조향 핸들의 회전과 바퀴의 선회 차가 크지 않을 것
⑤ 수명이 길고 다루기가 쉬우며, 정비하기 쉬울 것
⑥ 고속 주행에서도 조향 핸들이 안정적일 것
⑦ 선회한 이후 복원력이 좋을 것

(5) 조향 장치의 형식

① 비가역식 : 핸들의 조작력이 바퀴에 전달되지만 바퀴의 충격이 핸들에 전달되지 않는다.

② 가역식 : 핸들과 바퀴쪽에서의 조작력이 서로 전달된다.

③ 반가역식 : 조향기어의 구조나 기어비로 조정하여 비가역과 가역성의 중간을 나타낸다.

2. 앞바퀴 정렬

(1) 토인

차량의 앞바퀴를 위에서 내려다 보면 좌우 바퀴의 중심선 사이의 거리가 앞쪽이 뒤쪽보다 약간 좁게 되어 있다(3~7mm).

① 앞바퀴를 주행 중에 평행하게 회전시킨다.
② 조향할 때 바퀴가 옆방향으로 미끄러지는 것을 방지한다.
③ 타이어의 마멸을 방지한다.
④ 조향 링키지의 마멸 및 주행 저항과 구동력의 반력에 의한 토아웃이 되는 것을 방지한다.
⑤ 토인은 타이로드의 길이로 조정한다.

(2) 캠버

앞바퀴를 앞에서 보면 바퀴의 윗부분이 아래쪽보다 더 벌어져 있는데 이 벌어진 바퀴의 중심선과 수선사이의 각도를 캠버라 한다. 캠버를 두는 목적은 다음과 같다.

① 조향 핸들의 조작을 가볍게 한다.
② 수직 하중에 의한 차축의 휨을 방지한다.
③ 타이어의 이상 마멸을 방지한다.
④ 하중을 받았을 때 앞바퀴의 아래쪽이 벌어지는 것〈부의 캠버〉을 방지한다.

(3) 캐스터

앞바퀴를 옆에서 보았을 때 앞바퀴가 차축에 설치되어 있는 킹핀(조향축)의 중심선이 수선과 어떤 각도(0.5~1°)로 설치되어 있는 것을 말한다.

① 주행 중 조향 바퀴에 방향성을 준다.
② 조향 핸들의 직진 복원성을 준다.
③ 안전성을 준다.

(4) 킹핀 경사각(조향축 경사각)

앞바퀴를 앞에서 볼 때 킹핀 중심이 수직선에 대하여 경사각을 이루고 있는 것을 말한다(6~9°).

① 조향력을 가볍게 한다.
② 앞바퀴에 복원성을 준다.
③ 저속시 원활한 회전이 되도록 한다.

2 구성 및 작용

1. 기계식 조향기구

(1) 조향핸들과 축

허브, 스포크 휠과 노브로 되어 조향축의 셀레이션 홈에 끼워지며 조향 핸들은 일반적으로 직경 500mm 이내의 것이 많이 사용되며 25~50mm 정도의 유격이 있다.

(2) 조향기어

조향기는 기어 상자속에 웜기어와 섹터기어로 구성되었으며, 건설기계는 20~30:1의 비율로 핸들의 동력을 감속해 피트먼 암으로 전달하며 기어 상자에는 기어오일이 주입되었고 유격조정 나사가 부착되었다. 종류로는 웜섹터형, 롤러형, 볼너트형, 캠레버형, 랙피니언형 등 다양하다.

(3) 피트먼암

한쪽 끝은 세레이션을 이용해 섹터 축과, 다른 쪽 끝은 링크 기구로 연결된다.

(4) 드래그 링크와 너클 암

피트먼암과 너클암을 연결하는 로드이며, 양쪽 끝은 볼 조인트에 의해 암과 연결되었으며, 너클암은 타이로드 엔드와 너클 스핀들 사이에 연결되거나 드래그 링크와 연결되어 조향력을 전달해준다.

(5) 타이로드와 타이로드 엔드

좌우의 너클암과 연결되어 제3암의 작동을 다른 쪽 너클암에 전달하며 좌우 바퀴의 관계 위치를 정확하게 유지하는 역할을 하며 타이로드 엔드는 토인을 조정한다.

① **독립차축방식 조향기구** : 센터링크의 운동을 양쪽 너클암으로 전달하며 2개로 나누어져 볼이음으로 각각 연결한다.

② **일체차축방식 조향기구** : 1개의 로드로 되어 있고 너클암의 움직임을 반대쪽의 너클암으로 전달하여 양쪽 바퀴의 관계를 바르게 유지한다.

2. 동력식 조향기구

(1) 동력 조향 장치의 종류

① **링키지형** : 작동장치인 동력실린더가 조향 링키지(linkage) 기구의 중간에 설치된 형식이며 제어밸브와 동력 실린더가 일체로 결합된 조합식과 각각 분리된 분리식이 있다.

② **일체형** : 이 형식은 동력실린더, 동력피스톤, 제어밸브 등으로 구성된 주요 기구가 조향기어하우징 안에 일체로 결합되어 있으며 오일통로를 전환하는 제어밸브는 핸들에 조립된 웜 축 끝에 설치되어 있으며, 제어밸브의 밸브스풀을 웜축으로 직접 조작시켜 주므로서 작동이 된다.

(2) 동력조향장치의 장점

① 조향조작력을 가볍게 할 수 있다.
② 조향 조작력에 관계없이 조향 기어비를 설정할 수 있다.
③ 불규칙한 노면에서 조향 핸들을 빼앗기는 일이 없다.
④ 충격을 흡수하여 충격이 핸들에 전달되는 것을 방지한다.

해설

◉ 조향핸들이 무거운 원인

- 조향기어의 백래시 작음
- 앞바퀴 정렬 상태 불량
- 타이어의 공기 압력 부족
- 타이어의 마멸 과다
- 조향기어박스 내의 오일 부족

◉ 조향핸들이 한쪽으로 쏠리는 원인

- 앞바퀴 정렬 상태 및 쇼크업소버의 작동 상태 불량
- 타이어의 공기 압력 불균일
- 허브 베어링의 마멸 과다
- 앞 액슬축 한쪽 스프링 파손
- 뒤 액슬축이 차량 중심선에 대하여 직각이 되지 않았음

제3장. 제동장치

1 제동장치 일반

1. 제동의 목적 및 필요성

자동차가 주행하고 있을 때 동력의 전달을 차단하여도 자동차는 정지하지 않고 관성에 의하여 어느 정도 주행을 계속하게 된다. 따라서 움직이는 자동차를 정지 또는 감속을 하려면 자동차가 지닌 속도에너지를 흡수하는 장치가 필요한데 이것이 바로 제동장치이다. 즉, 운동에너지를 열에너지로 바꾸는 작용을 제동작용이라 하며, 그것을 대기 속으로 방출시켜 제동작용을 하는 마찰식 브레이크를 사용하고 있다.

(1) 제동장치의 요건

① 최고 속도에 대하여 충분한 제동력을 갖출 것
② 조작이 간편할 것
③ 제동력이 우수할 것
④ 브레이크가 작동하지 않을 경우 각 바퀴에 회전 저항이 없을 것

(2) 브레이크 이론

1) 페이드 현상 : 브레이크가 연속적 반복 작용되면 드럼과 라이닝 사이에 마찰열이 발생되어 열로 인한 마찰계수가 떨어지고 이에 따라 일시적으로 제동이 되지 않는 현상이다.

2) 베이퍼록과 그 원인

연료나 브레이크 오일이 과열되면 증발되어 증기 폐쇄 현상을 일으키는 현상을 말하며 그 원인은 다음과 같다.

① 과도한 브레이크 사용시
② 드럼과 라이닝 끌림에 의한 과열시
③ 마스터 실린더 체크밸브의 쇠약에 의한 잔압 저하
④ 불량 오일 사용시
⑤ 오일의 변질에 의한 비점 저하

(3) 브레이크 오일

피마자기름(40%)과 알코올(60%)로 된 식물성 오일이므로 정비시 경유 · 가솔린 등과 같은 광물성 오일에 주의해야 한다.

1) 브레이크 오일의 구비조건

① 비등점이 높고 빙점이 낮아야 한다.
② 농도의 변화가 적어야 한다.
③ 화학변화를 잘 일으키지 말아야 한다.
④ 고무나 금속을 변질시키지 말아야 한다.

2) 브레이크 오일 교환 및 보충시 주의 사항

① 지정된 오일 사용
② 제조 회사가 다른 것을 혼용치 말 것
③ 빼낸 오일은 다시 사용치 말 것
④ 브레이크 부품 세척시 알코올 또는 세척용 오일로 세척

2. 브레이크의 분류

제동장치에는 중장비를 주차할 때 사용하는 주차브레이크와 주행할 때 사용하는 주브레이크가 있으며 주브레이크는 운전자의 발로 조작하기 때문에 풋브레이크(Foot Brake)라 하고, 주차 브레이크는 보통 손으로 조작하기 때문에 핸드브레이크(Hand Brake)라 한다. 브레이크장치의 조작기구는 유압식이 있으며 풋 브레이크는 유압식 외에 압축공기를 이용하는 공기 브레이크가 사용된다.
브레이크 장치의 종류는 나누면 다음과 같다.

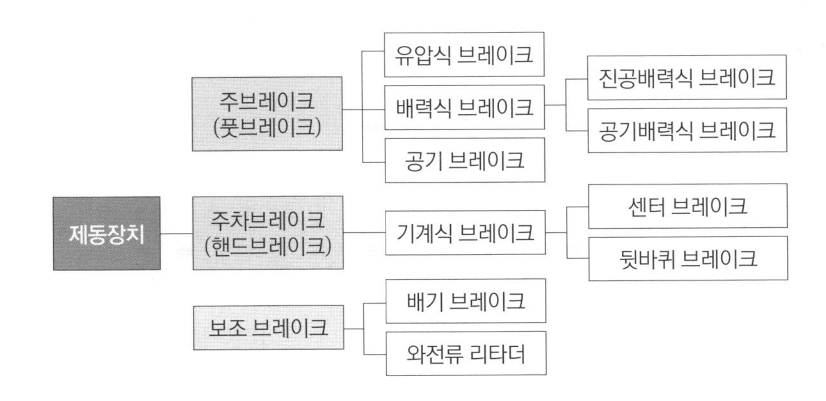

① **공기식 브레이크**
공기 압축기를 엔진의 힘으로 돌려 발생한 압축된 공기로 제동을 하는 방식이다.

② **유압식 브레이크**
유압을 이용하여 브레이크를 작동시키는 방식이다. 가장 널리 사용되는 방식이다.

③ **배력식 브레이크**
자동차의 엔진에서 나오는 압축공기를 이용하여 강력한 제동력을 작동하는 방식이다.

2 구성 및 작용

1. 유압 브레이크의 구성

(1) 유압식 조작기구

1) 마스터 실린더

① 브레이크 페달을 밟아서 필요한 유압을 발생하는 부분으로, 피스톤과 피스톤 1차컵 · 2차컵, 체크밸브로 구성되어 있어 0.6~0.8kg/㎠ 의 잔압을 유지시킨다.
② 잔압을 두는 이유는 브레이크의 작용을 원활히 하고 휠 실린더의 오일 누출 방지와 베이퍼 록 방지를 위해서다.
③ 마스터 실린더를 조립할 때 부품의 세척은 브레이크액이나 알코올로 한다.

2) 브레이크 파이프 및 호스 : 방청 처리된 3~8mm 강파이프를 사용한다.

(2) 드럼식 브레이크의 구조와 특징

1) 휠실린더 : 마스터 실린더의 유압으로 브레이크슈를 드럼에 밀착한다.

2) 브레이크 슈 : T자로 된 반달형으로 휠 실린더의 피스톤에 의해 드럼과 접촉하여 제동력을 발생하는 부품이며, 라이닝이 리벳이나 접착제로 부착되어 있다.

3) 브레이크 드럼 : 특수 냉각과 강성을 돕기 위해 원둘레에 리브(rib)가 있고 휠과 타이어가 부착된다.

4) 브레이크 라이닝의 구비조건

① 고열에 견디고 내마멸성이 우수할 것
② 마찰계수가 클 것
③ 온도의 변화나 물 등에 의해 마찰계수 변화가 적고 기계적 강도가 클 것

5) 브레이크 드럼의 구비조건

① 정적, 동적 평형이 잡혀 있을 것
② 충분한 강성이 있을 것
③ 마찰 면에 충분한 내마멸성이 있을 것
④ 방열이 잘 될 것
⑤ 무게가 가벼울 것

6) 브레이크 오일 : 피마자기름에 알코올 등의 용제를 혼합한 식물성 오일이다.

(3) 디스크식 브레이크의 구조와 특징

1) 디스크 : 특수주철로 만들어 휠 허브에 결합되어 바퀴와 함께 회전한다.

2) 캘리퍼 : 캘리퍼란 브레이크 실린더와 패드를 구성하고 있는 한 뭉치이다.

3) 브레이크 실린더 및 피스톤 : 실린더는 캘리퍼의 좌우에 있고, 피스톤에는 자동틈새조정과 패드가 부착된다.

4) 패드 : 석면과 레진을 혼합성한 것으로 피스톤에 부착된다.

5) 디스크 브레이크의 특징

① 베이퍼록(Vapor Lock)이 적다.
② 오일누출이 없다.
③ 디스크가 노출되어 회전하기 때문에 열변형(熱變形)에 의한 제동력의 저하가 없다.
④ 디스크와 패드의 마찰면적이 적기 때문에 패드의 누르는 힘을 크게 할 필요가 있다.
⑤ 자기배력작용이 없기 때문에 필요한 조작력이 커진다.
⑥ 패드는 강도가 큰 재료를 사용해야 한다.
⑦ 부품수가 적다.
⑧ 스프링 아래 중량이 가볍다.

(4) 배력식 브레이크의 구조

1) 배력 장치의 분류

① **진공 배력식** : 흡입 다기관 진공력과 대기압 이용
② **공기 배력식** : 압축공기와 대기압 이용

2) 동력 피스톤 : 두 장의 철판과 가죽 패킹으로 구성되었다.

3) 릴레이 밸브 및 피스톤 : 마스터 실린더에서 전달된 유압으로 공기 통로를 개폐한다.

4) 하이드로릭 실린더 · 피스톤 : 동력 피스톤에 연결된 작용으로 오일에 2차 압력을 가한다.

2. 공기 브레이크의 구성

(1) 계통별 구분

① **공기 압축 계통** : 공기 압축기, 공기 탱크, 압력 조정기
② **제동 계통** : 브레이크 밸브, 릴레이 밸브, 브레이크 체임버
③ **안전 계통** : 저압 표시기, 안전밸브, 체크밸브
④ **조정 계통** : 슬랙 어저스터, 브레이크 밸브, 압력 조정기

(2) 공기 브레이크의 주요 구조

① **공기 압축기** : 압축 공기를 생산하며, 왕복 피스톤식이다.
② **공기 탱크** : 압축된 공기를 저장하며 안전밸브가 내부 압력을 7kg/㎠ 정도로 유지시킨다.
③ **브레이크 밸브** : 브레이크 페달을 밟는 정도에 따라 압축공기를 릴레이 밸브로 보낸다.
④ **릴레이 밸브** : 압축공기를 브레이크 체임버에 공급 · 단속한다.
⑤ **브레이크 체임버** : 공기압력을 기계적운동으로 바꾼다.
⑥ **슬랙 어저스터** : 웜기어와 웜축과 물리는 캠축을 돌려 라이닝과 드럼의 간극을 조정한다.
⑦ **슈 및 브레이크 드럼** : 캠에 의한 내부확장식 앵커핀형이 많아 캠의 작용에 의하여 브레이크 슈를 확장하고 리턴 스프링에 의하여 수축된다.
⑧ **체크밸브 · 안전 밸브** : 공기탱크 입구 부근에 설치되어서 공기의 역류(逆流)를 방지하는 것은 체크밸브, 탱크 내의 압력을 방출시켜 주는 것은 안전 밸브이다.

(3) 공기 브레이크의 장점

① 차량 중량에 제한을 받지 않는다.
② 공기가 다소 누출되어도 제동성능이 현저하게 저하되지 않는다.
③ 베이퍼록 발생 염려가 없다.
④ 페달 밟는 양에 따라 제동력이 제어된다(유압방식은 페달 밟는 힘에 의해 제동력이 비례한다).

(4) 공기 브레이크 작동

① 압축공기의 압력을 이용하여 모든 바퀴의 브레이크슈를 드럼에 압착시켜서 제동 작용을 한다.
② 브레이크 페달로 밸브를 개폐시켜 공기량으로 제동력을 조절한다.
③ 브레이크슈를 확장시키는 부품은 캠이다.

3. 브레이크 고장 점검

(1) 브레이크 라이닝과 드럼과의 간극이 클 때

① 브레이크 작용이 늦어진다.
② 브레이크 페달의 행정이 길어진다.
③ 브레이크 페달이 발판에 닿아 브레이크 작용이 어렵게 된다.

(2) 브레이크 라이닝과 드럼과의 간극이 작을 때

① 라이닝과 드럼의 마모가 촉진된다.
② 베이퍼 록의 원인이 된다.
③ 라이닝이 타서 붙는 원인이 된다.

(3) 브레이크가 잘 듣지 않는 경우

① 회로 내의 오일 누설 및 공기의 혼입
② 라이닝에 기름, 물 등이 묻어 있을 때
③ 라이닝 또는 드럼의 과다한 편마모
④ 라이닝과 드럼과의 간극이 너무 큰 경우
⑤ 브레이크 페달의 자유 간극이 너무 큰 경우

(4) 브레이크가 한쪽만 듣는 원인

① 브레이크의 드럼 간극의 조정 불량
② 타이어 공기압의 불균일
③ 라이닝의 접촉 불량
④ 브레이크 드럼의 편마모

(5) 브레이크 작동시 소음이 발생하는 원인

① 라이닝의 표면 경화
② 라이닝의 과대 마모

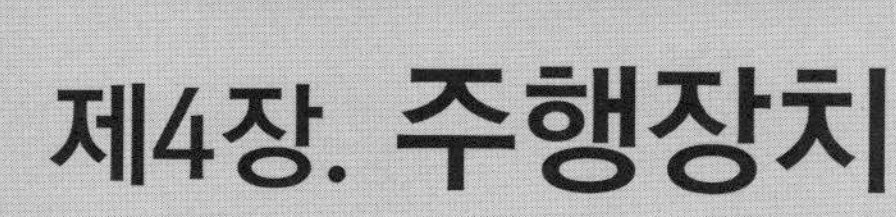

제4장. 주행장치

1 휠과 타이어

1. 휠

휠은 노면에서 받는 충격을 타이어와 함께 흡수하며 차량의 중량을 지지한다. 휠은 구조에 따라 스포크 휠, 디스크 휠, 스파이더 휠 등이 있다.

2. 타이어

타이어는 차량이 도로와 직접 접촉하여 주행하는 부품으로, 외부의 충격으로부터 보호를 위해 외부는 고무층으로 덮여 있으며, 이 고무층은 트레드(Tread)와 숄더(Shoulder), 비드(Bead) 등의 구조로 되어 있다. 카카스(Carcass)는 섬유와 강철로 구성되어 차량의 하중과 외부 충격을 견딜수 있도록 설계되어 있다.

(1) 공기압에 따른 타이어의 종류

고압타이어, 저압타이어, 초저압타이어가 있으며, 튜브 리스 타이어의 장점은 다음과 같다.

① 펑크 수리가 간단하다.
② 못이 박혀도 공기가 잘 새지 않는다.
③ 튜브 조립이 없어 작업성이 향상된다.
④ 튜브가 없어 조금 가볍다.

(2) 타이어의 구조

① **트레드** : 노면과 접촉하는 고무층으로 내마멸성이 요구된다. 표면은 가로나 세로 방향의 무늬가 새겨져 있어 미끄럼을 방지한다.

② **숄더** : 트레드 가장자리 부분이다.

③ **벨트** : 섬유나 강철와이어로 구성되어 트레드와 카카스 사이에서 주행 시 충격을 감소시킨다.

④ **캡 플라이** : 벨트 위에 부착된 특수코드지를 말한다.

⑤ **비드부분** : 코드 끝부분을 감싸 타이어를 차체의 림(Rim)에 장착시키는 역할을 한다.

⑥ **카커스** : 몇 겹의 내열성 고무를 밀착시켜 하중이나 충격을 완충하는 타이어의 뼈대를 이루는 부분이다.

2 주행시 나타나는 현상

1. 히트 세퍼레이션 현상

가끔씩 자동차가 고속으로 주행중에 타이어가 터져버리는 뉴스를 접할 수 있는데 이것이 바로 히트 세퍼레이션이다.

2. 스탠딩 웨이브 현상

타이어는 탄성이 강하기 때문에 접지면에서 떨어지는 순간 복원력이 작용하여 회복되지만, 타이어 공기압이 낮은 경우 타이어가 원형으로 회복되지 않은 채로 계속 회전을 하게 되면 타이어 내부에 고열이 생겨 타이어가 파열될 수 있다. 스탠딩 웨이브 현상이란 자동차가 고속 주행할 때 타이어 공기압이 낮은 상태에서 일정 속도 이상이 되면 타이어 접지부에 열이 축적되어 타이어 접지부의 뒷부분이 부풀어 물결처럼 주름이 잡히고 다시 주름이 펴지기 전에 다시 노면과 접지면이 접하는 것을 반복하여 타이어가 찌그러지는 현상을 나타낸다.

3. 수막현상

물에 젖은 노면을 고속으로 달리고 있는 차량의 타이어와 노면 사이에 수막이 생겨 타이어가 노면 접지력을 상실하는 현상을 수막현상이라 한다. 이것은 수상스키와 같은 원리에 의한 것으로 타이어 접지면의 앞쪽에서 물의 수막이 침범하여 그 압력에 의해 타이어가 노면으로부터 떨어지는 현상이다. 수막현상이 나타나면 조종이 불가능한 상태로 매우 위험해 진다. 따라서 이러한 현상이 일어나지 않도록 저속으로 주행하며, 마모된 타이어를 사용하지 않고 공기압을 조금 높게 한다.

01 **다음 중 클러치의 구비조건으로 틀린 것은?**

① 단속 작용이 확실하며 조작이 쉬어야 한다.
② 회전부분의 평형이 좋아야 한다.
③ 방열이 잘되고 과열되지 않아야 한다.
④ 회전부분의 관성력이 커야 한다.

해설 클러치는 회전부분의 관성력이 작을 것

02 **다음 중 수동변속기가 설치된 건설기계에서 클러치가 미끄러지는 원인과 가장 거리가 먼 것은?**

① 클러치 페달의 자유간극 없음
② 압력 판의 마멸
③ 클러치판에 오일부착
④ 클러치판의 미세한 런 아웃 과다

해설 클러치판에 런 아웃이 과다하면 클러치의 차단이 불량해진다.

03 **다음 중 건설기계에서 변속기의 구비조건으로 가장 적합한 것은?**

① 대형이고, 고장이 없어야 한다.
② 조작이 쉬우므로 신속할 필요는 없다.
③ 연속적 변속에는 단계가 있어야 한다.
④ 전달효율이 좋아야 한다.

해설 변속기는 전달효율이 좋아야 한다.

04 **다음 중 클러치 취급상의 주의사항이 아닌 것은?**

① 운전 중 클러치 페달 위에 발을 얹어 놓지 말 것
② 기어 변속시 가능한 한 반클러치를 사용할 것
③ 출발할 때 클러치를 서서히 연결할 것
④ 클러치 페달을 밟고 탄력으로 주행하지 말 것

05 **다음 중 클러치 페달에 유격을 두는 이유는?**

① 클러치 용량을 크게 하기 위해
② 클러치의 미끄럼을 방지하기 위해
③ 엔진출력을 증가시키기 위해
④ 엔진마력을 증가시키기 위해

06 **다음 중 클러치 부품 중에서 세척유로 씻어서는 안되는 것은?**

① 플라이 휠
② 압력판
③ 릴리스 레버
④ 릴리스 베어링

07 **엔진에서 발생한 동력을 자동차의 주행 상태에 알맞게 변화시켜 구동 바퀴에 전달하는 역할을 하는 것은?**

①동력전달장치
② 조향장치
③ 현가장치
④ 전기장치

해설 동력전달장치란 기관에서 발생한 출력을 자동차의 주행 상태에 알맞게 변화시켜 구동바퀴까지 전달하는 것을 말한다.

08 **동력을 전달하는 계통의 순서를 바르게 나타낸 것은?**

① 피스톤→커넥팅로드→클러치→크랭크축
② 피스톤→클러치→크랭크축→커넥팅로드
③ 피스톤→크랭크축→커넥팅로드→클러치
④ 피스톤→커넥팅로드→크랭크축→클러치

해설 기관 실린더 내에서 연소에 의해 만들어진 동력은 피스톤과 커넥팅 로드를 차례로 전달되면서 크랭크축과 플라이휠을 회전시키고, 기관에서 발생한 동력을 연결하고 차단하는 클러치로 전달되어 엔진의 회전력을 구동바퀴에 전달 및 차단하게 된다. 피스톤(Piston)은 연소된 가스의 압력을 받아 그 힘을 커넥팅 로드(Connecting Rod)를 거쳐 크랭크축(Crankshaft)을 회전시킨다. 크랭크축은 다른 구성 품에 동력을 전달하는 플라이휠(Flywheel)과 기어를 차례로 구동시키게 된다. 플라이휠은 기관 동력을 다른 장치에 전달하는 부품으로, 디젤기관처럼 직접 구동식 장치에서는 클러치가 플라이휠 하우징에 직접 연결되어 있어 기관에서 발생한 동력이 클러치로 전달되어 진다.

09 **타이어식 건설기계장비에서 동력전달 장치에 속하지 않는 것은?**

① 클러치
② 종감속 장치
③ 트랙
④ 타이어

해설 트랙은 트랙형식 건설기계에 사용된다. 트랙형식의 건설기계장치는 바퀴 대신 트랙이 장착되어 있다.

10 **다음 중 클러치의 미끄러짐은 언제 가장 현저하게 나타나는가?**

① 가속 ② 고속
③ 공전 ④ 저속

정답 01. ④ 02. ④ 03. ④ 04. ② 05. ② 06. ④ 07. ① 08. ④ 09. ③ 10. ①

11 **다음 중 수동변속기에서 변속할 때 기어가 끌리는 소음이 발생하는 원인으로 맞는 것은?**

① 클러치가 유격이 너무 클 때
② 변속기 출력축의 속도계 구동기어 마모
③ 클러치판의 마모
④ 브레이크 라이닝의 마모

해설 클러치 페달의 유격이 크면 변속할 때 기어가 끌리는 소음이 발생한다.

12 **자동변속기가 장착된 건설기계의 모든 변속단에서 출력이 떨어질 경우 점검해야 할 항목과 거리가 먼 것은?**

① 토크컨버터 고장
② 오일의 부족
③ 엔진고장으로 출력부족
④ 추진축 휨

13 **다음 중 추진축의 각도변화를 가능하게 하는 이음은?**

① 자재이음
② 슬립이음
③ 플랜지 이음
④ 등속이음

해설 자재이음(유니버설 조인트)은 변속기와 종감속 기어 사이(추진축)의 구동각도 변화를 가능하게 한다.

14 **동력전달장치에 사용되는 차동 기어 장치에 대한 설명으로 틀린 것은?**

① 선회할 때 좌·우 구동바퀴의 회전속도를 다르게 한다.
② 선회할 때 바깥쪽 바퀴의 회전속도를 증대시킨다.
③ 보통 차동 기어 장치는 노면의 저항을 작게 받는 구동바퀴가 더 많이 회전하도록 한다.
④ 기관의 회전력을 크게 하여 구동바퀴에 전달한다.

15 **다음 중 변속기의 구비조건이 아닌 것은?**

① 회전수를 증가시킨다.
② 기관을 무부하 상태로 한다.
③ 역전이 가능하게 한다.
④ 회전력을 증대시킨다.

해설 변속기는 주행 상태에 맞도록 기어의 물림을 변경시켜 전진과 후진을 위한 장치로 회전 수 증가와는 관련이 없다.

16 **토크 컨버터 구성요소 중 기관에 의해 직접 구동되는 것은?**

① 터빈 ② 펌프
③ 스테이터 ④ 가이드링

17 **다음 중 변속기어에서 기어 빠짐을 방지하는 것은?**

① 셀렉터
② 인터록 볼
③ 로킹 볼
④ 싱크로나이저 링

해설 로킹 볼은 기어변속을 하고서 빠지는 것을 방지하는 역할을 하며, 인터록 장치는 기어가 두 개 이상 물리는 것을 방지하는 역할을 한다.

18 **수동변속기가 장착된 건설기계에서 기어의 이중 물림을 방지하는 장치는?**

① 인젝션 장치
② 인터쿨러 장치
③ 인터록 장치
④ 인터널 기어 장치

해설 인터록 장치는 기어가 두 개 이상 물리는 것을 방지하는 역할을 한다.

19 **다음 중 유성기어 장치의 주요 부품으로 맞는 것은?**

① 유성기어, 베벨기어, 선기어
② 선기어, 클러치기어, 헬리컬기어
③ 유성기어, 베벨기어, 클러치기어
④ 선기어, 유성기어, 링기어, 유성캐리어

20 **다음 중 차동기어장치의 목적으로 맞는 것은?**

① 선회할 때 반부동식 축이 바깥쪽 바퀴에 힘을 주도록 하기 위해서이다.
② 기어조작을 쉽게 하기 위해서이다.
③ 선회할 때 힘이 양쪽바퀴에 작용되도록 하기 위해서이다.
④ 선회할 때 바깥쪽 바퀴의 회전속도를 안쪽 바퀴보다 빠르게 하기 위해서이다.

21 **운행 중 변속 레버가 빠지는 원인에 해당되는 것은?**

① 기어가 충분히 물리지 않을 때
② 클러치 조정이 불량할 때
③ 릴리스 베어링이 파손되었을 때
④ 클러치 연결이 분리되었을 때

정답 11. ① 12. ④ 13. ① 14. ④ 15. ① 16. ② 17. ③ 18. ③ 19. ④ 20. ④ 21. ①

22 자동변속기에서 토크 컨버터의 설명으로 틀린 것은?

① 토크 컨버터의 회전력 변화율은 3~5:1 이다.
② 오일의 충돌에 의한 효율 저하 방지를 위한 가이드 링이 있다.
③ 마찰클러치에 비해 연료소비율이 더 높다.
④ 펌프, 터빈, 스테이터로 구성되어 있다.

해설 토크 컨버터의 토크 변화율은 1:1~2,5:1 정도이다.

23 수동변속기가 장착된 건설기계장비에서 주행 중 기어가 빠지는 원인이 아닌 것은?

① 기어의 물림이 더 물렸을 때
② 클러치의 마모가 심할 때
③ 기어의 마모가 심할 때
④ 변속기 록 장치가 불량할 때

해설 클러치가 마모되면 클러치의 미끄럼 현상이 나타난다.

24 타이어식 건설기계의 종감속장치에서 열이 발생하고 있다. 그 원인으로 틀린 것은?

① 윤활유의 부족
② 오일의 오염
③ 종감속 기어의 접촉상태 불량
④ 종감속기의 플랜지부 과도한 조임

25 트랙식 건설장비에서 트랙의 구성품으로 맞는 것은?

① 슈, 조인트, 실(seal), 핀, 슈볼트
② 스프로킷, 트랙롤러, 상부롤러, 아이들러
③ 슈, 스프로킷, 하부롤러, 상부롤러, 감속기
④ 슈, 슈볼트, 링크, 부싱, 핀

26 캠버가 과도할 때의 마멸상태는?

① 트레드의 한쪽 모서리가 마멸된다.
② 트레드의 중심부가 마멸된다.
③ 트레드의 전반에 걸쳐 마멸된다.
④ 트레드의 양쪽 모서리가 마멸된다.

27 브레이크의 페이드(fade) 현상이란?

① 유압이 감소되는 현상
② 브레이크오일이 회로 내에서 비등하는 현상
③ 마스터 실린더 내에서 발생하는 현상
④ 브레이크 조작을 반복할 때 마찰열의 축적으로 일어나는 현상

28 튜브리스 타이어의 장점이 아닌 것은?

① 펑크 수리가 간단하다.
② 못이 박혀도 공기가 잘 새지 않는다.
③ 고속 주행하여도 발열이 적다.
④ 타이어 수명이 길다.

29 타이어식 건설기계를 길고 급한 경사 길을 운전할 때 반 브레이크를 사용하면 어떤 현상이 생기는가?

① 라이닝은 페이드, 파이프는 스팀록
② 라이닝은 페이드, 파이프는 베이퍼록
③ 파이프는 스팀록, 라이닝은 베이퍼록
④ 파이프는 증기폐쇄, 라이닝은 스팀록

해설 길고 급한 경사 길을 운전할 때 반 브레이크를 사용하면 라이닝에서는 페이드가 발생하고, 파이프에서는 베이퍼록이 발생한다.

30 다음 중 제동장치의 페이드 현상 방지책으로 틀린 것은?

① 드럼의 냉각성능을 크게 한다.
② 드럼은 열팽창률이 적은 재질을 사용한다.
③ 온도상승에 따른 마찰계수 변화가 큰 라이닝을 사용한다.
④ 드럼의 열팽창률이 적은 현상으로 한다.

해설 페이드 현상 방지책은 ①, ②, ④항 이외에 온도상승에 따른 마찰계수 변화가 작은 라이닝을 사용한다.

31 다음 중 공기 브레이크의 장점으로 맞는 것은?

① 차량중량에 제한을 받는다.
② 베이퍼록 발생이 많다.
③ 페달을 밟는 양에 따라 제동력이 조절된다.
④ 공기가 다소 누출되면 제동성능에 현저한 차이가 있다.

해설 **공기 브레이크의 장점**
· 차량 중량에 제한을 받지 않는다.
· 공기가 다소 누출되어도 제동성능이 현저하게 저하되지 않는다.
· 베이퍼록 발생 염려가 없다.
· 페달 밟는 양에 따라 제동력이 제어된다.

32 타이어식 건설기계 장비에서 토인에 대한 설명으로 틀린 것은?

① 토인은 좌 · 우 앞바퀴의 간격이 앞보다 뒤가 좁은 것이다.
② 토인은 직진성을 좋게 하고 조향을 가볍도록 한다.
③ 토인은 반드시 직진상태에서 측정해야 한다.
④ 토인 조정이 잘못되면 타이어가 편마모된다.

33 타이어식 건설기계가 직진성이 떨어진다. 평탄한 도로를 주행할 때는 안전성이 없다. 다음 중 가장 적당한 수정방법은?

① 캠버를 0으로 한다. ② 토인을 조정한다.
③ 부(-)의 캐스터로 한다. ④ 정(+)의 캐스터로 한다.

정답 22. ① 23. ② 24. ④ 25. ④ 26. ① 27. ④ 28. ④ 29. ② 30. ③ 31. ③ 32. ① 33. ④

34 **수동변속기에서 클러치의 필요성으로 틀린 것은?**

① 속도를 빠르게 하기 위해
② 변속을 위해
③ 기동의 동력을 전달 또는 차단하기 위해
④ 엔진 기동시 무부하 상태로 놓기 위해

해설 클러치는 수동 변속기를 사용하는 차량에서 출발 및 변속할 경우 기관에서 발생한 동력을 연결하고 차단하는 장치로 엔진 가동시 무부하 상태로 만들고 변속시 동력을 차단한다.

35 **캠버가 과도할 때의 마멸상태는?**

① 트레드의 한쪽 모서리가 마멸된다.
② 트레드의 중심부가 마멸된다.
③ 트레드의 전반에 걸쳐 마멸된다.
④ 트레드의 양쪽 모서리가 마멸된다.

36 **클러치의 역할이 아닌 것은?**

① 엔진의 시동을 걸 때 동력을 전달한다.
② 출발 시 엔진의 동력을 천천히 연결한다.
③ 주행 중 동력을 차단시켜 변속을 가능케 한다.
④ 주행 시 엔진의 동력을 구동 바퀴에 전달한다.

해설 클러치는 엔진 시동 시 동력을 차단하는 역할을 한다.

37 **다음 중 기관의 플라이휠과 항상 같이 회전하는 부품은?**

① 압력판
② 릴리스 베어링
③ 클러치 축
④ 디스크

해설 압력판은 클러치 스프링 장력으로 클러치판을 플라이휠에 압착하여 그 마찰력으로 동력을 전달하는 부품이다.

38 **다음 중 브레이크의 페이드(fade) 현상이란?**

① 유압이 감소되는 현상
② 브레이크 오일이 회로 내에서 비등하는 현상
③ 마스터 실린더 내에서 발생하는 현상
④ 브레이크 조작을 반복할 때 마찰열의 축적으로 일어나는 현상

39 **브레이크 파이프 내부에 베이퍼 록(vapor lock)이 생기는 원인은?**

① 라이닝과 드럼 간극이 클 때
② 긴 내리막길에서 계속 브레이크를 사용하여 드럼이 과열되었을 때
③ 브레이크 라인의 과도한 냉각이 진행된 때
④ 드럼이 편마모되었을 때

40 **클러치에서 압력판의 역할은?**

① 엔진의 동력을 받아 속도를 조절한다.
② 제동 역할을 위해 설치한다.
③ 릴리스 베어링의 회전을 용이하게 한다.
④ 클러치판을 밀어서 플라이휠에 압착시키는 역할을 한다.

해설 압력판은 클러치 스프링 장력으로 클러치판을 플라이휠에 압착하여 그 마찰력으로 동력을 전달하는 부품이다.

41 **자동차의 엔진에서 나오는 압축공기를 이용하여 강력한 제동력을 작동하는 방식의 브레이크는?**

① 유압식 브레이크
② 공기식 브레이크
③ 배력식 브레이크
④ 기계식 브레이크

해설 배력식 브레이크는 자동차의 엔진에서 나오는 압축공기를 이용하여 강력한 제동력을 작동하는 방식이다.

42 **브레이크 파이프 내에 베이퍼 록(Vapor Lock)이 발생하는 원인과 가장 거리가 먼 것은?**

① 드럼의 과열
② 지나친 브레이크 조작
③ 잔압의 저하
④ 라이닝과 드럼의 간극 과대

해설 베이퍼 록 현상은 브레이크액에 기포가 발생하여 브레이크가 제대로 작동하지 않는 현상이다.

43 **긴 내리막을 내려갈 때 베이퍼록을 방지하기 위한 좋은 운전 방법은?**

① 변속 레버를 중립으로 놓고 브레이크 페달을 밟고 내려간다.
② 클러치를 끊고 브레이크 페달을 밟고 속도를 조절하며 내려간다.
③ 시동을 끄고 브레이크 페달을 밟고 내려간다.
④ 엔진 브레이크를 사용한다.

해설 베이퍼 록은 브레이크액에 기포가 발생하여 브레이크가 제대로 작동하지 않는 현상이다. 유압식 브레이크의 휠 실린더나 브레이크 파이프 속에서 브레이크 오일이 기화하여 페달을 밟아도 푹신푹신하고 유압이 전달되지 않아 브레이크가 자용되지 않는 현상을 말한다. 베이퍼 록 현상을 방지하기 위해서는 페이드 현상과 마찬가지로 엔진 브레이크를 사용한다.

44 **브레이크 작동시 핸들이 한쪽으로 쏠리는 원인이 아닌 것은?**

① 브레이크 조정이 불량
② 타이어 공기압이 같지 않음
③ 마스터실린더의 체크밸브 작동 불량
④ 라이닝 접촉이 불량

정답 34. ① 35. ① 36. ① 37. ① 38. ④ 39. ② 40. ④ 41. ③ 42. ④ 43. ④ 44. ③

45 다음 중 제동장치가 갖추어야 할 조건이 아닌 것은?

① 점검이 용이하여야 한다.
② 작동이 확실하여야 한다.
③ 마찰력이 남아야 한다.
④ 내구성이 좋아야 한다.

해설 제동장치는 작동이 확실하고, 제동효과가 커야 한다. 또한 신뢰성과 내구성이 뛰어나면서도 점검 및 정비가 용이하여야 좋은 제동장치라 할 수 있다.

46 타이어식 건설기계에서 브레이크를 연속하여 자주 사용 하면 브레이크 드럼이 과열되어, 마찰계수가 떨어지며 브레이크가 잘 듣지 않는 것으로서 짧은 시간 내에 반복 조작이나 내리막길을 내려갈 때 브레이크 효과가 나빠지는 현상은?

① 노킹 현상 ② 페이드 현상
③ 수격 현상 ④ 채팅 현상

해설 페이드(Fade) 현상에 대한 내용이다. 언덕길을 내려갈 경우 브레이크를 반복하여 사용하면 브레이크가 잘 작동하지 않는 상태가 나타나는데 이를 페이드 현상이라 한다. 이러한 현상이 발생하게 되는 이유는 브레이크 드럼의 온도가 상승하여 라이닝(브레이크 패드)의 마찰계수가 저하되어 제동력이 감소하기 때문이다. 페이드 현상을 방지하기 위해서는 엔진 브레이크를 사용하는 것이 적절하다.

47 브레이크 작동이 안 되는 원인으로 가장 타당한 것은?

① 페달의 유격이 작을 경우
② 브레이크 오일이 유출될 경우
③ 페달을 너무 세게 밟은 경우
④ 페달 유격이 적당한 경우

해설 브레이크 오일이 누출될 경우 제동이 불능 상태에 빠진다.

48 자동변속기가 장착된 건설기계의 주차시 관련사항으로 틀린 것은?

① 평탄한 장소에 주차시킨다.
② 시동 스위치의 키를 'ON'에 놓는다.
③ 변속레버를 'P' 위치로 한다.
④ 주차 브레이크를 작동하여 장비가 움직이지 않게 한다.

해설 시동 스위치의 키를 'OFF'로 둔다.

49 배기가스의 압력차를 이용한 브레이크 형식은?

① 배기 브레이크
② 제3 브레이크
③ 유압식 브레이크
④ 진공식 배력장치

50 공기 브레이크의 장점이 아닌 것은?

① 베이퍼 록이 일어나지 않는다.
② 브레이크 페달의 조작에 큰 힘이 든다.
③ 차량의 중량이 커도 사용할 수 있다.
④ 파이프에 누설이 있을 때 유압 브레이크보다 위험도가 적다.

51 다음은 브레이크 페달의 유격이 크게 되는 원인이다. 틀리는 것은?

① 브레이크 오일에 공기가 들어 있다.
② 브레이크 페달 리턴 스프링이 약하다.
③ 브레이크 라이닝이 마멸되었다.
④ 브레이크 파이프에 오일이 많다.

52 타이어식 건설기계장비에서 조향 핸들의 조작을 가볍고 원활하게 하는 방법과 가장 거리가 먼 것은?

① 동력조향을 사용한다.
② 바퀴의 정렬을 정확히 한다.
③ 타이어의 공기압을 적정 압으로 한다.
④ 종감속 장치를 사용한다.

해설 종감속장치는 추진축에 전달되는 동력을 직각이나 또는 직각에 가까운 각도로 바꾸어 뒤 차축에 전달하며 기관의 출력, 구동 바퀴의 지름 등에 따라 적합한 감속비로 감속하여 토크(회전력)의 증대를 위해 최종적인 감속을 한다.

53 조향장치의 구비조건으로 맞지 않는 것은?

① 선회 반지름이 커야 한다.
② 선회 한 이후 복원력이 좋아야 한다.
③ 방향 전환 시 섀시 및 차체에 무리한 힘이 작용하지 않아야 한다.
④ 고속 주행에서도 조향 휠이 안정적이어야 한다.

해설 조향 장치는 자동차의 진행 방향을 운전자가 원하는 방향으로 바꾸어 주는 장치이다. 조향장치는 선회 반지름이 작아서 좁은 곳에서도 방향 전환을 할 수 있어야 하며, 다음과 같은 요건이 필요하다.

※ 조향장치 구비조건
- 선회 반지름이 작을 것
- 고속 주행에서도 조향 휠이 안정적일 것
- 방향 전환 시 섀시 및 차체에 무리한 힘이 작용하지 않을 것
- 조향 휠의 회전과 바퀴 선회의 차가 크지 않을 것
- 선회 한 이후 복원력이 좋을 것

54 기계식 조향 장치에서 조향 기어의 구성품이 아닌 것은?

① 웜 기어
② 실린더 링
③ 조정 스크류
④ 섹터 기어

해설 기계식 조향장치의 주요부속품은 조정스크류, 웜 기어, 섹터 기어 이다.

정답 45. ③ 46. ② 47. ② 48. ② 49. ① 50. ② 51. ② 52. ④ 53. ① 54. ②

55 **조향핸들의 조작이 무거운 원인으로 틀린 것은?**

① 유압유 부족 시
② 타이어 공기압 과다 주입 시
③ 앞바퀴 휠 얼라이먼트 조절 불량 시
④ 유압 계통 내의 공기 혼입 시

해설 공기압이 과도할 경우에는 외부 충격으로부터 타이어가 쉽게 손상되고, 중앙 부분에서 조기 마모가 더 빠르게 진행된다.

56 **조향장치에서 양 바퀴를 같은 방향으로 움직이게 하는 부분은?**

① 타이로드
② 핸들 축
③ 피트먼 암
④ 드래그 링크

해설 타이로드는 토인을 조절하여 한 쪽 바퀴에 대한 방향조작이 다른 한 쪽까지 조작될 수 있도록 연결한 부분이다.

57 **다음 중 조향 핸들의 유격이 커지는 원인이 아닌 것은?**

① 피트먼 암의 헐거움
② 타이로드 엔드 볼 조인트 마모
③ 조향바퀴 베어링 마모
④ 타이어 마모

해설 조향 핸들과 타이어의 마모는 관련성이 적다.

58 **타이어식 건설기계에서 조향 바퀴의 토인을 조정하는 곳은?**

① 핸들
② 타이로드
③ 웜 기어
④ 드래그 링크

해설 타이로드 끝 부분에 위치한 타이 로드 앤드(Tie Rod End)는 조향 핸들의 끝에 연결되어 조향 너클과 타이 로드를 연결하여 타이어의 상하좌우 움직임을 가능하게 하는 장치이다. 타이 로드 엔드의 나사를 조정하여 토인을 조정할 수 있다.

59 **브레이크 페달을 두 세 번 밟아야만 제동이 될 때의 주요 고장 요인은?**

① 체크밸브의 고착
② 리턴 스프링의 쇠약
③ 브레이크 파이프 내에 기포발생
④ 브레이크 오일의 과다

60 **제동장치에서 브레이크 드럼이 갖추어야 할 조건과 관계가 없는 것은?**

① 무거워야 한다.
② 방열이 잘 되어야 한다.
③ 강성과 내마모성이 있어야 한다.
④ 정적 · 동적 평형이 잡혀 있어야 한다.

61 **다음 중 브레이크가 미끄러지는 원인은 어느 것인가?**

① 라이닝 마모로 간격이 많기 때문
② 부하가 크기 때문
③ 라이닝 간격이 적기 때문
④ 부하가 적기 때문

62 **타이어식 건설기계 장비에서 토인에 대한 설명으로 틀린 것은?**

① 토인은 좌·우 앞바퀴의 간격이 앞보다 뒤가 좁은 것이다.
② 토인은 직진성을 좋게 하고 조향을 가볍도록 한다.
③ 토인은 반드시 직진상태에서 측정해야 한다.
④ 토인 조정이 잘못되면 타이어가 편마모 된다.

해설 토는 위에서 바라볼 때 바퀴 중심에서 측정한 앞쪽 간격과 뒤쪽 간격의 차를 말한다. 토인(Toe-in)이란 바퀴를 위에서 바라보았을 때 타이어의 중심 거리가 앞쪽이 뒤쪽보다 좁은 상태를 말한다. 반대로 바깥 쪽으로 쏠린 것을 토 아웃(Toe Out)이라 한다.

63 **다음 중 휠 얼라인먼트의 요소가 아닌 것은?**

① 캠버 ② 토인
③ 맥동 ④ 캐스터

해설 휠 얼라인먼트는 토인(Toe-in), 캠버(Camber), 캐스터(Caster), 킹핀 경사각(King Pin Angle)이다.

64 **차량을 앞에서 보았을 때 알 수 있는 앞바퀴 정렬 요소는?**

① 캠버, 토인
② 캐스터, 토인
③ 캠버, 킹핀 경사각
④ 토인, 킹핀 경사각

해설 캠버는 앞에서 바라보았을 때 타이어의 윗부분이나 아랫부분이 안쪽 또는 바깥쪽으로 변형된 상태를 말하며, 킹핀의 경사각은 바퀴를 앞에서 보았을 때 킹핀의 중심선과 수직선이 이루는 각도를 말한다.

65 **제동계통에서 마스터실린더를 세척하는데 가장 좋은 세척액은?**

① 경유 ② 가솔린
③ 세척유 ④ 알코올

정답 55. ② 56. ① 57. ④ 58. ② 59. ③ 60. ① 61. ① 62. ① 63. ③ 64. ③ 65. ④

66 **타이어의 구조에서 직접 노면과 접촉되어 마모에 견디고 적은 슬립으로 견인력을 증대시키는 것의 명칭은?**

① 트레드
② 캡 플라이
③ 카커스
④ 비드

> 해설 트레드는 노면과 접촉하는 부분으로 가로나 세로 형태의 무늬가 새겨져 미끄럼을 방지한다.

67 **타이어의 트레드에 대한 설명으로 틀린 것은?**

① 트레드가 마모되면 구동력과 선회능력이 저하된다.
② 트레드가 마모되면 열의 발산이 불량하게 된다.
③ 타이어의 공기압이 높으면 트레드의 양단부보다 중앙부의 마모가 크다.
④ 트레드가 마모되면 지면과 접촉 면적이 크게 됨으로써 마찰력이 증대되어 제동성능은 좋아진다.

> 해설 타이어는 소모품으로 시간이 지날수록 마모되므로 일정 주기마다 교체해 주는 것이 바람직하다. 다양한 상황에서 견인력을 제공하며 마모, 마찰 및 열 저항성을 가지고 있는 트레드가 마모되면 마찰력 감소로 제동력이 떨어지게 된다.

68 **타이어에서 고무로 피복된 코드를 여러 겹으로 겹친 층에 해당되며 타이어 골격을 이루는 부분은?**

① 카커스(carcass)부
② 트레드(tread)부
③ 숄더(shoulder)부
④ 비드(bead)부

> 해설 타이어는 차량이 도로와 직접 접촉하여 주행하는 부품으로, 외부의 충격으로부터 보호를 위해 외부는 고무층으로 덮여 있으며, 이 고무층은 트레드(Tread)와 숄더(Shoulder), 비드(Bead) 등의 구조로 되어 있다. 카카스(Carcass)는 섬유와 강철로 구성되어 차량의 하중과 외부 충격을 견딜 수 있도록 설계되어 있다.

69 **브레이크가 잘 작용되지 않고 페달을 밟는데 힘이 드는 원인이 아닌 것은?**

① 피스톤 로드의 조정이 불량하다.
② 타이어의 공기압이 고르지 못하다.
③ 라이닝에 오일이 묻어 있다.
④ 라이닝의 간극 조정이 불량하다.

70 **브레이크회로 내의 공기빼기 요령이다. 틀리는 것은?**

① 마스터실린더에서 먼 바퀴의 휠 실린더로부터 순차적으로 공기를 뺀다.
② 브레이크 장치를 수리하였을 때 공기 빼기를 하여야 한다.
③ 베이퍼 록이 생기면 공기빼기를 한다.
④ 브레이크 페달을 밟으면서 공기빼기를 한다.

71 **주행 중 앞 타이어의 벌어짐을 방지하는 것은?**

① 캠버 ② 토인
③ 킹 핀 각도 ④ 캐스터

> 토인은 앞바퀴 한쪽이 뒤쪽보다 좁은 상태를 말하며, 토인을 통해 타이어의 마모를 방지한다.

72 **타이어의 공기압이 과다할 경우 나타나는 현상은?**

① 제동거리가 짧아진다.
② 연료소비가 많다.
③ 미끄러지며 제동거리가 길어진다.
④ 핸들이 무겁다.

> 해설 **타이어의 공기압이 과다할 경우 나타나는 현상**
> · 핸들이 가볍다.
> · 타이어 트레드 중앙이 마모되고 미끄러지기 쉽다.
> · 타이어 진동이 크게 온다.
> · 제동거리가 길어지게 된다.

73 **다음 중 베이퍼 록 현상을 가장 옳게 설명한 것은?**

① 브레이크 오일이 물과 섞여져 제동이 어려워진 현상
② 브레이크 오일이 관속을 통과할 때 불규칙적으로 흐르는 현상
③ 브레이크 오일이 굳어져 관속을 흐르는 것이 어렵게 된 현상
④ 브레이크 오일이 열을 받아 기체화되어 제동이 안 되는 현상

> 베이퍼 록(Vapor Lock) 현상은 브레이크액에 기포가 발생하여 브레이크가 제대로 작동하지 않는 현상이다.

74 **엔진 브레이크를 사용할 경우 기어물림 상태는 어떠한 상태로 놓여 있는가?**

① 후진 기어 ② 저속 기어
③ 고속 기어 ④ 중립 기어

> 엔진 브레이크는 엔진의 저속 회전저항을 이용하여 속도를 감속시키는 브레이크이다. 즉, 주행 중 자동차 엑셀 페달에서 발을 뗄 경우 갑자기 감속하게 되는데, 저속 기어일수록 엔진 브레이크의 효과가 크다.

75 **앞에서 바라보았을 때 타이어의 윗부분이나 아랫부분이 안쪽 또는 바깥쪽으로 변형된 상태는?**

① 토 아웃 ② 킹핀 경사각
③ 캐스터 ④ 캠버

> 캠버(Camber)는 앞에서 바라보았을 때 타이어의 윗부분이나 아랫부분이 안쪽 또는 바깥쪽으로 변형된 상태를 말한다. 캠버는 기울어진 방향에 따라 외향캠버와 내향캠버로 구분된다. 캠버를 복원 시 타이어의 마모가 줄어들며, 핸들 조작력이 우수해진다.

정답 66. ① 67. ④ 68. ① 69. ② 70. ③ 71. ② 72. ③ 73. ④ 74. ② 75. ④

Memo

건설기계 유압

건설기계 유압

제 4 편

제1장. 유압의 기초

1 유압 일반

1. 유압의 개념

(1) 유압의 정의

① 유압이란 액체에 가해진 압력을 말한다. 액체는 일정한 형태 없이 유동성을 가지고 있어 관을 통해 쉽게 이동할 수 있으며, 비압축적이라 밀폐된 용기 속에서 힘을 가해도 체적이 작아지지 않고 가해진 힘을 다른 모든 방향으로 전달하는 성질을 나타낸다.

② 액체는 고체와 달리 압력이 가해지면 어디든 쉽게 이동하고, 압력을 다른 방향으로 전달하는 성질을 가지고 있어 이와 같은 특성을 이용한 유압기계가 유용하게 사용된다.

해설

유체 : 물질은 일반적으로 고체, 액체 및 기체로 분류된다. 이들 중 액체와 기체를 유체라 부르며, 유체는 일정한 형태를 갖지 않는 유동성을 지닌 물질이다. 유체 가운데 기체를 이용한 것이 공압, 액체를 이용한 것이 유압이다.

(2) 압력

① 유체에서는 압력에 의해 힘이 전달되기 때문에 유체의 특성을 서술할 때는 물체와 물체의 접촉면 사이에 작용하는 서로 수직으로 미는 힘인 압력(Pressure)이라는 개념을 사용한다.

② 압력은 단면에 수직으로 작용하고 있는 힘과 그 힘을 받는 면적의 비로 나타낸다.

$$P = \frac{F}{A}$$

· P(pressure) : 압력
· F(Force) : 수직으로 작용하는 힘
· A(Area) : 힘을 받고 있는 면적

해설

압력의 단위 : 압력의 단위는 제곱미터 당 뉴턴(N/m^2)으로 타나내며, 파스칼(Pa)이라고 부른다. 기압을 타나낼 때는 헥토파스칼(1hPa=100Pa)이 주로 사용된다.

(3) 파스칼(Pascal)의 원리

① 정지 액체에 접하고 있는 면에 가해진 압력은 그 면에 수직으로 작용한다.
② 정지 액체의 한 점에 있어서 압력의 크기는 전 방향에 대하여 동일하다.
③ 밀폐용기 내의 한 부분에 가해진 압력은 액체 내의 전부분에 같은 압력으로 전달된다.

(4) 유압 장치의 장점과 단점

1) 장점

① 적은 동력을 이용하여 큰 힘을 얻는다.
② 과부하의 염려가 없다.
③ 속도조절이 용이하며 무단변속이 가능하다.
④ 부하의 변동에 대해 안정하다.
⑤ 동력전달을 원활히 할 수 있다.

2) 단점

① 오일누설의 염려가 있다.
② 화재의 위험이 있다.
③ 온도변화에 의한 영향을 받기 쉽다.
④ 배관작업이 번잡하다.
⑤ 공기가 혼입되기 쉽다.

2. 유압유(작동유)

(1) 유압유의 필요성과 역할

1) 유압유의 구비조건

① 넓은 온도 범위에서 점도의 변화가 적어야 한다.
② 점도 지수가 높아야 한다.
③ 산화에 대하 안정성이 있어야 한다.
④ 윤활성과 방청성이 있어야 한다.
⑤ 착화점이 높고 내부식성이어야 한다.
⑥ 적당한 점도, 즉 유동성을 가지고 있어야 한다.
⑦ 유막 끊임이 일어나기 어려워야 한다.
⑧ 물리적, 화학적인 변화가 없고 비압축성이어야 한다.
⑨ 유압 장치에 사용되는 재료에 대하여 불활성이어야 한다.
⑩ 거품이 적고 실(seal) 재료와의 적합성이 좋아야 한다.
⑪ 물, 쓰레기 등의 불순물을 신속하게 분리할 수 있는 성질을 가져야 한다.

2) 유압 회로 내의 공기 영향

① 실린더 숨돌리기 현상이 생긴다.
② 유압유의 열화촉진이 된다.
③ 공동현상으로 소음발생, 온도상승, 포화상태가 된다.

3) 캐비테이션 현상이 발생되었을 때의 영향

① 체적 효율이 저하된다.
② 소음과 진동이 발생된다.
③ 저압부의 기포가 과포화 상태가 된다.
④ 기관 내에서 부분적으로 매우 높은 압력이 발생된다.
⑤ 급한 압력파가 형성된다.
⑥ 액추에이터의 효율이 저하된다.

(2) 유압유의 종류

1) 석유계 유압유 : 윤활성과 방청성이 우수하여 일반 유압유로 많이 사용한다.

2) 난연성 유압유

① 물-글리콜계 : 물과 글리콜이 주성분이다.
② 유화계 : 석유계 유압유에 유하제에 의해 물이 혼합된다.
③ 인산에스테르계 : 화학적으로 합성되었으며 패킹 및 호스를 침식한다.

(3) 유압유의 온도와 사용상 주의할 점

1) 현장에서 오일의 열화를 찾아내는 방법

① 유압유 색깔의 변화나 수분 및 침전물의 유무 확인
② 유압유를 흔들었을 때 거품의 발생 유무 확인
③ 유압유에서 자극적인 악취의 발생 유무 확인
④ 유압유의 외관으로 판정 : 색채, 냄새, 점도

2) 유압유가 과열되는 원인

① 펌프의 효율이 불량
② 유압유의 노화 및 점도 불량
③ 오일 냉각기의 성능 불량
④ 탱크 내에 유압유의 부족
⑤ 안전 밸브의 낮은 작동 압력

3) 유압유의 온도가 상승하는 원인

① 고온의 물체에 유압유 접촉 또는 높은 태양열
② 과부하로 연속 작업을 하는 경우
③ 오일 냉각기의 불량
④ 유압유에 캐비테이션 발생
⑤ 유압 회로에서 유압 손실이 클 때

3. 유압장치의 이상 현상

(1) 캐비테이션(공동현상)

1) 캐비테이션의 정의

캐비테이션은 공동현상이라고도 하며, 유압이 진공에 가까워짐으로서 기포가 발생하며, 기포가 파괴되어 국부적인 고압이나 소음과 진동이 발생하고, 양정과 효율이 저하되는 현상이다.

2) 캐비테이션 방지방법

① 점도가 알맞은 유압유를 사용한다.
② 흡입구의 양정을 1m 이하로 한다.
③ 유압펌프의 운전속도는 규정 속도 이상으로 하지 않는다.
④ 흡입관의 굵기는 유압펌프 본체의 연결구 크기와 같은 것을 사용한다.

(2) 서지압력

서지압력이란 과도적으로 발생하는 이상 압력의 최댓값이다. 즉, 유압회로 내의 밸브를 갑자기 닫았을 때 유압유의 속도에너지가 압력에너지로 변하면서 일시적으로 큰 압력증가가 생기는 현상이다.

(3) 유압 실린더의 숨 돌리기 현상이 생겼을 때 일어나는 현상

① 유압유의 공급이 부족할 때 발생한다.
② 피스톤 작동이 불안정하게 된다.
③ 작동시간의 지연이 생긴다.
④ 서지압력이 발생한다.

4. 유압 관계 용어

용어	용어의 뜻
감압 밸브	유량 또는 입구쪽 압력에 관계없이 출력쪽 압력을 입구쪽 압력보다 작은 설정 압력으로 조정하는 압력 제어 밸브
난연성 유압유	잘 타지 않아서 화재의 위험을 최대한 예방하는 것. 물-글리콜계, 인산에스테르계, 염소화탄화수소계, 지방산
디셀러레이션 밸브	작동기를 감속 또는 증속시키기 위하여 캠 조작 등으로 유량을 서서히 변화시키는 밸브
드레인	기기의 통로나 관로에서 탱크나 매니폴드 등으로 돌아오는 액체 또는 액체가 돌아오는 현상
릴리프 밸브	회로의 압력이 밸브의 설정값에 달하였을 때 유체의 일부를 빼돌려서 회로내의 압력을 설정값으로 유지시키는 압력 제어 밸브
블리드오프방식	액추에이터로 흐르는 유량의 일부를 탱크로 분리함으로써 작동 속도를 조절하는 방식
시퀀스 밸브	2개 이상의 분기 회로를 갖는 회로 내에서 그의 작동순서를 회로의 압력 등에 의하여 제어하는 밸브
스로틀 밸브	조임 작용에 따라서 유량을 규제하는 밸브, 보통 압력 보상이 없는 것을 말한다.
어큐뮬레이터	작용유를 가압 상태에서 저장하는 용기(압축기)
액추에이터	유압을 기계적으로 변화시키는 작동기(예:유압 실린더, 유압 모터)
유량조정 밸브	배압 또는 부압에 의하여 생긴 압력의 변화에 관계없이 유량을 설정된 값으로 유지시켜 주는 유량 제어 밸브
언로더 밸브	일정한 조건으로 펌프를 무부하로 하여 주기 위하여 사용되는 벨브, 보기를 들면 계통의 압력이 설정의 값에 달하면 펌프를 무부하로 하고, 또한 계통 압력이 설정값까지 저하되면 다시 계통으로 압력 유체를 공급하여 주는 압력 제어 밸브
압력제어 밸브	압력을 제어하는 밸브의 총칭
안전 밸브	기기나 관 등의 파괴를 방지하기 위하여 회로의 최고압력을 한정시키는 밸브
체크 밸브	유압이 진공에 가깝게 되어 기포가 생기며, 이것이 파괴되어 국부적 고압이나 소음을 발생시키는 현상
컷오프	펌프 출구측 압력이 설정압력에 가깝게 되었을 때 가변 토출량 제어가 작용하여 유량을 감소시키는 것

제 4 편

건설기계 유압

제2장. 유압 기기 및 회로

1 유압 회로

1. 회로의 원리와 회로도

(1) 회로의 원리

유압유에 압력을 가해 압력을 만들거나 압력유가 지닌 에너지를 변화시키기 위해서는 여러 가지의 기기와 그들이 배관에 의해 연결되는 장치가 필요하다. 이를 유압 회로라고 하고 기관이나 모터에 의해 작동되는 펌프가 있어야 한다.

(2) 회로도

① **단면 회로도** : 기기와 관로를 단면도로 나타낸 회로도로서 기기의 작동을 설명하는데 편리하다.

② **회식(외관) 회로도** : 기기의 외형도를 배치한 회로도로서 견적도, 승인도 등 상용(商用)에 널리 사용되었다.

③ **기호 회로도** : 유압기기의 제어와 기능을 간단히 표시할 수 있으며 배관이나 회로, 설계, 제작, 판매 등에 편리하다.

2. 유압 기본 회로

(1) 압력 설정 회로

모든 유압 회로의 기본이며 회로 내의 압력이 설정 압력 이상시는 릴리프 밸브가 열려 탱크로 귀환시키는 회로로서 안전측면에서도 필수적인 것이라고 한다.

(2) 무부하 회로

무부하(언로더) 밸브를 이용한 것으로 유압 장치에서 일을 하지 않을 때에는 유압유를 유압저장 탱크로 돌려보내는 회로이다.

3. 기능별 유압 회로

(1) 압력제어 회로

압력 제어 회로는 유압 회로 내부에서 원하는 값으로 압력을 유지 또는 제어 시켜주는 회로를 말한다.

(2) 속도제어 회로

① 미터인 회로(meter in circuit) : 이 회로는 유량제어 밸브를 실린더의 입구측에 설치한 회로로서, 이 밸브가 압력 보상 형이면 실린더 속도는 펌프 송출량에 무관하고 일정하다.

② 미터아웃 회로(Meter Out Circuit) : 이 회로는 유량제어 밸브를 실린더의 출구측에 설치한 회로로서 실린더에서 유출되는 유량을 제어하여 피스톤 속도를 제어하는 회로이다. 이 경우 펌프의 송출압력은 유량제어 밸브에 의한 배압과 부하저항에 따라 정해진다.

③ 블리드오프 회로(Bleed Off Circuit) : 이 회로는 실린더 입구의 분지 회로에 유량제어 밸브를 설치하여 실린더 입구측의 불필요한 압유를 배출시켜 작동 효율을 증진시킨 회로이다.

(3) 방향제어 회로

유압 실린더나 유압 모터와 같은 액추에이터의 운동 방향을 방행 제어 밸브 조작을 통해 설정해주는 회로를 말한다. 대표적인 것으로 고정회로가 있다. 고정회로는 체크 밸브를 이용한 것으로 액추에이터의 상승과 하강 운동 방향을 제어할 수 있다. 이외에도 스풀밸브 및 메이크업 밸브 등 다양환 방향 제어 밸브를 활용하여 다양한 방향으로 방향 제어 회로를 구성이 가능하다.

4. 유압기호

(1) 유압장치의 기호 회로도에 사용되는 유압 기호의 표시방법

① 기호에는 흐름의 방향을 표시한다.

② 각 기기의 기호는 정상상태 또는 중립상태를 표시한다.

③ 오해의 위험이 없는 경우에는 기호를 회전하거나 뒤집어도 된다.

④ 기호에는 각 기기의 구조나 작용압력을 표시하지 않는다.

⑤ 기호가 없어도 바르게 이해할 수 있는 경우에는 드레인 관로를 생략해도 된다.

(2) 기호 회로도

정용량형 유압펌프	가변용량형 유압펌프	가변용량형 유압모터	단동실린더
복동실린더	복동 실린더 양 로드형	공기유압변환기	릴리프 밸브
무부하 밸브	체크 밸브	고압우선형 셔틀 밸브	작동유 탱크 (개방형)
작동유 탱크 (가압형)	정용량형 펌프·모터	회전형 전기모터 액추에이터	오일필터
드레인 배출기	유압동력원	압력스위치	압력계
어큐뮬레이터 (축압기)	압력원	솔레노이드 조작방식	간접 조작방식
레버 조작방식	기계 조작방식		

5. 플러싱

(1) 유압장치 내에 슬러지 등이 생겼을 때 이것을 용해하여 장치 내를 깨끗이 하는 작업을 말한다.

(2) 플러싱 후의 처리방법은 다음과 같다.

① 오일탱크 내부를 다시 청소한다.
② 유압유 보충은 플러싱이 완료된 후 즉시 하는 것이 좋다.
③ 잔류 플러싱 오일을 반드시 제거하여야 한다.
④ 라인필터 엘리먼트를 교환한다.

2 유압 기기

1. 유압유 탱크

유압유 탱크는 오일을 회로 내에 공급하거나 되돌아오는 오일을 저장하는 용기를 말하며 개방형식과 가압식(예압식)이 있다. 개방형은 탱크 안에 공기가 통기용 필터를 통하여 대기와 연결되어 탱크의 오일은 자유표면을 유지하기 때문에 압력의 상승 또는 저하를 피할 수 있고, 예압형은 탱크 안이 완전히 밀폐되어 압축공기나 또는 그 밖의 방법으로 언제나 일정한 압력을 가하는 형식으로 캐비테이션이나 기포발생를 막을 수 있다.

(1) 탱크의 역할

① 유압 회로 내의 필요한 유량 확보
② 오일의 기포발생 방지와 기포의 소멸
③ 작동유의 온도를 적정하게 유지

(2) 유압 탱크의 구비조건

① 유면을 항상 흡인 라인 위까지 유지하여야 한다.
② 정상적인 작동에서 발생한 열을 발산할 수 있어야 한다.
③ 공기 및 이물질을 오일로부터 분리할 수 있는 구조여야 한다.
④ 배유구와 유면계가 설치되어 있어야 한다.
⑤ 흡입관과 복귀관(리턴 파이프) 사이에 격판이 설치되어 있어야 한다.
⑥ 흡일 오일을 여과시키기 위한 스트레이너가 설치되어야 한다.

(3) 탱크에 수분이 혼입되었을 때의 영향

① 공동 현상이 발생된다.
② 작동유의 열화가 촉진한다.
③ 유압 기기의 마모를 촉진시킨다.

2. 유압 펌프

유압 펌프는 기관의 앞이나 프라이휠 및 변속기 부축에 연결되어 작동되며, 기계적 에너지를 받아서 압력을 가진 오일의 유체 에너지로 변환작용을 하는 유압 발생원으로서의 중요한 요소이다. 작업 중 큰 부하가 걸려도 토출량의 변화가 적고, 유압토출시 맥동이 적은 성능이 요구된다.

(1) 기어 펌프의 특징

① 구조가 간단하다.
② 다루기 쉽고 가격이 저렴하다.
③ 오일의 오염에 비교적 강한 편이다.
④ 펌프의 효율은 피스톤 펌프에 비하여 떨어진다.
⑤ 가변 용량형으로 만들기가 곤란하다.
⑥ 흡입 능력이 가장 크다.

(2) 베인 펌프의 특징

① 토출량은 이론적으로 회전속도에 비례하지만 내부 리크가 압력 및 작동유가 절대감도의 역수에 거의 비례해서 늘어나므로 그 분량만큼 토출량은 감소한다.
② 내부 섭동 부분의 마찰에 의한 토크 손실에 의해 필요동력이 그 분량만큼 증대한다.
③ 토출 압력에 맥동이 적다.
④ 보수가 용이하다.
⑤ 운전음이 낮다.

(3) 플런저 펌프의 특징

① 고압에 적합하며 펌프 효율이 가장 높다.
② 가변 용량형에 적합하며, 각종 토출량 제어장치가 있어서 목적 및 용도에 따라 조정할 수 있다.
③ 구조가 복잡하고 비싸다.
④ 오일의 오염에 극히 민감하다.
⑤ 흡입능력이 가장 낮다.

(4) 나사 펌프의 특징

① 한 쌍의 나사 달린 축의 나사부 외주가 상대 나사바닥에 접촉되어 작동된다.
② 연속적인 펌프 작용이 된다.
③ 토출량이 고르다.

(5) 유압 펌프의 비교

구분	기어 펌프	베인 펌프	플런저 펌프
구조	간단하다	간단하다	가변 용량이 가능
최고 압력(kgf/cm²)	140~210	140~175	150~350
최고 회전수(rpm)	2,000~3,000	2,000~2,700	1,000~5,000
펌프의 효율(%)	80~88	80~88	90~95
소음	중간 정도	적다	크다
자체 흡입 성능	우수	보통	약간 나쁘다

3. 유압제어 밸브

유압 계통에서 유압제어밸브는 유압 펌프에서 발생된 압력과 방향, 유량 등을 제어하기 위한 장치를 말한다. 즉 유압실린더나 유압모터에 공급되는 작동유의 압력, 유량, 방향을 바꾸어 힘의 크기, 속도, 방향을 목적에 따라 자유롭게 제어하는 장치이다.

(1) 압력제어 밸브

압력제어밸브는 유압 회로내의 최고 압력을 제어하는 역할을 하는 장치이다. 유압실린더가 제 위치로 돌아오지 못한 상태에서 유압이 계속적으로 실린더에 유입이 될 경우 압력이 높아져 고장이 발생할 수 있다. 따라서 오일의 압력을 경감시켜주는 역할의 장치가 필요한데 이것이 바로 압력제어밸브이다.

① **릴리프 밸브** : 유압 펌프와 제어 밸브 사이에 설치되어 회로 내의 압력을 규정값으로 유지시키는 역할 즉, 유압장치 내의 압력을 일정하게 유지하고 최고 압력을 제어하여 회로를 보호한다.

해설

채터링 : 릴리프 밸브 등에서 스프링의 장력이 약해 밸브 시트를 때려 비교적 높은 소음을 내는 진동을 채터링이라 한다.

② **리듀싱 밸브(감압 밸브)** : 유채의 압력을 감소시키는 밸브이다. 감압 밸브는 어떤 특정한 회로의 압력을 주회로의 압력보다 낮게 유지하여, 일정한 압력으로 유지하는 경우에 사용된다.

③ **시퀀스 밸브** : 시퀀스(Sequence)란 '연속'이란 뜻으로, 2개 이상의 액추에이터(유압에너지를 기계적 에너지로 변화시키는 장치로 유압모터등)를 순차적으로 작동시키기 위해서 사용되는 밸브를 말한다.

④ **언로더 밸브** : 언로더 밸브는 무부하 밸브라고도 하며, 미리 설정한 압력에 유체가 도달하면 탱크의 전 유량을 부하를 걸지 않고 탱크로 귀환시키고, 설정 압력보다 유체가 저하되면 유체에 압력을 주는 압력제어밸브이다.

⑤ **카운터 밸런스 밸브** : 유압 실린더등이 자유 낙하되는 것을 방지하기 위하여 배압을 유지시키는 역할을 한다.

(2) 유량제어 밸브

유량 제어 밸브는 오리피스를 이용하여 유압 회로에서 유량 속도를 제어하는 역할을 한다. 오리피스는 유체를 분출시키는 배출구멍으로, 유량 제어 밸브의 오리피스가 닫히면 유량이 감소하고, 오리피스가 열리면 유량은 증가시키면서 속도를 조절하게 된다. 유량제어밸브의 종류는 다음과 같다.

① **교축 밸브** : 밸브 내 오일 통로의 단면적을 외부로부터 변화하여 점도가 달라져도 유량이 변화되지 않도록 설치한 밸브이다.

② **압력 보상 유량제어 밸브** : 밸브의 입구와 출구의 압력차가 변하여도 조정 유량은 변하지 않도록 보상 피스톤의 충입구의 압력 변화를 민감하게 감지하여 미세한 운동으로 유량을 조정한다.

③ **디바이더 밸브(분류 밸브)** : 디바이더 밸브는 2개의 액추에이터에 동등한 유량을 분배하여 그 속도를 제어하는 역할을 한다.

④ **슬로 리턴 밸브** : 붐 또는 암이 자중에 의한 영향을 받지 않도록 하강 속도를 제어하는 역할을 한다.

(3) 특수 밸브

① **압력 온도 보상 유량제어 밸브** : 압력 보상 유량제어 밸브와 방향 밸브를 조합한 것으로 변환 레버의 경사각에 따라 유량이 조정되며, 중립에서는 전량이 유출된다.

② **리모트 컨트롤 밸브(원격 조작 밸브)** : 대형 건설기계에서 간편하게 조작하도록 설계된 밸브로 2차 압력을 제어하는 여러 개의 감압 밸브가 1개의 케이스에 내장된 것으로 360° 의 범위에서 임의의 방향으로 경사시켜 동시에 2개의 2차 압력을 별도로 제어할 수 있다.

③ **메이크업 밸브** : 체크밸브와 같은 작동으로 유압 실린더 내의 진공이 형성되는 것을 방지하기 위하여 유압 실린더에 부족한 오일을 공급하는 역할을 한다.

(4) 방향제어 밸브

방향제어밸브는 유압장치에서 유압유의 흐름을 차단하거나 흐름의 방향을 전환하여 유압모터나 유압실린더 등의 시동, 정지, 방향 전환 등을 정확히 제어하기 위해 사용되는 장치이다. 종류로는 체크 밸브, 스풀 밸브 및 메이크업 밸브 등이 있다.

① **체크 밸브** : 작동유의 흐름을 한쪽 방향으로만 흐르도록 하고 역류를 방지하는 역할을 한다.

② **스풀 밸브** : 스풀 밸브는 스풀(Spool)의 직선 운동으로 작동유의 유로(Way)를 변환하는 역할을 한다. 유압 펌프에서 공급되는 작동유(오일)는 항상 제어 밸브로 공급되는데, 스풀 밸브는 스풀을 좌우로 움직여 펌프로부터 공급된 오일이 액추에이터 작동 방향을 변환시키게 된다.

③ **디셀러레이션 밸브(감속 밸브)** : 유압 모터, 유압 실린더의 운동 위치에 따라 캠에 의해서 작동되어 회로를 개폐시켜 속도와 방향을 변환시키는 역할을 한다.

4. 액추에이터(Actuator)

(1) 유압 실린더

유압 실린더는 유압 펌프에서 공급되는 유압에 의해서 직선 왕복 운동으로 변환시키는 역할을 한다.

① **단동(單動) 실린더** : 유압 펌프에서 피스톤의 한쪽에만 유압이 공급되어 작동하고 리턴은 자중 또는 외력에 의해서 이루어진다.

② **복동(復動) 실린더** : 유압 펌프에서 피스톤의 양쪽에 유압이 공급되어 작동되는 실린더로 건설기계에서 가장 많이 사용되고 있다.

(2) 유압 모터

1) 기어형 모터

① 구조가 간단하고 저렴하며, 작동유의 공급 위치를 변화시키면 정방향의 회전이나 역방향의 회전이 자유롭다.

② 모터의 효율은 70~90% 정도이다.

2) 베인형 모터

① 정용량형 모터로 캠링에 날개가 밀착되도록 하여 작동되며, 무단 변속기로 내구력이 크다.

② 모터의 효율은 95% 정도이다.

3) 레이디얼 플런저 모터

① 플런저가 회전축에 대하여 직각 방사형으로 배열되어 있는 모터로 굴삭기의 스윙 모터로 사용된다.

② 모터의 효율은 95~98% 정도이다.

4) 액시얼 플런저 모터

① 플런저가 회전축 방향으로 배열되어 있는 모터이다.

② 모터의 효율은 95~98% 정도이다.

5. 어큐뮬레이터

어큐뮬레이터(Accumulator, 축압기)는 유체 에너지를 알시 저장하여 주는 것으로 용기 내에 고압유를 압입한 것이다. 고압유를 저장하는 방법에 따라 중량에 의한 것, 스프링에 의한 것, 공기나 질소가스 등의 기체 압축성을 이용한 것이 있다.

(1) 어큐뮬레이터의 용도

① 대유량의 순간적 공급
② 압력보상
③ 유압 펌프의 맥동을 제거
④ 충격압력의 흡수
⑤ 유압회로 보호
⑥ 유압 에너지 축적

(2) 어큐뮬레이터의 종류(가스 오일식)

① **피스톤형** : 실린더 내의 피스톤으로 기체실과 유체실을 구분 한다.

② **블래더형(고무 주머니형)** : 본체 내부에 고무 주머니가 기체실과 유체실을 구분한다.

③ **다이어프램형** : 본체 내부에 고무와 가죽의 막이 있어 기체실과 유체실을 구분한다.

6. 부속 장치

(1) 오일 여과기

금속 등 마모된 찌꺼기나 카본 덩어리 등의 이물질을 제거하는 장치이며, 종류에는 흡입여과기, 고압여과기, 저압여과기 등이 있다.

① 스트레이너는 유압펌프의 흡입 쪽에 설치되어 여과작용을 한다.

② 오일 여과기의 여과입도가 너무 조밀하면(여과 입도수가 높으면) 공동현상(캐비테이션)이 발생한다.

③ 유압장치의 수명연장을 위한 가장 중요한 요소는 오일 및 오일 여과기의 점검 및 교환이다.

(2) 오일 냉각기

공랭식과 수랭식으로 작동유를 냉각시키며 일정 유온을 유지토록 한다.

① 오일량은 정상인데 유압유가 과열하면 가장 먼저 오일 냉각기를 점검한다.

② 구비조건은 촉매작용이 없을 것, 오일 흐름에 저항이 작을 것, 온도조정이 잘 될 것, 정비 및 청소하기가 편리할 것 등이다.

③ 수냉식 오일 냉각기는 유온을 항상 적정한 온도로 유지하기 위하여 사용하며, 소형으로 냉각능력은 크지만 고장이 발생하면 오일 중에 물이 혼입될 우려가 있다.

(3) 배관의 구분과 이음

강관, 고무 호스, 이음으로 구성되어 각 유압기기를 연결하여 회로를 구성한다.

1) **강관** : 금속관에는 강관, 스테인리스강관, 알루미늄관, 구리관 등이 있으며 주로 강관이 사용되고 일반적으로는 저압(100kg/cm² 이하), 중압(100kg/cm² 정도), 고압(100kg/cm² 이상)의 압력단계로 분류된다.

2) **고무호스** : 건설기계에 사용되는 고무 호스는 합성고무로 만든 플렉시블 호스이며 금속관으로는 배관이 어려운 개소나, 장치부 상대위치가 변하는 경우 및 진동의 영향을 방지하고자 할 경우에 사용된다.

3) 이음

① **나사 이음(Screw Joint)** : 유압이 70kg/cm²이하인 저압용으로 사용된다.

② **용접 이음(Welded Joint)** : 고압용의 관로용으로 사용된다.

③ **플랜지 이음(Flange Joint)** : 고압이나 저압에 상관없이 직경이 큰 관의 관로용으로서 확실한 작업을 할 수 있다.

④ **플레어 이음(Flare Joint)**

(4) 오일 실(패킹)

1) 구비 조건

① 압력에 대한 저항력이 클 것
② 작동면에 대한 내열성이 클 것
③ 작동면에 대한 내마멸성이 클 것
④ 정밀 가공된 금속면을 손상시키지 않을 것
⑤ 작동 부품에 걸리는 일이 없이 잘 끼워질 것
⑥ 피로 강도가 클 것

2) 실(Seal)의 종류

① 성형패킹(Forming Packing)
② 메커니컬 실(Mechanical Seal)
③ O링(O-Ring)
④ 오일 실(Oil Seal)

제 4 편

건설기계 유압

출제예상문제

01 **밀폐된 액체의 일부에 힘을 가했을 때 맞는 것은?**

① 모든 부분에 같게 작용한다.
② 모든 부분에 다르게 작용한다.
③ 홈 부분에만 세게 작용한다.
④ 돌출부에는 세게 작용한다.

해설 유압이란 액체에 가해진 압력(Pressure)을 말한다. 액체는 일정한 형태 없이 '유동성'을 가지고 있어 관을 통해 쉽게 이동할 수 있으며, '비압축적'이라 밀폐된 용기 속에서 힘을 가해도 체적이 작아지지 않고 가해진 힘을 다른 모든 방향으로 전달하는 성질을 나타낸다. 즉 액체는 고체와 달리 압력이 가해지면 어디든 쉽게 이동하고, 압력을 다른 방향으로 전달하는 성질을 가지고 있어 이와 같은 특성을 이용한 유압기계가 유용하게 사용된다.

02 **다음 중 유압장치를 가장 적절히 표현한 것은?**

① 유체의 압력에너지를 이용하여 기계적인 일을 하도록 하는 것
② 큰 물체를 들어올리기 위해 기계적인 이점을 이용하는 것
③ 액체로 전환시키기 위해 기체를 압축시키는 것
④ 오일을 이용하여 전기를 생산하는 것

해설 유압장치는 유체가 가진 유압을 이용해 기계적인 일을 하도록 고안된 장치를 말한다.

03 **다음 중 유압기계의 장점이 아닌 것은?**

① 속도제어가 용이하다.
② 에너지 축적이 가능하다.
③ 유압장치는 점검이 간단하다.
④ 힘의 전달 및 증폭이 용이하다.

해설 유압회로의 구성은 전기회로의 구성보다 훨씬 어렵기 때문에 배관을 구성하는 것이 복잡하여 점검에 많은 시간이 소비된다.

04 **다음 중 액체의 일반적인 성질이 아닌 것은?**

① 액체는 힘을 전달할 수 있다.
② 액체는 운동을 전달 할 수 있다.
③ 액체는 압축할 수 있다.
④ 액체는 운동방향을 바꿀 수 있다.

해설 공기는 압력을 가하면 압축이 되지만, 액체는 압축되지 않는다.

05 **유압장치의 작동원리는 어느 이론에 바탕을 둔 것인가?**

① 파스칼의 원리　　② 에너지 보존의 법칙
③ 보일의 원리　　④ 열역학 제1법칙

해설 건설기계에 사용되는 유압장치는 파스칼의 원리를 이용한다.

06 **다음 중 유압의 장점이 아닌 것은?**

① 과부하 방지가 간단하고 정확하다.
② 오일온도가 변하면 속도가 변한다.
③ 소형으로 힘이 강력하다.
④ 무단변속이 가능하고 작동이 원활하다.

해설 유압장치는 오일의 온도변화에 따라서 점도가 변하여 기계의 작동속도가 변화하는 단점이 있다.

07 **밀폐된 용기 중에 채워진 비압축성 유체의 일부에 가해진 압력이 유체의 모든 부분에 그대로의 세기로 전달되는 원리는?**

① 파스칼의 원리　　② 베르누이의 원리
③ 보일샬의 원리　　④ 아르키메데스의 원리

08 **다음 중 유압 시스템에서 오일 제어 기능이 아닌 것은?**

① 유온 제어　　② 유량 제어
③ 방향 제어　　④ 압력 제어

09 **유압장치 내에 국부적인 높은 압력과 소음·진동이 발생하는 현상은?**

① 채터링　　② 오버 랩
③ 캐비테이션　　④ 하이드로 록킹

10 **다음 중 보기에서 압력의 단위만 나열한 것은?**

㉠ psi	㉡ $\frac{kgf}{cm^2}$	㉢ bar	㉣ N·m

① ㉠, ㉡, ㉢　　② ㉠, ㉡, ㉣
③ ㉡, ㉢, ㉣　　④ ㉠, ㉢, ㉣

해설 압력은 물체를 밀 때 그 물체에 가하는 힘을 말하는 것으로, 접촉하는 면적(m^2)에 수직으로 작용하는 힘(N)의 크기를 의미한다. 뉴턴 미터(N·m)는 내연기관의 크랭크축에 일어나는 회전력인 토크(torque)를 나타내는 단위이다.

11 **유압유의 성질 중 가장 중요한 특성은?**

① 점도　　② 온도
③ 습도　　④ 열효율

해설 점도(Viscosity)란 액체가 가진 끈적거림의 정도를 의미하는데, 유압기계는 장시간 작동으로 온도가 높아지면 유압유의 점도가 변화하여 유압모터나 유압실린더와 같은 액추에이터 작동이나 출력에 영향을 줄 수 있다.

정답 01. ① 02. ① 03. ③ 04. ③ 05. ① 06. ② 07. ① 08. ① 09. ③ 10. ① 11. ①

12 다음 중 유압유의 구비조건이 아닌 것은?

① 부피가 클 것
② 내열성이 클 것
③ 화학적 안정성이 클 것
④ 적정한 유동성과 점성을 갖고 있을 것

기온변화가 심하고 운전조건이 가혹한 건설기계에 사용되는 유압유는 높은 열에 변형되거나 변질되지 않고 견뎌야 하므로 높은 내열성이 요구되며, 적정한 유동성과 점성을 갖고 있어야 한다. 또한 화학적으로 안정성이 뛰어나야 좋은 유압유라 할 수 있다.

13 보기에서 유압계통에 사용되는 오일의 점도가 너무 낮을 경우 나타날 수 있는 현상으로 모두 맞는 것은?

> ㉠ 펌프 효율 저하
> ㉡ 실린더 및 컨트롤 밸브에서 누출 현상
> ㉢ 계통(회로) 내의 압력 저하
> ㉣ 시동 시 저항 증가

① ㉠, ㉡, ㉢　② ㉠, ㉡, ㉣
③ ㉡, ㉢, ㉣　④ ㉠, ㉢, ㉣

점도가 낮을 경우에는 펌프의 체적효율이 떨어지며, 각 운동부분의 마모가 심해지고 회로에 필요한 압력발생이 곤란하기 때문에 정확한 작동을 얻을 수 없게 된다. 반대로 점도(viscosity)가 높을 경우 동력손실이 증가하므로 기계효율이 떨어지고, 내부마찰이 증가하며, 유압작용이 활발하지 못하게 된다.

14 유압오일 내에 기포(거품)가 형성되는 이유로 가장 적합한 것은?

① 오일에 이물질 혼입
② 오일의 점도가 높을 때
③ 오일에 공기 혼입
④ 오일의 누설

유압장치는 가압, 감압이 반복하여 일어나므로 유압유에 공기가 혼입될 경우 기포가 발생한다. 유압유에 기포가 발생하면 가압 시에 유압유의 온도가 올라가 쉽게 열화가 일어나면서 기기의 작동불량을 일으키는 원인이 된다. 그러므로 유압유는 기포를 신속히 없애는 소포성이 요구된다.

15 다음 중 유압유의 점도에 대한 설명으로 틀린 것은?

① 온도가 상승하면 점도는 저하된다.
② 점성의 점도를 나타내는 척도이다.
③ 점성계수를 밀도로 나눈 값이다.
④ 온도가 내려가면 점도는 높아진다.

해설
점성이란 모든 유체가 유체 내에서 서로 접촉하는 두 층이 서로 떨어지지 않으려는 성질을 말하며 점도라는 것은 액체가 가진 끈적거림의 정도로 유체가 흘러가는데 어려움의 크기를 말한다. 점성의 크기는 점성 계수로 나타내고, 점성 계수를 밀도로 나눈 것을 동점성계수라 한다.
①④ 점도는 온도가 내려가면 점도가 높아지고, 온도가 증가하면 점도가 저하되는 성질을 갖는다.

16 다음 중 유압유의 점검사항과 관계없는 것은?

① 마멸성　② 점도
③ 소포성　④ 윤활성

해설
마멸성이란 닳아서 없어지는 성질을 말한다. 유압유는 닳아 없어지는 것에 대하여 저항하는 성질인 내마멸성이 요구된다.

17 유압유의 점도가 지나치게 높았을 때 나타나는 현상이 아닌 것은?

① 오일누설이 증가한다.
② 유동저항이 커져 압력손실이 증가한다.
③ 동력손실이 증가하여 기계효율이 감소한다.
④ 내부마찰이 증가하고, 압력이 상승한다.

18 유압라인에서 압력에 영향을 주는 요소로 가장 관계가 적은 것은??

① 유체의 흐름량　② 유체의 점도
③ 관로 직경의 크기　④ 관로의 좌·우 방향

19 유압유의 취급에 대한 설명으로 틀린 것은?

① 오일의 선택은 운전자가 경험에 따라 임의 선택한다.
② 유량은 알맞게 하고 부족 시 보충한다.
③ 오염, 노화된 오일은 교환한다.
④ 먼지, 모래, 수분에 의한 오염방지 대책을 세운다.

20 다음 중 작동유에 대한 설명으로 틀린 것은?

① 마찰부분의 윤활작용 및 냉각작용도 한다.
② 공기가 혼입되면 유압기기의 성능은 저하된다.
③ 점도지수가 낮을수록 좋다.
④ 점도는 압력 손실에 영향을 미친다.

21 다음 중 건설기계의 작동유 탱크 역할로 틀린 것은?

① 유온을 적정하게 유지하는 역할을 한다.
② 작동유를 저장한다.
③ 오일 내 이물질의 침전작용을 한다.
④ 유압을 적정하게 유지하는 역할을 한다.

22 유압 작동유를 교환하고자 할 때 선택조건으로 가장 적합한 것은?

①유명 정유회사 제품
② 가장 가격이 비싼 유압 작동유
③ 제작사에서 해당 장비에 추천하는 유압 작동유
④ 시중에서 쉽게 구입할 수 있는 유압 작동유

정답 12. ① 13. ① 14. ③ 15. ③ 16. ① 17. ① 18. ④ 19. ① 20. ③ 21. ④ 22. ③

23 유압유 관내에 공기가 혼입되었을 때 일어날 수 있는 현상과 가장 거리가 먼 것은?

① 공동현상(Cavitation)
② 기화현상
③ 숨 돌리기 현상
④ 열화현상

해설 관로에 공기가 침입하면 실린더 숨 돌리기 현상, 열화촉진, 공동현상 등이 발생한다

24 다음 중 유압회로 내에서 서지압(Surge Pressure)이란?

① 과도적으로 발생하는 이상 압력의 최댓값
② 정상적으로 발생하는 압력의 최댓값
③ 정상적으로 발생하는 압력의 최솟값
④ 과도적으로 발생하는 이상 압력의 최솟값

해설 서지압이란 유압회로에서 과도하게 발생하는 이상 압력의 최댓값이다.

25 유압 작동유에 수분이 미치는 영향이 아닌 것은?

① 작동유의 윤활성을 저하시킨다.
② 작동유의 방청성을 저하시킨다.
③ 작동유의 내마모성을 향상시킨다.
④ 작동유의 산화와 열화를 촉진시킨다.

26 다음 중 유압유의 첨가제가 아닌 것은?

① 소포제　② 유동점 강하제
③ 산화 방지제　④ 점도지수 방지제

27 유압유에 점도가 서로 다른 2종류의 오일을 혼합하였을 경우 설명으로 맞는 것은?

① 오일첨가제의 좋은 부분만 작동하므로 오히려 더욱 좋다.
② 점도가 달라지나 사용에는 전혀 지장이 없다.
③ 혼합하여도 전혀 지장이 없다.
④ 열화 현상을 촉진시킨다.

28 다음 중 오일 탱크 내 오일의 적정온도 범위는?

① 10~20℃　② 30~50℃
③ 80~110℃　④ 100~150℃

29 유압 실린더의 숨 돌리기 현상이 생겼을 때 일어나는 현상이 아닌 것은?

① 작동지연 현상이 생긴다.
② 서지압이 발생한다.
③ 오일의 공급이 과대해진다.
④ 피스톤 작동이 불안정하게 된다.

해설 유압 실린더의 숨 돌리기 현상이 생겼을 때 일어나는 현상은 ①, ②, ④항 이외에 오일의 공급이 부족해진다.

30 다음 중 유압장치의 기본적인 구성요소가 아닌 것은?

① 유압발생장치　② 유압 재순환장치
③ 유압제어장치　④ 유압구동장치

해설 유압장치의 기본 구성요소는 유압구동장치(엔진 또는 전동기), 유압발생장치(유압펌프), 유압제어장치(유압제어 밸브)이다.

31 작업 중에 유압펌프 유량이 필요하지 않게 되었을 때 오일을 저압으로 탱크에 귀환시키는 회로는?

① 시퀀스 회로
② 어큐뮬레이션회로
③ 블리드오프회로
④ 언로드회로

해설 언로드 회로는 무부하 회로로도 불리며, 유압 펌프의 유량이 필요없게 된 경우 오일을 저압으로 오일 탱크로 복귀시키는 회로이다.

32 유압장치의 기호 회로도에 사용되는 유압 기호의 표시방법으로 적합하지 않는 것은?

① 기호에는 흐름의 방향을 표시한다.
② 각 기기의 기호는 정상상태 또는 중립상태를 표시한다.
③ 기호는 어떠한 경우에도 회전하여서는 안 된다.
④ 기호에는 각 기기의 구조나 작용압력을 표시하지 않는다.

33 유압계통의 오일장치 내에 슬러지 등이 생겼을 때 이것을 이용하여 장치 내를 깨끗이 하는 작업은?

① 플러싱　② 트램핑
③ 서징　④ 코킹

해설 플러싱(flushing)이란 유압계통의 관을 유체의 속도와 충격으로 청소하는 것을 말하며, 관 속 먼지나 이물 또는 윤활유의 슬러지는 윤활부 등에 지장을 주기 때문에 플러싱 작업이 필요하다.

정답 23. ② 24. ① 25. ③ 26. ④ 27. ④ 28. ② 29. ③ 30. ② 31. ④ 32. ③ 33. ①

34 **유압 회로 내에 잔압을 설정해두는 이유로 가장 적절한 것은?**

① 제동 해제방지 ② 유로 파손방지
③ 오일 산화방지 ④ 작동 지연방지

해설 유압 회로에 잔압을 설정하는 이유는 회로 속 공기가 혼입되거나 오일의 누설로 인하여 유로가 파손되는 것을 방지하기 위함이다.

35 **유압 라인에서 압력에 영향을 주는 요소로 가장 관계가 적은 것은?**

① 관로의 좌·우 방향 ② 유체의 점도
③ 관로 직경의 크기 ④ 유체의 흐름 량

해설 관로의 좌·우 방향은 유압 라인에서 압력에 영향을 주는 요소가 아니다.

36 **액추에이터의 입구 쪽 관로에 설치한 유량제어밸브로 흐름을 제어하여 속도를 제어하는 회로는?**

① 시스템 회로(system circuit)
② 블리드 오프 회로(bled-off circuit)
③ 미터 인 회로(meter-in circuit)
④ 미터 아웃 회로(meter-out circuit)

해설 미터인(Meter-in) 회로는 액추에이터 입구측에 유량 제어 밸브를 설치한 것을 가리킨다.

〈유량 제어 회로〉
유량 제어 회로는 유압모터나 유압 실린더와 같은 액추에이터에 공급되는 유압유의 유량을 조절하기 위한 제어 회로이다. 유량제어회로는 밸브 설치 위치에 따라 미터 인(Meter-in) 회로, 미터아웃(Meter-pur) 회로, 블리드 오프(Bleed-off) 회로 등으로 나뉜다.

37 **현장에서 오일의 열화를 찾아내는 방법이 아닌 것은?**

① 색깔의 변화나 수분, 침전물의 유무 확인
② 흔들었을 때 생기는 거품이 없어지는 양상 확인
③ 자극적인 악취의 유무 확인
④ 오일을 가열했을 때 냉각되는 시간 확인

38 **유압장치 작동 중 과열이 발생할 때의 원인으로 가장 적절한 것은?**

① 오일의 양이 부족하다.
② 오일 펌프의 속도가 느리다.
③ 오일 압력이 낮다.
④ 오일의 증기압이 낮다.

39 **유압장치의 부품을 교환한 후 다음 중 가장 우선 시행하여야 할 작업은?**

① 최대부하 상태의 운전 ② 유압을 점검
③ 유압장치의 공기빼기 ④ 유압 오일쿨러 청소

40 **다음 중 유압 회로에서 작동유의 정상온도는?**

① 10~20℃ ② 60~80℃
③ 112~115℃ ④ 125~140℃

41 **건설기계 유압장치의 작동유 탱크의 구비조건 중 거리가 가장 먼 것은?**

① 배유구(드레인 플러그)와 유면계를 두어야 한다.
② 흡입관과 복귀관 사이에 격판(차폐장치, 격리판)을 두어야 한다.
③ 유면을 흡입라인 아래까지 항상 유지할 수 있어야 한다.
④ 흡입 작동유 여과를 위한 스트레이너를 두어야 한다.

해설 유면은 적정위치 "Full"에 가깝게 유지하여야 한다.

42 **다음 중 유압장치에 사용되는 펌프가 아닌 것은?**

① 기어펌프 ② 원심펌프
③ 베인 펌프 ④ 플런저 펌프

해설 유압펌프의 종류에는 기어펌프, 베인 펌프, 피스톤(플러저)펌프, 나사펌프, 트로코이드 펌프 등이 있다.

43 **기어식 유압펌프에 폐쇄작용이 생기면 어떤 현상이 생길 수 있는가?**

① 기포의 발생 ② 기름의 토출
③ 출력의 증가 ④ 기어진동의 소멸

해설 폐쇄작용이 생기면 기포가 발생하여 소음과 진동의 원인이 된다.

44 **다음 중 유압펌프에서 토출압력이 가장 높은 것은?**

① 베인 펌프 ② 기어펌프
③ 액시얼 플런저 펌프 ④ 레이디얼 플런저 펌프

해설 유압펌프의 토출압력은 액시얼 플런저 펌프가 가장 높다.

45 **다음 중 유압장치에서 압력제어밸브가 아닌 것은?**

① 릴리프 밸브 ② 체크 밸브
③ 감압 밸브 ④ 시퀀스 밸브

해설 압력제어밸브는 릴리프 밸브, 감압 밸브, 시퀀스 밸브 및 카운터 밸런스 밸브 등이 있다. 체크 밸브(첵 밸브)는 유체를 한쪽 방향으로만 흐르게 하고 반대 방향으로는 흐르지 못하도록 하는 방향제어밸브의 한 종류이다.

정답 34. ② 35. ① 36. ③ 37. ④ 38. ① 39. ③ 40. ② 41. ③ 42. ② 43. ① 44. ③ 45. ②

46 **릴리프 밸브 등에서 밸브 스트를 때려 비교적 높은 소리를 내는 진동 현상을 무엇이라 하는가?**

① 채터링 ② 캐비테이션
③ 점핑 ④ 서지압

해설 채터링이란 일정한 동작이 정확한 지점에서 완성되지 않았을 경우 이를 수정하기 위해 물체가 움직이는 과정에서 발생하는 미세오차를 말하며, 덜그럭 덜그럭하고 비교적 높은 음을 발생하는 진동현상이 발생한다.

47 **유압회로 내에서 유압을 일정하게 조절하여 일의 크기를 결정하는 밸브가 아닌 것은?**

① 시퀀스 밸브 ② 서버 밸브
③ 언로드 밸브 ④ 카운터 밸런스 밸브

해설 서버 밸브(서보 밸브)는 서보 밸브 신호 전송, 보상 등은 전기적으로 하고 동력의 발생을 유압으로 하는 전기-유압식 기구이다.

48 **유압이 규정치보다 높아 질 때 작동하여 계통을 보호하는 밸브는?**

① 카운터 밸런스 밸브 ② 리듀싱 밸브
③ 릴리프 밸브 ④ 시퀀스 밸브

해설 릴리프 밸브는 갑작스런 강한 압력의 유압유가 유압기계에 유입될 경우 구성품의 손상을 야기할 수 있기 때문에, 미리 한계를 설정하여 그 이상으로 압력이 도달하는 것을 막기 위해서 설치된다.

49 **다음 중 유압모터의 속도를 감속하는데 사용하는 밸브는?**

① 체크 밸브 ② 디셀러레이션 밸브
③ 변환 밸브 ④ 압력스위치

해설 디셀러레이션 밸브는 유압 모터나 유압실린더의 속도를 감속 시키는 밸브이다.

50 **내경이 작은 파이프에서 미세한 유량을 조정하는 밸브는?**

① 니들 밸브 ② 압력보상 밸브
③ 바이패스 밸브 ④ 스로틀 밸브

해설 니들 밸브(needle valve)는 노즐 또는 관 속에 장치되어 물의 유량을 조절하는 밸브로 니들조정밸브 나사를 돌리면서 유량을 조절한다.

51 **릴리프 밸브에서 포핏 밸브를 밀어 올려 기름이 흐르기 시작할 때의 압력은?**

① 설정압력 ② 허용압력
③ 크랭킹압력 ④ 전량압력

해설 크랭킹압력이란 릴리프 밸브에서 포핏 밸브를 밀어 올려 기름이 흐르기 시작할때의 압력이다.

52 **다음 중 감압 밸브에 대한 설명으로 틀린 것은?**

① 상시 폐쇄상태로 되어있다.
② 입구(1차 쪽)의 주 회로에서 출구(2차 쪽)의 감압회로로 유압유가 흐른다.
③ 유압장치에서 회로일부의 압력을 릴리프 밸브의 설정압력 이하로 하고 싶을 때 사용한다.
④ 출구(2차 쪽)의 압력이 감압 밸브의 설정압력보다 높아지면 밸브가 작용하여 유로를 닫는다.

해설 감압(리듀싱)밸브는 회로일부의 압력을 릴리프 밸브의 설정압력(메인 유압) 이하로 하고 싶을 때 사용하며, 입구(1차 쪽)의 주 회로에서 출구(2차 쪽)의 감압회로로 유압유가 흐른다. 상시 개방상태로 되어 있다가 출구(2차 쪽)의 압력이 감압 밸브의 설정압력보다 높아지면 밸브가 작용하여 유로를 닫는다.

53 **유압회로 내의 압력이 설정압력에 도달하면 펌프에서 토출된 오일을 전부 탱크로 회송시켜 펌프를 무부하로 운전시키는데 사용하는 밸브는?**

① 언로더 밸브 ② 카운터 밸런스 밸브
③ 체크 밸브 ④ 시퀀스 밸브

해설 언로더(무부하) 밸브는 유압회로 내의 압력이 설정압력에 도달하면 펌프에서 토출된 오일을 전부 탱크로 회송시켜 펌프를 무부하로 운전시키는데 사용한다.

54 **일반적인 오일 탱크 내의 구성품이 아닌 것은?**

① 압력 조절기 ② 스트레이너
③ 드레인 플러그 ④ 배플

55 **유압장치에서 오일탱크의 구비 요건이 아닌 것은?**

① 유면은 적정위치 "F"에 가깝게 유지하여야 한다.
② 발생한 열을 발산할 수 있어야 한다.
③ 공기 및 이물질을 오일로부터 분리할 수 있어야 한다.
④ 탱크의 크기는 정지할 때 되돌아오는 오일량의 용량과 동일하게 한다.

56 **유압 펌프의 기능을 설명한 것 중 맞는 것은?**

① 유압에너지를 동력으로 전환한다.
② 원동기의 기계적 에너지를 유압에너지로 전환한다.
③ 어큐뮬레이터와 동일한 기능이다.
④ 유압 회로 내의 압력을 측정하는 기구이다.

57 **다음 유압 펌프 중 가장 높은 압력에서 사용할 수 있는 펌프는?**

① 기어 펌프 ② 로터리 펌프
③ 플런저 펌프 ④ 베인 펌프

정답 46. ① 47. ② 48. ③ 49. ② 50. ① 51. ③ 52. ① 53. ① 54. ① 55. ④ 56. ② 57. ③

58 **다음 중 유량 제어 밸브가 아닌 것은?**

① 니들 밸브　② 온도보상형 밸브
③ 압력보상형 밸브　④ 언로더 밸브

해설 유량제어밸브는 오일의 유량을 조절하여 액추에이터의 작동 속도를 조정하는 밸브로 교축밸브, 니들밸브, 온도보상형 밸브, 압력보상형 밸브 등이 있다. 언로더 밸브는 압력제어밸브이다.

59 **다음 중 방향제어 밸브를 동작시키는 방식이 아닌 것은?**

① 수동식　② 전자식
③ 스프링식　④ 유압 파일럿식

해설 방향제어밸브는 유압장치에서 유압유의 흐름을 차단하거나 흐름의 방향을 전환하여 유압모터나 유압실린더 등의 시동, 정지, 방향 전환 등을 정확히 제어하기 위해 사용되는 장치이다. 방향제어밸브는 조작방법에 따라 수동식, 기계식, 파일럿 변환 밸브, 전자 조작 밸브로 구분할 수 있다.

60 **2회로 내 유체의 흐르는 방향을 조절하는데 쓰이는 밸브는?**

① 압력제어밸브　② 유량제어밸브
③ 방향제어밸브　④ 유압 액추에이터

해설 방향제어밸브는 유압장치에서 유압유의 흐름을 차단하거나 방향을 전환하여 액추에이터를 정확히 제어하는 역할을 한다. 체크밸브, 스풀 밸브, 메이크업 밸브 등이 있다.

61 **유압장치의 과부하 방지와 유압기기의 보호를 위하여 최고 압력을 규제하고 유압 회로 내의 필요한 압력을 유지하는 밸브는?**

① 유량제어 밸브　② 압력제어 밸브
③ 방향제어 밸브　④ 온도제어 밸브

해설 압력제어밸브는 유압 회로 내 최고 압력을 제어하는 역할을 하며, 릴리프 밸브, 감압 밸브, 시퀀스 밸브, 언로더 밸브, 카운터 밸런스 밸브 등이 있다.

62 **유압 회로에서 역류를 방지하고 회로 내의 잔류 압력을 유지하는 밸브는?**

① 체크 밸브　② 셔틀 밸브
③ 스로틀 밸브　④ 매뉴얼 밸브

해설 오일의 역류를 방지하는 것은 체크 밸브(Cheek Valve)의 역할이다. 체크 밸브는 오일의 흐름을 한쪽으로만 흐르게 하여 역류하는 것을 차단시킨다.

63 **유압장치에서 유량제어밸브가 아닌 것은?**

① 교축 밸브　② 분류 밸브
③ 유량조정 밸브　④ 릴리프 밸브

64 **유압으로 작동되는 작업장치에서 작업 중 힘이 떨어질 때의 원인과 가장 밀접한 밸브는?**

① 메인 릴리프 밸브　② 체크(Check) 밸브
③ 방향전환 밸브　④ 메이크업 밸브

해설 유압으로 작동되는 작업장치에서 작업 중 힘이 떨어지면 메인 릴리프 밸브를 점검한다.

65 **플런저 펌프의 장점과 가장 거리가 먼 것은?**

① 효율이 양호하다.
② 높은 압력에 잘 견딘다.
③ 구조가 간단하다.
④ 토출량의 변화 범위가 크다.

66 **유압 펌프에서 오일이 토출될 수 있는 경우는?**

① 회전방향이 반대로 되어 있다.
② 흡입관 측은 스트레이너가 막혀 있다.
③ 펌프 입구에서 공기를 흡입하지 않는다.
④ 회전수가 너무 낮다.

67 **유압 펌프 작동 중 소음이 발생할 때의 원인으로 틀린 것은?**

① 릴리프 밸브(relief valve)에서 오일이 누유하고 있다.
② 스트레이너(strainer) 용량이 너무 작다.
③ 흡입관 집합부로부터 공기가 유입된다.
④ 엔진과 펌프축 간의 편심 오차가 크다.

68 **유압 회로의 최고 압력을 제한하고 회로 내의 과부하를 방지하는 밸브는?**

① 안전 밸브(릴리프 밸브)
② 감압 밸브(리듀싱 밸브)
③ 순차 밸브(시퀀스 밸브)
④ 무부하 밸브(언로딩 밸브)

69 **유압장치에서 방향제어밸브에 대한 설명으로 틀린 것은?**

① 유체의 흐름방향을 한쪽으로만 허용한다.
② 액추에이터의 속도를 제어한다.
③ 유압 실린더나 유압모터의 작동방향을 바꾸는데 사용한다.
④ 유체의 흐름방향을 변환한다.

정답 58. ④ 59. ③ 60. ③ 61. ② 62. ① 63. ④ 64. ① 65. ③ 66. ③ 67. ① 68. ① 69. ②

70 **다음 중 오일을 한쪽 방향으로만 흐르게 하는 밸브는?**

① 체크 밸브　② 로터리 밸브
③ 파일럿 밸브　④ 릴리프 밸브

해설 체크 밸브(Check Valve)는 역류를 방지하고, 회로 내의 잔류압력을 유지시키며, 오일의 흐름이 한쪽 방향으로만 가능하게 한다.

71 **다음 중 유압모터에 대한 설명으로 맞는 것은?**

① 유압발생장치에 속한다.
② 압력, 유량, 방향을 제어한다.
③ 직선운동을 하는 작동기(Actuator)이다.
④ 유압 에너지를 기계적 일로 변환한다.

해설 유압 모터는 이름처럼 유압 펌프와 유사한 특성을 갖는다. 따라서 유압 모터도 유압 펌프처럼 속도나 회전 방향을 바꿀 수도 있다.

72 **유압 실린더에서 실린더의 자연 낙하 현상이 발생될 수 있는 원인이 아닌 것은?**

① 작동 압력이 높을 때
② 실린더내의 피스톤 실링의 마모
③ 컨트롤 밸브 스풀의 마모
④ 릴리프 밸브의 조정불량

해설 실린더 내부의 유압이 낮은 경우 실린더의 자연낙하가 나타난다.

73 **유압모터와 유압 실린더의 설명으로 맞는 것은?**

① 모터는 회전운동, 실린더는 직선운동을 한다.
② 둘 다 왕복운동을 한다.
③ 둘 다 회전운동을 한다.
④ 모터는 직선운동, 실린더는 회전운동을 한다.

74 **유압장치에서 액추에이터의 종류에 속하지 않는 것은?**

① 감압밸브　② 유압실린더
③ 유압모터　④ 플런저 모터

해설 액추에이터(actuator)는 유압에너지를 기계적 에너지로 변환시키는 장치로 유압에너지에 의해서 직선운동을 하는 '유압실린더'와 회전운동을 하는 '유압모터'등이 있다. 플런저 모터는 피스톤 대신에 피스톤과 유사한 기능을 하는 플런저를 사용하는 모터로 이 역시 액추에이터이다.

75 **유체의 에너지를 이용하여 기계적인 일로 변환하는 기기는?**

① 스위치　② 유압모터
③ 오일탱크　④ 밸브

해설 유압 모터는 유압 펌프에서 생성된 유압 에너지를 회전 운동 형태의 기계적 에너지로 변환시키는 장치를 말한다. 즉 굴삭기와 같은 기계가 회전작업을 할 수 있도록 해주는 액추에이터(Actuator)이다.

76 **다음 중 유압 실린더의 종류가 아닌 것은?**

① 단동형　② 복동형
③ 레이디얼형　④ 다단형

해설 유압 실린더는 작동 방향에 따라 크게 단동형과 복동형으로 구분되며, 복동형에는 복동형 다단실린더도 포함된다.

77 **유압장치에서 피스톤 로드에 있는 먼지 또는 오염 물질 등이 실린더 내로 혼입되는 것을 방지하는 것은?**

① 필터(filter)
② 더스트 실(dust seal)
③ 밸브(valve)
④ 실린더 커버(cylinder cover)

해설 더스트 실(Dust seal)은 유압 피스톤 로드에 설치된 작은 부품으로 외부로부터 오염물질이 유압 실린더로 침입하는 것을 방지하는 역할을 한다.

78 **다음 보기 중 유압 실린더에서 발생되는 피스톤 자연하강현상(Cylinder Drift)의 발생 원인으로 모두 맞는 것은?**

[보기] ㄱ. 작동입력이 높은 때	ㄴ. 실린더 내부 마모
ㄷ. 컨트롤 밸브의 스풀 마모	ㄹ. 릴리프 밸브의 불량

① ㄱ, ㄴ, ㄷ　② ㄱ, ㄴ, ㄹ
③ ㄴ, ㄷ, ㄹ　④ ㄱ, ㄷ, ㄹ

79 **유압장치에서 작동체의 속도를 바꿔주는 밸브는?**

① 속도제어 밸브　② 압력제어 밸브
③ 방향제어 밸브　④ 유량제어 밸브

80 **실린더가 중력으로 인하여 제어속도 이상으로 낙하하는 것을 방지하는 밸브는?**

① 방향 제어 밸브　② 리듀싱 밸브
③ 시퀀스 밸브　④ 카운터 밸런스 밸브

81 **유압 실린더에서 피스톤 행정이 끝날 때 발생하는 충격을 흡수하기 위해 설치하는 장치는?**

① 쿠션 기구　② 감압 장치
③ 서보 밸브　④ 안전 밸브

정답 70. ① 71. ④ 72. ① 73. ① 74. ① 75. ② 76. ③ 77. ② 78. ③ 79. ④ 80. ④ 81. ①

82 가스형 축압기(어큐뮬레이터)에 가장 널리 이용되는 가스는?

① 질소 ② 수소
③ 아르곤 ④ 산소

해설 가스형 축압기에는 질소가스를 주입한다.

83 다음 중 유압 모터의 용량을 나타내는 것은?

① 입구압력당 토크
② 유압작동부 압력당 토크
③ 주입된 동력
④ 체적

84 다음 중 피스톤 모터의 특징으로 맞는 것은?

① 효율이 낮다. ② 내부 누설이 많다.
③ 고압 작동에 적합하다. ④ 구조가 간단하다.

85 유압 액추에이터(작업장치)를 교환하였을 경우, 반드시 해야 할 작업이 아닌 것은?

① 오일 교환 ② 공기빼기 작업
③ 누유점검 ④ 공회전 작업

86 어큐뮬레이터(축압기)의 사용 목적이 아닌 것은?

① 유압 회로 내의 압력 상승
② 충격압력 흡수
③ 유체의 맥동 감쇠
④ 압력 보상

87 유압 오일의 온도가 상승할 때 나타날 수 있는 결과가 아닌 것은?

① 점도 저하 ② 펌프 효율 저하
③ 오일누설의 저하 ④ 밸브류의 기능 저하

88 유압장치에서 일일 정비 점검 사항이 아닌 것은?

① 유량 점검
② 이음 부분의 누유 점검
③ 필터 점검
④ 호스의 손상과 접촉면의 점검

89 유압 건설기계의 고압호스가 자주 파열되는 원인으로 가장 적합한 것은?

① 유압펌프의 고속회전
② 오일의 점도저하
③ 릴리프 밸브의 설정압력 불량
④ 유압모터의 고속회전

해설 릴리프 밸브의 설정압력 높으면 고압호스가 자주 파열된다.

90 유압장치의 수명연장을 위해 가장 중요한 요소는?

① 오일탱크의 세척
② 오일냉각기의 점검 및 세척
③ 오일펌프의 교환
④ 오일필터의 점검 및 교환

해설 유압장치의 수명연장을 위한 가장 중요한 요소는 오일 및 오일필터의 점검 및 교환이다.

91 유압펌프의 소음발생 원인으로 틀린 것은?

① 펌프 흡입관부에서 공기가 혼입된다.
② 흡입오일 속에 기포가 있다.
③ 펌프의 회전이 너무 빠르다.
④ 펌프축의 센터와 원동기축의 센터가 일치한다.

해설 작동하는 유압 펌프 내부에 공기가 혼입되어 기포가 생성되면 압력이 불균형해지면서 이상 소음과 진동이 발생하며, 펌프의 회전이 비정상적으로 빨라질 경우도 소음의 발생 원인이 될 수 있다.

92 유압펌프에서 펌프량이 적거나 유압이 낮은 원인이 아닌 것은?

① 오일탱크에 오일이 너무 많을 때
② 펌프 흡입라인 막힘이 있을 때
③ 기어와 펌프 내벽 사이 간격이 클 때
④ 기어 옆 부분과 펌프 내벽 사이 간격이 클 때

해설 펌프 흡입라인 막혔거나·기어와 펌프 내벽 사이 간격이 클 때, 또는 기어 옆 부분과 펌프 내벽 사이 간격이 큰 경우 유압펌프에서 펌프량이 적거나 유압이 낮게 된다.

93 다음 중 기어 펌프에 대한 설명으로 틀린 것은?

① 소형이며, 구조가 간단하다.
② 플런저 펌프에 비해 흡입력이 나쁘다.
③ 플런저 펌프에 비해 효율이 낮다.
④ 초고압에는 사용이 곤란하다.

해설 기어 펌프는 펌프 본체 안에서 같은 크기의 나사가 맞물려 회전하는 구조의 펌프를 말한다. 구조가 간단하고 경제적이라 흔히 사용된다. 흡입능력이 우수하고, 회전변동과 부하 변동이 큰 상황에서도 좋은 성능을 나타낸다. 다만, 진동과 소음이 크고 수명이 짧다는 단점이 있다. 기어 펌프에는 외접기어 펌프, 내접 기어 펌프 등이 있다.

정답 82. ① 83. ① 84. ② 85. ① 86. ① 87. ③ 88. ③ 89. ③ 90. ④ 91. ④ 92. ① 93. ②

94 **유압펌프에서 사용되는 GPM의 의미는?**

① 분당 토출하는 작동유의 양
② 복동 실린더의 치수
③ 계통 내에서 형성되는 압력의 크기
④ 흐름에 대한 저항

해설 GPM(gallon per minute)은 분당 이송되는 량(갤론)을 말한다.

95 **그림의 유압 기호는 무엇을 표시하는가?**

① 오일 쿨러
② 유압 탱크
③ 유압 펌프
④ 유압 밸브

96 **그림의 유압기호가 나타내는 것은?**

① 유압 밸브
② 차단 밸브
③ 오일 탱크
④ 유압 실린더

해설 보기 그림은 오일 탱크를 나타낸다.

97 **그림과 같은 유압 기호에 해당하는 밸브는?**

① 체크 밸브
② 카운터 밸런스 밸브
③ 릴리프 밸브
④ 리듀싱 밸브

98 **그림과 같은 실린더의 명칭은?**

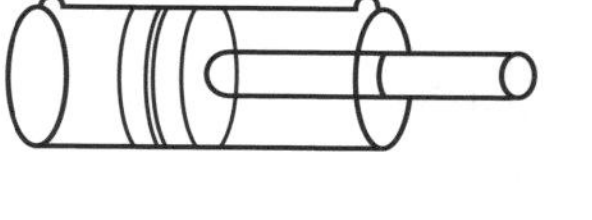

① 단동 실린더
② 단동 다단 실린더
③ 복동 실린더
④ 복동 다단 실린더

99 **유압유 작동부에서 오일이 누출되고 있을 때 가장 먼저 점검해야 할 곳은?**

① 피스톤
② 펌프
③ 기어
④ 실

해설 오일이 누설되는 것은 밀봉하는 실(Seal)이 마모되었거나 배관 등의 볼트가 느슨하게 풀어진 것이 원인이라 볼 수 있으므로 실을 먼저 점검하도록 한다.

100 **다음 중 축압기의 용도로 적합하지 않는 것은?**

① 유압 에너지의 저장
② 충격 흡수
③ 유량분배 및 제어
④ 압력 보상

해설 축압기는 고압의 유압유를 저장하는 용기로 필요에 따라 유압시스템에 유압유를 공급하거나 회로 내의 밸브를 필요에 의해 갑자기 폐쇄를 하려는 경우 맥동(Surging)의 방지를 목적으로 사용되는 장치이다.

정답 94. ① 95. ③ 96. ③ 97. ③ 98. ③ 99. ④ 100. ③

건설기계 관리법규 및 안전관리

제 5 편

건설기계 관리법규 및 안전관리

제1장. 건설기계 관련법규

1 건설기계 관리법

1. 목적 및 정의

(1) 건설기계관리법의 목적

건설기계의 등록·검사·형식 승인 및 건설기계 사업과 건설기계 조종사 면허 등에 관한 사항을 정하여 건설기계를 효율적으로 관리하고 건설기계의 안전도를 확보함으로써 건설공사의 기계화를 촉진함을 목적으로 한다.

(2) 용어의 정의

용어	정의
건설기계	건설공사에 사용할 수 있는 기계로서 대통령령이 정하는 것을 말한다.
건설기계사업	건설기계대여업·건설기계정비업·건설기계매매업 및 건설기계폐기업을 말한다.
건설기계대여업	건설기계를 대여함을 업으로 하는 것을 말한다.
건설기계정비업	건설기계를 분해·조립 또는 수리하고 그 부분품을 가공 제작·교체하는 등 건설기계의 원활한 사용을 위한 일체의 행위(경미한 정비행위 등 국토교통부령이 정하는 것을 제외한다)를 함을 업으로 하는 것을 말한다.
건설기계매매업	중고건설기계의 매매 또는 매매의 알선과 그에 따른 등록사항에 관한 변경신고의 대행을 업으로 하는 것을 말한다.
건설기계폐기업	국토교통부령이 정하는 건설기계의 장치를 그 성능을 유지할 수 없도록 해체하거나 압축·파쇄·절단 또는 용해 하는 것을 업으로 하는 것을 말한다.
중고건설기계	건설기계를 제작·조립 또는 수입한 자로부터 법률행위 또는 법률의 규정에 의하여 건설기계를 취득한 때부터 사실상 그 성능을 유지할 수 없을 때까지의 건설기계를 말한다.
건설기계형식	건설기계의 구조·규격 및 성능 등에 관하여 일정하게 정한 것을 말한다.

건설기계정비업의 범위에서 제외되는 행위

① 오일의 보충
② 에어클리너엘리먼트 및 휠터류의 교환
③ 배터리·전구의 교환
④ 타이어의 점검·정비 및 트랙의 장력 조정
⑤ 창유리의 교환

(3) 건설기계의 범위

기종	범위
1. 불도저	무한궤도 또는 타이어식인 것
2. 굴삭기	무한궤도 또는 타이어식으로 굴삭장치를 가진 자체중량 1톤 이상인 것
3. 로더	무한궤도 또는 타이어식으로 적재 장치를 가진 자체중량 2톤 이상인 것
4. 지게차	타이어식으로 들어 올림 장치를 가진 것. 다만, 전동식으로 솔리드 타이어를 부착한 것을 제외한다.
5. 스크레이퍼	흙·모래의 굴삭 및 운반 장치를 가진 자주식인 것
6. 덤프트럭	적재용량 12톤 이상인 것. 다만, 적재용량 12톤 이상 20톤 미만의 것으로 화물운송에 사용하기 위하여 자동차관리법에 의한 자동차로 등록된 것을 제외한다.
7. 기중기	무한궤도 또는 타이어식으로 강재의 지주 및 선회장치를 가진 것. 다만, 궤도(레일)식인 것을 제외한다.
8. 모터그레이더	정지장치를 가진 자주식인 것
9. 롤러	· 조종석과 전압장치를 가진 자주식인 것 · 피견인 진동식인 것
10. 노상안정기	노상안정장치를 가진 자주식인 것
11. 콘크리트 배칭 플랜트	골재저장통·계량장치 및 혼합장치를 가진 것으로서 원동기를 가진 이동식인 것
12. 콘크리트피니셔	정리 및 사상 장치를 가진 것으로 원동기를 가진 것
13. 콘크리트살포기	정리 장치를 가진 것으로 원동기를 가진 것
14. 콘크리트믹서 트럭	혼합장치를 가진 자주식인 것(재료의 투입·배출을 위한 보조 장치가 부착된 것을 포함한다)
15. 콘크리트펌프	콘크리트배송능력이 매시간당 5세제곱미터 이상으로 원동기를 가진 이동식과 트럭적재식인 것
16. 아스팔트믹싱 플랜트	골재공급 장치·건조가열장치·혼합장치·아스팔트 공급 장치를 가진 것으로 원동기를 가진 이동식인 것
17. 아스팔트피니셔	정리 및 사상 장치를 가진 것으로 원동기를 가진 것
18. 아스팔트살포기	아스팔트살포장치를 가진 자주식인 것
19. 골재살포기	골재살포장치를 가진 자주식인 것
20. 쇄석기	20킬로와트 이상의 원동기를 가진 이동식인 것
21. 공기압축기	공기토출량이 매분 당 2.83세제곱미터(매제곱센티미터당 7킬로그램 기준) 이상의 이동식인 것
22. 천공기	천공장치를 가진 자주식인 것
23. 항타 및 항발기	원동기를 가진 것으로 해머 또는 뽑는 장치의 중량이 0.5톤 이상인 것
24. 자갈채취기	자갈채취 장치를 가진 것으로 원동기를 가진 것
25. 준설선	펌프식·버킷식·디퍼식 또는 그래브식으로 비자항식인 것
26. 특수건설기계	제1호부터 제25호까지의 규정 및 제27호에 따른 건설기계와 유사한 구조 및 기능을 가진 기계류로서 국토해양부장관이 따로 정하는 것
27. 타워 크레인	수직타워의 상부에 위치한 지브를 선회시켜 중량물을 상하, 전후 또는 좌우로 이동시킬 수 있는 정격하중 3톤 이상의 것으로 원동기 또는 전동기를 가진 것

2. 등록·등록번호표와 운행

(1) 등록

건설기계의 소유자는 대통령령이 정하는 바에 따라 건설기계 소유자의 주소지 또는 건설기계의 사용 본거지를 관할하는 특별시장·광역시장 또는 시·도지사에게 건설기계 취득일로부터 2월(전시, 사변, 기타 이에 준하는 국가비상사태 하에서는 5일) 이내에 등록신청을 하여야 한다.

(2) 등록의 말소

등록된 건설기계에 대하여 다음 각 호에 해당하는 사유가 발생한 때에 건설기계의 소유자는 30일 이내(단, ⑦항 도난을 당했을 때는 2월 이내)에 시·도지사에게 등록 말소를 신청하며 시· 도지사가 직권으로 말소를 하고자 할 때에는 미리 그 뜻을 건설기계의 소유자 및 건설기계 등록원부에 등재된 이해 관계인에게 통지후 1개월이 경과한 후 직권으로 등록을 말소할 수 있다.

① 거짓이나 그 밖의 부정한 방법으로 등록을 한 경우
② 건설기계가 천재지변 또는 이에 준하는 사고 등으로 사용할 수 없게 되거나 멸실된 경우
③ 건설기계의 차대가 등록시의 차대와 다른 경우
④ 건설기계가 법규정에 따른 건설기계 안전기준에 적합하지 아니하게 된 경우
⑤ 정기검사 유효기간이 만료되어 최고를 받고 지정된 기한까지 정기검사를 받지 아니한 경우
⑥ 건설기계를 수출하는 경우
⑦ 건설기계를 도난 당한 경우
⑧ 건설기계를 폐기한 경우
⑨ 구조적 제작결함 등으로 건설기계를 제작·판매자에게 반품 한 때
⑩ 건설기계를 교육·연구목적으로 사용하는 경우

(3) 임시운행 사유

건설기계는 등록을 한 후가 아니면 이를 사용하거나 운행하지 못한다. 다만, 등록하기 전에 일시적으로 운행할 필요가 있을 경우에는 국토교통부령이 정하는 바에 따라 임시운행 번호표를 제작·부착하여야 하며, 이 경우 건설기계를 제작· 수입·조립한 자가 번호표를 제작·부착하며 임시운행 기간은 15일 이내로 한다. 단, ③항의 신개발 건설기계의 임시운행 허가기간은 3년 이내이며, 임시 운행 사유는 다음과 같은 경우이다.

① 신규등록검사 및 확인검사를 위하여 건설기계를 검사장소로 운행하는 경우
② 수출을 위해 건설기계를 선적지로 이동하는 경우
③ 신개발 건설기계를 시험연구의 목적으로 운행하는 경우
④ 판매 또는 전시를 위하여 건설기계를 일시적으로 운행하는 경우

벌칙 : 미등록 건설기계를 사용하거나 운행한 자는 2년 이하의 징역이나 2천만원 이하의 벌금을 내야 한다.

(4) 건설기계 등록번호표

① 등록된 건설기계에는 국토교통부령이 정하는 바에 의하여 시·도지사의 등록번호표 봉인자 지정을 받은 자에게서 등록 번호표의 제작, 부착과 등록번호를 새김한 후 봉인을 받아야 한다.
② 또한, 건설기계 등록이 말소되거나 등록된 사항 중 대통령령이 정하는 사항이 변경된 때에는 등록번호표의 봉인을 뗀 후 그 번호표를 10일 이내에 시·도지사에게 반납하여야 하고 누구라도 시·도지사의 새김 명령을 받지 않고 건설기계 등록번호표를 지우거나 그 식별을 곤란하게 하는 행위를 하여서는 안된다.

(5) 등록의 표시

건설기계 등록번호표에는 등록관청, 용도, 기종 및 등록번호를 표시하여야 한다. 또한, 번호표에 표시되는 모든 문자 및 외곽선은 1.5mm 튀어나와야 한다.

1) 색칠

① 자가용 : 녹색판에 흰색 문자
② 영업용 : 주황색판에 흰색 문자
③ 관용 : 흰색판에 검은색 문자

2) 등록번호

① 자가용 : 1001~4999
② 관용 : 9001~9999

(6) 기종별 기호표시

표시	기종	표시	기종
01	불도저	15	콘크리트 펌프
02	굴삭기	16	아스팔트 막싱 플랜트
03	로더	17	아스팔트 피니셔
04	지게차	18	아스팔트 살포기
05	스크레이퍼	19	골재 살포기
06	덤프 트럭	20	쇄석기
07	기중기	21	공기 압축기
08	모터 그레이더	22	천공기
09	롤러	23	항타 및 항발기
10	노상 안정기	24	사리 채취기
11	콘크리트 뱃칭 플랜트	25	준설선
12	콘크리트 피니셔	26	특수 건설기계
13	콘크리트 살포기	27	타워크레인
14	콘크리트 믹서 트럭		

지게차의 범위 : 타이어식으로 들어올림장치와 조정석을 가진 것. 다만, 전동식으로 솔리드타이어를 부착한 것 중 도로가 아닌 장소에서 운행하는 것은 제외한다.

(7) 대형 건설기계의 특별표지 부착대상

① 길이가 16.7m를 초과하는 건설기계
② 너비가 2.5m를 초과하는 건설기계
③ 높이가 4.0m를 초과하는 건설기계
④ 최소 회전 반경이 12m를 초과하는 건설기계
⑤ 총중량이 40톤을 초과하는 건설기계
⑥ 총중량 상태에서 축하중이 10톤을 초과하는 건설기계

(8) 건설기계의 좌석안전띠 및 조명장치

1) 안전띠

① 30km/h 이상의 속도를 낼 수 있는 타이어식 건설기계에는 좌석안전띠를 설치해야 한다.
② 안전띠는 사용자가 쉽게 잠그고 풀 수 있는 구조이어야 한다.
③ 안전띠는 「산업표준화법」 제15조에 따라 인증을 받은 제품이어야 한다.

2) 조명장치 : 최고속도 15km/h 미만 타이어식 건설기계에 갖추어야 하는 조명장치는 전조등, 후부반사기, 제동등이다.

3. 검사와 구조변경

(1) 건설기계 검사의 구분

건설기계의 소유자는 다음의 구분에 따른 검사를 받은 후 검사증을 교부받아 항상 당해 건설기계에 비치하여야 한다.

① 신규등록검사 : 건설기계를 신규로 등록할 때 실시하는 검사
② 정기검사 : 건설공사용 건설기계로서 3년의 범위 내에서 국토교통부령이 정하는 검사유효기간의 만료후 에 계속하여 운행 하고자 할 때 실시하는 검사
③ 구조변경검사 : 등록된 건설기계의 주요 구조를 변경 또는 개조하였을 때 실시하는 검사(사유 발생일로부터 20일 이내에 검사를 받아야 한다)
④ 수시검사 : 성능이 불량하거나 사고가 빈발하는 건설기계의 안전성 등을 점검하기 위하여 수시로 실시하는 검사와 건설기계 소유자의 신청에 의하여 실시하는 검사

해설

정기검사 유효기간

기종	구분	검사유효기간
1. 굴삭기	타이어식	1년
2. 로더	타이어식	2년
3. 지게차	1톤 이상	2년
4. 덤프 트럭	-	1년
5. 기중기	타이어식·트럭 적재식	1년
6. 모터 그레이더	-	2년
7. 콘크리트 믹서 트럭	-	1년
8. 콘크리트 펌프	트럭 적재식	1년
9. 아스팔트 살포기	-	1년
10. 천공기	트럭 적재식	2년
11. 타워크레인	-	2년
12. 그 외의 건설기계	-	3년

(2) 정기검사의 신청

① 검사 유효기간의 만료일 전후 각각 30일 이내에 신청한다.
② 건설기계 검사증 사본과 보험가입을 증명하는 서류를 시 · 도지사에게 제출하여야 한다.
③ 다만, 규정에 의하여 검사 대행을 하게 한 경우에는 검사 대행자에게 이를 제출하여야 한다.

(3) 정기검사의 연기

① 검사 유효기간 만료일까지 정기검사 연기 신청서를 제출한다.
② 연기 신청은 시·도지사 또는 검사 대행자에게 한다.
③ 검사 연기를 하는 경우 그 연기 기간은 6월 이내로 한다.

(4) 검사장에서 검사를 받아야 하는 건설기계

① 덤프 트럭
② 콘크리트 믹서 트럭
③ 트럭 적재식 콘크리트 펌프
④ 아스팔트 살포기

(5) 건설기계가 위치한 장소에서 검사를 받아야 하는 건설기계

① 도서지역에 있는 경우
② 자체 중량이 40톤을 초과하는 경우
③ 축중이 10톤을 초과하는 경우
④ 너비가 2.5m을 초과하는 경우
⑤ 최고 속도가 35km/h 미만인 건설기계의경우

(6) 건설기계의 구조변경 및 범위

1) 건설기계의 기종 변경, 육상 작업용 건설기계의 규격 증가 또는 적재함의 용량 증가를 위한 구조변경은 할 수 없다.

2) 주요 구조의 변경 및 개조의 범위
① 원동기의 형식 변경
② 동력전달 장치의 형식 변경
③ 제동 장치의 형식 변경
④ 주행 장치의 형식 변경
⑤ 유압 장치의 형식 변경
⑥ 조종 장치의 형식 변경
⑦ 조향 장치의 형식 변경
⑧ 작업 장치의 형식 변경
⑨ 건설기계의 길이·너비·높이 등의 변경
⑩ 수상작업용 건설기계의 선체의 형식 변경

4. 건설기계 조종사 면허

(1) 조종사 면허

건설기계를 조종하고자 하는 자는 시· 도지사의 건설기계 조종사 면허 또는 자동차 운전면허를 받아야 하며 건설기계 조종사 면허의 경우 해당 분야의 국가기술자격시험에 합격하여 국가기술자격증을 취득하고 적성검사에 합격한 다음 면허 발급을 시도지사에게 신청하여야 한다.

(2) 운전면허로 조종하는 건설기계(1종 대형면허)

① 덤프 트럭
② 아스팔트 살포기
③ 노상 안정기
④ 콘크리트 믹서 트럭
⑤ 콘크리트 펌프
⑥ 천공기(트럭 적재식)
⑦ 특수 건설기계 중 국토교통부장관이 지정하는 건설기계

(3) 건설기계 조종사 면허의 종류

면허의 종류	조종할 수 있는 건설기계
1. 불도저	불도저
2. 5톤 미만의 불도저(소형건설기계면허)	5톤 미만의 불도저
3. 굴삭기	굴삭기, 무한궤도식천공기(굴삭기의 몸체에 천공장치를 부착하여 제작한 천공기)
4. 3톤 미만 굴삭기(소형건설기계면허)	3톤 미만 굴삭기
5. 로더	로더
6. 3톤 미만 로더(소형건설기계면허)	3톤 미만 로더
7. 5톤 미만 로더(소형건설기계면허)	5톤 미만 로더
8. 지게차	지게차
9. 3톤 미만 지게차(소형건설기계면허)	3톤 미만 지게차
10. 기중기	기중기
11. 롤러	롤러, 모터그레이더, 스크레이퍼, 아스팔트 피니셔, 콘크리트 피니셔, 콘크리트 살포기 및 골재 살포기
12. 이동식 콘크리트펌프(소형건설기계면허)	이동식 콘크리트펌프
13. 쇄석기(소형건설기계면허)	쇄석기, 아스팔트믹싱플랜트 및 콘크리트 뱃칭 플랜트
14. 공기압축기(소형건설기계면허)	공기압축기
15. 천공기	천공기(타이어식, 무한궤도식 및 굴진식을 포함한다. 다만, 트럭적재식은 제외), 항타 및 항발기
16. 5톤 미만 천공기(소형건설기계면허)	5톤 미만의 천공기(트럭적재식은 제외)
17. 준설선(소형건설기계면허)	준설선 및 자갈채취기
18. 타워 크레인	타워 크레인
19. 3톤 미만 타워 크레인	3톤 미만의 타워 크레인

(4) 건설기계 조종사 면허의 결격 사유

① 18세 미만인 사람
② 정신병자, 지적장애인, 간질병자
③ 앞을 보지 못하는 사람, 듣지 못하는 사람 그 밖에 국토교통부령이 정하는 장애인
④ 마약·대마·향정신성의약품 또는 알코올중독자

⑤ 건설기계조종사면허가 취소된 날부터 1년이 지나지 아니하였거나 건설기계조종사면허의 효력정지처분을 받고 있는 자
⑥ 허위 기타 부정한 방법으로 면허를 받아 취소된 날로부터 2년이 경과되지 아니한 자

(5) 적성검사 기준

적성검사는 시·도지사가 지정한 의료기관, 보건소 또는 보건지소, 국·공립병원에서 발급한 신체검사서에 의하며 다음 각 호의 기준에 따른다.

① 두 눈을 동시에 뜨고 잰 시력(교정시력 포함)이 0.7 이상이고, 두 눈의 시력이 각각 0.3 이상일 것
② 55데시벨(보청기를 사용하는 사람은 40데시벨)의 소리를 들을 수 있고, 언어 분별력이 80% 이상일 것
③ 시각은 150° 이상일 것
④ 건설기계 조종상의 위험과 장애를 일으킬 수 있는 정신병자, 지적장애인, 간질병자
⑤ 앞을 보지 못하거나 듣지 못하거나, 그밖에 국토교통부령이 정하는 장애인
⑥ 마약, 대마, 향정신성 의약품 또는 알코올 중독자

(6) 건설기계 조종사 면허의 취소·정지 처분 기준

위반 사항	처분 기준
1. 거짓이나 그 밖의 부정한 방법으로 건설기계조종사면허를 받은 경우	취소
2. 건설기계조종사면허의 효력정지기간 중 건설기계를 조종한 경우	취소
3. 건설기계조종사면허를 다른 사람에게 빌려준 경우	취소
4. 건설기계 조종 중 고의 또는 과실로 중대한 사실을 일으킨 때	
가. 인명 피해	
1) 고의로 인명 피해(사망 · 중상 · 경상 등을 말한다)를 입힌 때	취소
2) 과실로 3명 이상을 사망하게 한 때	취소
3) 과실로 7명 이상에게 중상을 입힌 때	취소
4) 과실로 19명 이상에게 경상을 입힌 때	취소
5) 기타 인명 피해를 입힌 때	
① 사망 1명마다	면허효력 정지 45일
② 중상 1명마다	면허효력 정지 15일
③ 경상 1명마다	면허효력 정지 5일
나. 재산 피해/피해 금액 50만원마다	면허효력 정지 1일(90일을 넘지 못함)
다. 건설기계 조종 중 고의 또는 과실로 도시가스 사업법 제2조 제5호의 규정에 의한 가스공급 시설을 손괴하거나 가스공급시설의 기능에 장애를 입혀 가스공급을 방해한 때	면허효력 정지 180일
5. 법 제28조 제7호에 해당된 때 가. 술에 취한 상태(혈중 알코올 농도 0.03% 이상 0.08% 미만을 말한다)에서 건설기계를 조종한 때	면허효력 정지 60일
나. 술에 취한 상태에서 건설기계를 조종하다가 사고로 사람을 죽게 하거나 다치게 한 때	취소
다. 술에 만취한 상태(혈중 알코올 농도 0.08% 이상)에서 건설기계를 조종한 때	취소
라. 2회 이상 술에 취한 상태에서 건설기계를 조종하여 면허효력 정지를 받은 사실이 있는 사람이 다시 술에 취한 상태에서 건설기계를 조종한 때	취소
마. 약물(마약, 대마, 향정신성 의약품 및 유해화학물질 관리법 시행령 제26조에 따른 환각물질을 말한다)을 투여한 상태에서 건설기계를 조종한 때	취소

해설
건설기계조종사면허를 받은 사람은 술에 취하거나 마약 등 약물을 투여한 상태에서 건설기계를 조종하여서는 아니된다.

(7) 건설기계 조종사 면허증의 반납

1) 건설기계 조종사 면허를 받은 자는 사유가 발생한 날로부터 10일 이내에 주소지를 관할하는 시·도지사에게 면허증을 반납하여야 한다.

2) 면허증의 반납 사유

① 면허가 취소된 때
② 면허의 효력이 정지된 때
③ 면허증의 재교부를 받은 후 잃어버린 면허증을 발견한 때

(8) 건설기계 조종사의 신고의무

① 성명의 변경이 있는 경우 : 30일 이내에 시·도지사에게 신고 하여야 한다.
② 주소(동일 시·도 내에서의 변경 제외)의 변경이 있는 경우 : 30일 이내에 신고해야 한다.
③ 주민등록번호의 변경이 있는 경우 : 30일 이내에 신고해야 한다.
④ 국적의 변경이 있는 경우 : 30일 이내에 신고하여야 한다.
⑤ 부득이한 사유가 있는 경우 : 사유가 종료된 날로부터 30일 이내에 신고하여야 한다.
⑥ 주소 변경의 경우에는 신 거주지를 관할하는 읍·면·동장에게 신고할 수 있다.

5. 벌칙

(1) 2년 이하의 징역 또는 2천만원 이하의 벌금

① 등록되지 아니한 건설기계를 사용하거나 운행한 자
② 등록이 말소된 건설기계를 사용하거나 운행한 자
③ 시·도지사의 지정을 받지 않고 등록번호표를 제작하거나 등록번호를 새긴 자
④ 제작결함의 시정 명령을 받고 시정명령을 이행하지 아니한 자
⑤ 등록을 하지 아니하고 건설기계사업을 하거나 거짓으로 등록을 한 자
⑥ 등록이 취소되거나 사업의 전부 또는 일부가 정지된 건설기계 사업자로서 계속하여 건설기계사업을 한 자

(2) 1년 이하의 징역 또는 1천만원 이하의 벌금

① 법 규정을 위반하여 매매용 건설기계를 운행하거나 사용한 자
② 건설기계의 폐기인수 사실을 증명하는 서류의 발급을 거부하거나 거짓으로 발급한 자
③ 폐기요청을 받은 건설기계를 폐기하지 아니하거나 등록번호표를 폐기하지 아니한 자
④ 건설기계조종사면허를 받지 아니하고 건설기계를 조종한 자
⑤ 건설기계조종사면허를 거짓이나 그 밖의 부정한 방법으로 받은 자
⑥ 소형 건설기계의 조종에 관한 교육과정의 이수에 관한 증빙서류를 거짓으로 발급한 자
⑦ 건설기계조종사면허가 취소되거나 건설기계조종사면허의 효력 정지처분을 받은 후에도 건설기계를 계속하여 조종한 자
⑧ 건설기계를 도로나 타인의 토지에 버려둔 자

(3) 100만원 이하의 벌금

① 등록번호표를 부착, 봉인하지 않거나 등록번호를 새기지 아니한 자
② 등록번호를 지워 없애거나 그 식별을 곤란하게 한 자
③ 등록번호의 새김 명령을 위반한 자
④ 구조변경검사 또는 수시검사를 받지 아니한 자
⑤ 정비 명령을 이행하지 아니한 자
⑥ 형식 승인·형식 변경 승인 또는 확인 검사를 받지 않고 건설 기계의 제작 등을 한 자

⑦ 제작 등을 한 건설기계의 사후 관리에 관한 명령을 이행하지 않은 자

(4) 과태료

1) 과태료 10만원

① 건설기계 검사증을 당해 건설기계에 비치하지 않은 때
② 건설기계 조종사의 변경 신고를 허위로 한 때

2) 과태료 20만원

① 임시운행허가번호표를 부착하지 아니하고 운행한 때
② 건설기계 등록 사항의 변경 신고를 허위로 한 때
③ 등록 말소를 신청하지 않은 때

3) 기타 사항

① 과태료 40만원 : 건설기계 사업자의 변경 신고를 허위로 한 때
② 과태료 50만원 : 건설기계의 형식승인 신고를 하지 않은 때

2 도로교통법

1. 목적 및 용어

(1) 도로교통법의 목적

도로에서 일어나는 교통상의 모든 위험과 장해를 방지하고 제거하여 안전하고 원활한 교통을 확보함을 목적으로 한다.

(2) 용어의 정의

① 도로 : 도로법에 의한 도로, 유료도로법에 의한 유료도로, 농어촌도로 정비법에 따른 농어촌도로 그밖에 현실적으로 불특정 다수의 사람 또는 차마의 통행을 위하여 공개된 장소로서 안전하고 원활한 교통을 확보할 필요가 있는 장소를 말한다.
② 자동차전용도로 : 자동차만이 다닐 수 있도록 설치된 도로를 말한다.
③ 고속도로 : 자동차의 고속교통에만 사용하기 위하여 지정된 도로를 말한다.
④ 차도 : 연석선(차도와 보도를 구분하는 돌 등으로 이어진 선), 안전 표지나 그와 비슷한 공작물로써 경계를 표시하여 모든 차의 교통에 사용하도록 된 도로의 부분을 말한다.
⑤ 차로 : 차마가 한 줄로 도로의 정하여진 부분을 통행하도록 차선에 의해 구분되는 차도의 부분
⑥ 중앙선 : 차마 통행을 방향별로 명확하게 구분하기 위하여 도로에 황색 실선이나 황색 점선 등의 안전표지로 표시된 선 또는 중앙 분리대·철책·울타리 등으로 설치한 시설물
⑦ 차선 : 차로와 차로를 구분하기 위하여 그 경계 지점을 안전표지로 표시한 선
⑧ 자전거도로 : 안전표지, 위험방지용 울타리나 그와 비슷한 공작물로써 경계를 표시하여 자전거의 교통에 사용하도록 된 도로의 부분
⑨ 보도 : 연석선, 안전표지나 그와 비슷한 공작물로써 경계를 표시하여 보행자(유모차 및 행정자치부령이 정하는 신체장애인용 의자차를 포함)가 통행할 수 있도록 한 도로의 부분
⑩ 횡단보도 : 보행자가 도로를 횡단할 수 있도록 안전표지로써 표시한 도로의 부분
⑪ 교차로 : '십'자로, 'T'자로나 그밖에 둘 이상의 도로(보도와 차도가 구분되어 있는 도로에서는 차도를 말한다)가 교차하는 부분
⑫ 안전지대 : 도로를 횡단하는 보행자나 통행하는 차마의 안전을 위하여 안전표지나 그와 비슷한 공작물로써 표시한 도로의 부분
⑬ 자동차 : 철길 또는 가설된 선에 의하지 아니하고 원동기(기관)를 사용하여 운전되는 차로서 자동차관리법의 규정에 의한 승용자동차, 승합자동차, 화물자동차, 특수자동차 및 이륜자동차
⑭ 원동기장치자전거 : 2륜차로서 내연기관을 원동기로 하는 것 중 총 배기량 55cc미만의 내연기관과 이외의 것은 정격출력 0.59kW 미만의 것으로 125cc 이하의 2륜차 포함
⑮ 긴급자동차 : 소방자동차, 구급자동차, 그 밖의 대통령령이 정하는 자동차로서 그 본래의 긴급한 용도로 사용되고 있는 자동차
⑯ 주차 : 운전자가 승객을 기다리거나 화물을 싣거나 고장이나 그 밖의 사유로 인하여 차를 계속하여 정지상태에 두는 것 또는 운전자가 차로부터 떠나서 즉시 그 차를 운전할 수 없는 상태에 두는 것
⑰ 정차 : 운전자가 5분을 초과하지 아니하고 차를 정지시키는 것으로서 주차 외의 정지 상태
⑱ 운전 : 도로에서 차마를 그 본래의 사용방법에 따라 사용하는 것
⑲ 서행 : 운전자가 차를 즉시 정지시킬 수 있는 정도의 느린 속도로 진행하는 것
⑳ 일시정지 : 차의 운전자가 그 차의 바퀴를 일시적으로 정지시키는 것
㉑ 안전표지 : 교통안전에 필요한 주의·규제·지시 등을 표시하는 표지판이나 도로의 바닥에 표시하는 기호·문자 또는 선 등을 말함

(3) 신호등의 신호 순서(신호등 배열이 아님)

① 3색 신호 순서 : 녹색 → 황색 → 적색 등화순이다.
② 4색 신호 순서 : 적색 → 녹색 화살 표시 → 황색 → 녹색 → 황색 → 적색 등화순이다.

(4) 신호기의 성능 기준

① 등화의 밝기는 낮에 150미터 앞쪽에서 식별할 수 있도록 할 것
② 빛의 발산 각도는 사방으로 각각 45° 이상으로 할 것
③ 태양광선, 그 밖의 주위의 빛에 의해 그 표시가 방해받지 아니하도록 할 것

(5) 경찰관의 수신호

① 도로를 통행하는 보행자와 차마의 운전자는 교통안전시설이 표시하는 신호 또는 지시와 교통정리를 하는 국가경찰공무원(전투경찰순경 포함) 및 제주특별자치도의 자치경찰공무원이나 대통령령이 정하는 국가경찰공무원 및 자치경찰공무원을 보조하는 사람의 신호나 지시를 따라야 한다.
② 도로를 통행하는 보행자 및 모든 차마의 운전자는 교통안전시설이 표시하는 신호 또는 지시가 다른 경우에는 교통 정리를 위한 경찰공무원 등의 신호 또는 지시에 따라야 한다.

(6) 신호의 종류

① 녹색 : 직진 및 우회전
② 황색 : 보행자의 횡단을 방해하지 않는 한 우회전
③ 적색 : 직진하는 측면 교통을 방해하지 않는 한 우회전 할 수 있으며, 차마나 보행자는 정지

(7) 교통안전표지의 종류

① 주의표지 : 도로상태가 위험하거나 도로 또는 그 부근에 위험물이 있는 경우에 필요한 안전조치를 할 수 있도록 이를 도로사용자에게 알리는 표지

② 규제표지 : 도로교통의 안전을 위하여 각종 제한·금지 등의 규제를 하는 경우에 이를 도로사용자에게 알리는 표지

③ 지시표지 : 도로의 통행방법·통행구분 등 도로교통의 안전을 위하여 필요한 지시를 하는 경우에 도로사용자가 이를 따르도록 알리는 표지

④ 보조표지 : 주의표지·규제표지 또는 지시표지의 주 기능을 보충하여 도로사용자에게 알리는 표지

⑤ 노면표시 : ㉠ 도로교통의 안전을 위하여 각종 주의·규제·지시 등의 내용을 노면에 기호·문자 또는 선으로 도로사용자에게 알리는 표시
㉡ 노면표시에 사용되는 각종 선에서 점선은 허용, 실선은 제한, 복선은 의미의 강조
㉢ 노면표시의 기본 색상 중 백색은 동일방향의 교통류 분리 및 경계 표시, 황색은 반대방향의 교통류 분리 또는 도로이용의 제한 및 지시, 청색은 지정방향의 교통류 분리 표시에 사용

2. 차로의 통행·주정차 금지

(1) 차로의 설치

① 안전표지로써 특별히 진로 변경이 금지된 곳에서는 진로를 변경해서는 안 된다.
② 지방경찰청장은 도로에 차로를 설치하고자 하는 때에는 중앙선 표시를 하여야 한다.
③ 차로의 너비는 3m 이상으로 하여야 한다.
④ 가변차로의 설치 등 부득이 하다고 인정되는 때에는 275cm(2.75m) 이상으로 할 수 있다.
⑤ 차로의 횡단보도·교차로 및 철길 건널목의 부분에는 설치하지 못한다.
⑥ 도로의 양쪽에 보행자 통행의 안전을 위하여 길가장자리 구역을 설치하여야 한다.

(2) 차로별 통행구분(고속도로 외의 도로)

차로	구분	통행할 수 있는 차의 종류
편도4차로	1차로	승용자동차, 중·소형승합자동차
	2차로	
	3차로	대형승합자동차, 적재중량이 1.5톤 이하인 화물자동차
	4차로	특수자동차, 건설기계, 적재중량이 1.5톤 초과인 화물자동차, 이륜자동차, 원동기장치 자전거, 자전거 및 우마차
편도3차로	1차로	승용자동차, 중·소형승합자동차
	2차로	대형승합자동차, 적재중량이 1.5톤 이하인 화물자동차
	3차로	특수자동차, 건설기계, 적재중량이 1.5톤 초과인 화물자동차, 이륜자동차, 원동기장치 자전거, 자전거 및 우마차
편도2차로	1차로	승용자동차, 중·소형승합자동차
	2차로	대형승합자동차, 화물자동차, 특수자동차, 건설기계, 이륜자동차, 원동기장치자전거, 자전거 및 우마차

(3) 통행의 우선순위

1) 차마 서로간의 통행의 우선순위는 다음 순서에 따른다.
① 긴급자동차
② 긴급자동차 외의 자동차
③ 원동기장치 자전거
④ 자동차 및 원동기장치 자전거 외의 차마

2) 긴급자동차 외의 자동차 서로간의 통행의 우선순위는 최고속도 순서에 따른다.

3) 통행의 우선순위에 관하여 필요한 사항은 대통령령으로 정한다.

4) 비탈진 좁은 도로에서는 올라가는 자동차가 내려가는 자동차에게 도로의 우측 가장자리로 피하여 진로를 양보하여야 한다.

5) 좁은 도로 또는 비탈진 좁은 도로에서는 빈 자동차가 도로의 우측 가장자리로 진로를 양보하여야 한다.

(4) 이상기후시의 운행속도

운행속도	도로의 상태
최고속도의 20/100을 줄인 속도	· 비가 내려 노면이 젖어 있는 경우 · 눈이 20mm 미만 쌓인 경우
최고속도의 50/100을 줄인 속도	폭우, 폭설, 안개 등으로 가시거리가 100m 이내인 경우 · 노면이 얼어 붙은 경우 · 눈이 20mm 이상 쌓인 경우

(5) 앞지르기 금지 장소

① 교차로 및 터널 안, 다리 위
② 비탈길의 고갯마루 부근
③ 가파른 비탈길의 내리막
④ 도로의 구부러진 부근
⑤ 시·도지사가 지정한 장소

(6) 앞지르기 금지 시기

① 앞차의 좌측에 다른 차가 앞차와 나란히 가고 있는 경우 앞차를 앞지르지 못한다.
② 앞차가 다른 차를 앞지르고 있거나 앞지르려고 하는 경우 그 앞차를 앞지르지 못한다.
③ 경찰공무원의 지시에 따라 정지 또는 서행하고 있는 차를 앞지르지 못한다.
④ 위험을 방지하기 위하여 정지 또는 서행하고 있는 차를 앞지르지 못한다.

(7) 철길 건널목의 통과

1) 모든 차는 건널목 앞에서 일시 정지를 하여 안전함을 확인한후에 통과하여야 한다.
2) 신호기 등이 표시하는 신호에 따르는 때에는 정지하지 않고 통과할 수 있다.
3) 건널목의 차단기가 내려져 있거나 내려지려고 하는 때 또는 건널목의 경보기가 울리고 있는 동안에는 그 건널목으로 들어가서는 안된다.
4) 고장 그 밖의 사유로 인하여 건널목 안에서 차를 운행할 수 없게된 때의 조치
① 즉시 승객을 대피시키고 비상 신호기 등을 사용하여 알린다.
② 철도공무원 또는 경찰공무원에게 알린다.
③ 차량을 건널목 외의 곳으로 이동시키기 위한 필요한 조치를 하여야 한다.

(8) 서행할 장소

① 교통정리가 행하여지고 있지 아니하는 교차로
② 도로가 구부러진 부근
③ 비탈길의 고갯마루 부근
④ 가파른 비탈길의 내리막
⑤ 지방경찰청장이 안전표지에 의하여 지정한 곳

(9) 일시 정지할 장소

① 교통정리가 행하여지고 있지 아니하고 좌·우를 확인할 수 없거나 교통이 빈번한 교차로 진입 시
② 지방경찰청장이 필요하다고 인정하여 일시정지 표지에 의하여 지정한 곳
③ 어린이가 보호자 없이 도로를 횡단하는 때, 도로에서 앉아 있거나 서 있는 때 또는 놀이를 하는 때 등 어린이에 대한 교통사고의 위험이 있는 것을 발견한 때
④ 앞을 보지 못하는 사람이 흰색 지팡이를 가지거나 맹도견을 동반하고 도로를 횡단하고 있는 때 또는 지하도·육교 등 도로횡단시설을 이용할 수 없는 지체장애인이 도로를 횡단하고 있는 때

(10) 주·정차금지 장소

① 차도와 보도가 구분된 도로의 보도(단, 노상 주차장은 예외)
② 교차로와 그 가장자리로부터 5m 이내의 곳
③ 도로의 모퉁이로부터 5m 이내의 곳
④ 횡단보도와 그 횡단보도로부터 10m 이내의 곳
⑤ 건널목과 그 건널목으로부터 10m 이내의 곳
⑥ 안전지대 사방으로부터 10m 이내의 곳
⑦ 버스의 운행시간 중 버스정류장을 표시하는 기둥, 판, 선이 설치된 곳으로부터 10m 이내의 곳

(11) 주차금지 장소

① 터널 안 또는 다리 위
② 화재경보기로부터 3m 이내의 곳
③ 소방용 기계나 기구가 설치된 곳으로부터 5m 이내의 곳
④ 소방용 방화물통으로부터 5m 이내의 곳
⑤ 소화전이나 소방용 방화물통의 흡수구·흡수관을 넣은 구멍으로부터 5m 이내의 곳
⑥ 도로공사를 하고 있는 경우에는 그 공사구역의 양쪽 가장자리 5m 이내의 곳
⑦ 지방경찰청장이 안전표지로 지정한 곳

3. 등화 및 운전면허

(1) 운전할 수 있는 차량의 종류

운전면허		운전할 수 있는 차량
종류	구분	
제1종	대형면허	·승용자동차·승합자동차·화물자동차·긴급자동차 ·건설기계 -덤프트럭, 아스팔트살포기, 노상안전기 - 콘크리트믹서트럭, 콘크리트펌프, 천공기(트럭 적재식) - 콘크리트믹서트레일러, 아스팔트콘크리트재생기 - 도로보수트럭, 3톤 미만의 지게차 ·특수자동차(트레일러 및 레커는 제외) ·원동기장치자전거
	보통면허	·승용자동차·15인 이하의 승합자동차 ·적재중량 12톤 미만의 화물자동차 ·12인 이하의 긴급자동차(승용 및 승합자동차에 한함) ·건설기계(도로를 운행하는 3톤 미만의 지게차에 한함) ·총중량 10톤 미만의 특수자동차(트레일러, 레커 제외) ·원동기장치자전거
제2종	보통면허	·승용자동차(승차정원 10인 이하의 승합자동차 포함) ·적재중량 4톤 이하의 화물자동차·원동기장치 자전거 ·총중량 3.5톤 이하의 특수자동차(트레일러, 레커 제외)
	소형면허	·이륜자동차(총배기량 125cc 초과, 측차부 포함) ·원동기장치자전거

(2) 자동차의 등화

① 모든 차가 밤에 도로에 있을 때는 대통령령이 정하는 바에 의하여 전조등, 차폭등, 미등 그 밖의 등화를 켜야 하며, 밤이란 해가 진 후부터 해가 뜨기 전까지를 말한다.
② 차가 야간에 서로 마주보고 진행하거나 앞차의 바로 뒤를 따라가는 경우에는 등화의 밝기를 줄이거나 또는 일시적으로 등화를 끄는 등의 필요한 조작을 하여야 한다.

(3) 도로를 통행할 때의 등화(야간)

① 자동차 : 전조등, 차폭등, 미등, 번호등, 실내조명등
② 견인되는 차 : 미등, 차폭등 및 번호등
③ 야간 주차 또는 정차할 때 : 미등, 차폭등
④ 안개 등 장애로 100m 이내의 장애물을 확인할 수 없을 때 : 야간에 준하는 등화

(4) 교통사고 발생시 조치

① 차의 운전 등 교통으로 인하여 사람을 사상하거나 물건을 손괴한 때는 그 차의 운전자 및 승무원은 즉시 정차하여 사상자를 구호하는 등 필요한 조치를 해야 한다.
② 그 차의 운전자 등은 경찰공무원이 현장에 있을 때는 그 경찰 공무원에게, 경찰공무원이 없을 때는 가장 가까운 경찰관서에 지체없이 사고가 일어난 곳, 사상자 수 및 부상 정도, 손괴한 물건 및 손괴 정도, 그 밖의 조치 상황 등을 신속히 신고해야 한다.
③ 사고발생의 신고를 받은 경찰공무원은 부상자의 구호 및 그 밖에의 교통의 위험방지상 필요한 경우 그 신고를 한 운전자등에 대하여 경찰공무원이 현장에 도착할 때까지 현장에서 대기할 것을 명할 수 있다.
④ 경찰공무원은 현장에서 교통사고를 낸 차의 운전자 등에 대하여 부상자 구호와 교통안정상 필요한 지시를 명할 수 있다.
⑤ 긴급자동차 또는 부상자를 운반 중인 차 및 우편물 자동차 등의 운전자는 긴급한 경우에 승무원으로 하여금 교통사고 조치 또는 신고를 하게 하고 운전을 계속할 수 있다.

(5) 술에 취한 상태에서의 운전금지

① 누구든지 술에 취한 상태에서 자동차 등(건설기계를 포함)을 운전하여서는 안된다.
② 운전이 금지되는 술에 취한 상태의 기준은 혈중 알코올농도 0.03% 이상으로 한다.

해설

술에 만취한 상태 : 혈중 알코올 농도 0.08% 이상

제2장. 안전관리

1 산업안전

1. 산업안전일반

안전관리는 산업재해를 예방하기 위한 기술적, 제도적, 관리적 수단과 방법이라 하겠다. 즉 인간의 불안전한 행동과 조건 등 따르는 위험요소가 존재하지 못하도록 인간, 장비, 시설 등을 기술적으로 관리하고 통제하는 수단이며, 사고의 원인을 분석해 보면 물적 원인(불안전한 환경 등)보다는 인위적 원인(불안전한 행위)에 의한 사고가 대부분이다.

(1) 사고원인 발생분석(미국안전협회)

불안전한 행위(88%)	불안전한 환경(10%)	불가항력(2%)
① 안전수칙의 무시 ② 불안전한 작업행동 ③ 방심(태만) ④ 기량의 부족 ⑤ 불안전한 위치 ⑥ 신체조건의 불량 ⑦ 주위 산만 ⑧ 업무량의 과다 ⑨ 무관심	① 기계·설비의 결함 ② 기계 기능의 불량 ③ 안전장치의 결여 ④ 환기·조명의 불량 ⑤ 개인의 위생 불량 ⑥ 작업표준의 불량 ⑦ 부적당한 배치 ⑧ 보호구의 불량	① 천재지변 ② 인간의 한계 ③ 기계의 한계

(2) 재해율 계산

① **연천인율** : 근로자 1,000명당 1년간에 발생하는 재해자 수를 뜻한다.

$$연천인율 = \frac{재해지수}{평균\ 근로자수} \times 1{,}000$$

② **도수율(빈도율)** : 도수율은 연 100만 근로시간당 몇 건의 재해가 발생했는가를 나타낸다.

$$도수율 = \frac{재해지수}{연근로\ 시간수} \times 1{,}000{,}000$$

③ **연천인율과 도수율의 관계** : 연천인율과 도수율의 관계는 그 계산기준이 다르기 때문에 정확히 환산하기는 어려우나 재해 발생율을 서로 비교하려 할 경우 다음 식이 성립한다.

$$연천인율 = 도수율 \times 2.4 \quad 또는,\quad 도수율 = \frac{연천인율}{24}$$

④ **강도율** : 산업재해의 경중의 정도를 알기 위해 많이 사용되며, 근로시간 1,000시간당 발생한 근로손실 일수를 뜻한다.

$$강도율 = \frac{근로\ 손실일수}{연근로\ 시간수} \times 1{,}000$$

2. 산업재해

근로자들이 일을 하는 과정에서 입은 신체적 피해나 정신적 피해를 산업 재해라고 하며 부상, 질병, 사망, 직업병 등이 포함된다. 산업재해는 모든 산업 분야에서 발생할 수 있다.

(1) 사고의 발생요인

재해를 일으키는 사고의 발생요인은 크게 직접적인 요인과 간접적인 요인 두 가지로 구분한다. 직접적인 요인은 불안전한 상태와 불안전한 행동이 있으며, 간접적인 요인에는 사회적 환경, 개인적 결함, 유전적인 요인 등이 있다.

(2) 산업재해 부상의 종류

① 무상해란 응급처치 이하의 상처로 작업에 종사하면서 치료를 받는 상해 정도이다.
② 응급조치 상해란 1일 미만의 치료를 받고 다음부터 정상작업에 임할 수 있는 정도의 상해이다.
③ 경상해란 부상으로 1일 이상 14일 이하의 노동 상실을 가져온 상해정도이다.
④ 중상해란 부상으로 2주 이상 노동손실을 가져온 상해정도이다.

(3) 재해가 발생하였을 때 조치순서

운전정지 → 피해자 구조 → 응급처치 → 2차 재해방지

(4) 사고가 발생하는 원인

① 안전장치 및 보호 장치가 잘되어 있지 않을 때
② 적합한 공구를 사용하지 않을 때
③ 정리정돈 및 조명장치가 잘되어 있지 않을 때
④ 기계 및 기계장치가 너무 좁은 장소에 설치되어 있을 때

(5) 재해예방 4원칙

① 손실우연의 법칙 : 사고로 인한 상해의 종류 및 정도는 우연적이다.
② 원인계기의 원칙 : 사고는 여러 가지 원인이 연속적으로 연계되어 일어난다.
③ 예방가능의 원칙 : 사고는 예방이 가능하다.
④ 대책선정의 원칙 : 사고예방을 위한 안전대책이 선정되고 적용되어야 한다.

3. 안전표지와 색채

(1) 안전표지의 종류

안전표지는 산업현장, 공장, 광산, 건설현장, 차량, 선박 등의 안전을 유지하기 위하여 사용한다.

① 금지표지 : 출입금지, 보행금지, 차량통행금지, 사용금지, 탑승금지, 금연, 화기금지, 물체이동금지 등으로 흰색 바탕에 기본모형은 자색, 부호 및 그림은 검정색이다.

② 경고표지 : 인화성물질 경고, 산화성물질 경고, 폭발성물질 경고, 급성독성물질 경고, 부식성물질 경고, 방사성물질 경고, 고압전기 경고, 매달린 물체 경고, 낙하물 경고, 고온 경고, 저온 경고, 몸균형 상실 경고, 레이저광선 경고, 발암성·변이원성·생식독성·전신독성·호흡기 과민성물질 경고, 위험장소 경고 등으로 노란색 바탕에 기본모형 관련 부호 및 그림은 검정색이다.

③ 지시표지 : 보안경 착용, 방독마스크 착용, 방진마스크 착용, 보안면 착용, 안전모 착용, 귀마개 착용, 안전화 착용, 안전장갑 착용, 안전복 착용으로 파란색 바탕에 관련 그림은 흰색으로 나타낸다.

④ 안내표지 : 녹십자표지, 응급구호표지, 들것, 세안장치, 비상용 기구, 비상구, 좌측 비상구, 우측 비상구가 있는데 흰색 바탕에 기본모형 및 관련부호는 녹색, 녹색 바탕에 관련 부호 및 그림은 흰색으로 나타낸다.

(2) 색채의 이용

작업현장에서 많이 사용되는 안전표지의 색채에는 다음과 같은 것이 있다.

① 빨간색 : 화재 방지에 관계되는 물건에 나타내는 색으로 방화표시, 소화전, 소화기, 화재경보기 등이 있으며 정지표지로 긴급정지버튼, 정지신호, 통행금지, 출입금지 등이 있다.

② 주황색 : 재해나 상해가 발생하는 장소에 위험표지로 사용, 뚜껑 없는 스위치, 스위치 박스, 뚜껑의 내면, 기계 안전커버의 외면, 노출 톱니바퀴의 내면, 항공·선박의 시설 등에 사용된다.

③ 노란색 : 충돌·추락주의 표시, 크레인의 훅, 낮은 보, 충돌의 위험이 있는 기둥, 피트의 끝, 바닥의 돌출물, 계단의디딤면 등에 사용된다.

④ 청색 : 함부로 조작하면 안 되는 곳, 수리중의 운휴 정지장소를 표시하는 표지, 전기스위치의 외부표시 등에 사용된다.

⑤ 녹색 : 위험, 구급장소를 나타낸다. 대피장소 또는 방향을 표시하는 표지, 비상구, 안전위생 지도표지, 진행 등에 사용된다.

⑥ 흰색 : 통로의 표지, 방향지시, 통로의 구획선, 물품 두는 장소, 보조색으로서 방화 등에 사용된다.

⑦ 흑색 : 주의, 위험표지의 글자, 보조색(빨강이나 노랑에 대한)등에 사용된다.

⑧ 보라색 : 방사능 등의 표시에 사용된다.

2 전기공사

1. 전기공사 관련 작업 안전

(1) 전기사고 발생 요인

① 전열기·조명기구 등의 과열로 주위 가연물에 착화되는 경우
② 배선의 과열로 전선피복에 착화되는 경우
③ 전동기, 변압기 등 전기기기의 과열
④ 선간단락, 누전, 정전기 등

(2) 건설현장의 전기기계·기구의 사용 위험요인

① 건설현장은 습기가 많고, 침수 우려가 많다.
② 전기사용 공구의 전원 케이블 손상이 많다.
③ 작업장소가 높거나 위험한 곳이 많다.
④ 작업장소와 분전반 사이의 거리가 멀다.
⑤ 작업자가 감전 위험에 대한 상식이 매우 부족하다.
⑥ 많은 작업자가 전동공구를 사용한다.

(3) 고압선 관련 유의사항

① 차도에서 전력 케이블은 지표면 아래 약 1.2~1.5m 의 깊이에 매설되어 있다.
② 건설기계로 작업 중 고압 전선에 근접 접촉으로 인한 사고 유형에는 감전, 화재, 화상 등이 있다.

③ 전력 케이블에 사용되는 관로(파이프)에는 흄관, 강관, 파형PE관 등이 있다.
④ 한국전력 맨홀 부근에서 굴착 작업을 하다가 맨홀과 연결된 동선(銅線)을 절단하였을 때에는 절단된 채로 그냥 둔 뒤 한국 전력에 연락한다.
⑤ 콘크리트 전주 주변에서 굴착 작업을 할 때에 전주 및 지선 주위를 굴착하면 전주가 쓰러지기 쉬우므로 굴착해서는 안 된다.

(4) 지중전선로의 시설

① 지중전선로는 전선에 케이블을 사용하고 또한 관로식·암거식(暗渠式) 또는 직접 매설식에 의하여 시설하여야 한다.

② 지중전선로를 관로식 또는 암거식에 의하여 시설하는 경우에는 견고하고 차량 기타 중량물의 압력에 견디는 것을 사용하여야 한다.

③ 지중전선로를 직접 매설식에 의하여 시설하는 경우에는 매설 깊이를 차량 기타 중량물의 압력을 받을 우려가 있는 장소에는 1.2m이상, 기타 장소에는 60cm 이상으로 하고 또한 지중전선을 견고한 트라프(trough)나 기타 방호물에 넣어 시설하여야 한다.

(5) 콘크리트 전주 위에 있는 주상변압기

① 주상변압기 연결선의 고압측은 위측이다.
② 주상변압기 연결선의 저압측은 아래측이다.
③ 변압기는 전압을 변경하는 역할을 한다.

(6) 안전 이격거리와 애자수

① 전압이 높을수록 커진다.
② 1개 틀의 애자수가 많을수록 커진다.
③ 일반적으로 전선이 굵으수록 커진다.
④ 애자수 2~3개(22.9kV)
⑤ 애자수 4~5개(66kV)
⑥ 애자수 9~11개(154kV)

(7) 작업시 유의사항

① 전력선 밑에서 굴착 작업을 하기 전의 조치사항은 작업 안전원을 배치하여 안전원의 지시에 따라 작업한다.

② 굴착 장비를 이용하여 도로 굴착 작업 중 "고압선 위험" 표지시트가 발견되었을 경우에는 표지 시트 직하(直下)에 전력 케이블이 묻혀 있다.

③ 전선로 부근에서 굴착 작업으로 인해 수목(樹木)이 전선로에 넘어지는 사고가 발생하였을 때의 조치는 기중기에 마닐라 로프를 연결하여 수목을 당겨서 제거하여야 한다.

④ 고압 선로 주변에서 건설기계에 의한 작업 중 고압선로 또는 지지물에 가장 접촉이 많은 부분은 권상 로프와 붐대이다.

(8) 154,000V라는 표시찰이 부착된 철탑 근처 작업시 주의사항

① 철탑 기초에서 충분히 이격하여 굴착한다.
② 전선이 바람에 흔들리는 것을 고려하여 접근 금지 로프를 설치한다.
③ 전선에 최소한 3m 이내로 접근되지 않도록 한다.
④ 철탑 기초 주변 흙이 무너지지 않도록 한다.

(9) 전선로 주변에서 작업을 할 때 주의할 사항

① 굴삭 작업을 할 때에는 붐이 전선에 근접되지 않도록 주의하여야 한다.
② 전선은 바람에 의해 흔들리게 되므로 이를 고려하여 이격거리를 증가시켜 작업해야 한다.
③ 전선이 바람에 흔들리는 정도에 바람이 강할수록 많이 흔들린다.

④ 전선은 철탑 또는 전주에서 멀어질수록 많이 흔들린다.
⑤ 디퍼(버킷)는 고압선으로부터 10m 이상 떨어져서 작업한다.
⑥ 붐 및 디퍼는 최대로 펼쳤을 때 전력선과 10m 이상 이격된 거리에서 작업한다.
⑦ 작업 감시자를 배치 후, 전력선 인근에서는 작업 감시자의 지시에 따른다.

2. 전선 및 기구 설치

(1) 전선의 종류

1) 동선 : 연동선(옥내 배선용), 경동선(옥외 배선용)이 있다.
2) 나전선 : 절연물에 대한 유전체 손이 적어 높은 전압에 유리하다.
3) 절연 전선 : 고무, 비닐, 폴리에틸렌 등을 외부에 입힌 선이다.
4) 바인드 선 : 철선에 아연 도금을, 연동선에 주석 도금을 한 것으로 전선을 애자에 묶을 때 사용하며 굵기는 0.8, 0.9, 1.2mm 등이 있다.
5) 케이블
① 저압용 : 비금속 케이블, 고무 외장 케이블, 비닐 외장 케이블, 클로로프렌 외장 케이블, 플렉시블 외장 케이블, 연피케이블, 주트권 연피 케이블, 강대 외장 연피 케이블
② 고압용 : 비닐 외장 케이블, 클로로프렌 외장 케이블, 연피 케이블, 주트권 연피 케이블, 강대 외장 케이블

(2) 접지 공사의 시설 방법

① 접지극은 지하 75cm 이상의 깊이에 매설
② 철주의 밑면에서 30cm 이상의 깊이에 매설하거나 금속체로부터 1m 이상 떼어 설치(금속체에 따라 시설)
③ 접지선은 지하 75cm~지표상 2m 이상의 합성 수지관 몰드로 덮을 것

(3) 감전의 방지

감전기기 내에서 절연 파괴가 생기면, 기기의 금속제 외함은 충전되어 대지 전압을 가진다. 여기에 사람이 접촉하면 인체를 통하여 대지로 전류가 흘러 감전되므로, 금속제 외함을 접지하여 대지 전압을 가지지 않도록 한다.

(4) 감전재해 발생 시 조치단계

구분	대상
전원상태확인	2차 재해를 방지하기 위해서는 재해자가 고장난 기기나 벗겨진 전선에 직접 또는 누전된 기기 등의 외부에 간접적으로 접촉되어 있지는 않는지 확인 후 접근하다.
재해자의 상태 관찰	감전사고는 다른 사고와는 달리 감전되는 순간 심장 또는 호흡이 정지되는 경우가 많으므로, 호흡상태·맥박상태 등을 신속하고 정확하게 관찰하도록 한다.
신속한 응급처치	관찰한 결과 의식이 없거나 호흡·심장이 정지했을 경우, 또 출혈이 심할 경우에는 관찰을 중지하고 즉시 필요한 인공호흡·심장마사지 등의 응급조치를 시행한다.
재해자의 구출	재해자를 구조하기 전에 먼저 전원스위치를 내리고, 재해자를 안전한 장소로 대피시킨 후 재해자의 상태 확인한 후 의료기관에 신고를 하도록 한다.

(5) 감전예방대책

① 전기기기 및 배선 등의 모든 충전부는 노출시키지 않는다.
② 젖은 손으로 전기기기를 만지지 않는다.
③ 전기기기 사용 시에는 반드시 접지를 시킨다.
④ 물기 있는 곳에서는 전기기기를 사용하지 않는다.
⑤ 누전차단기를 설치하여 감전 사고 시 재해를 예방한다.
⑥ 불량하거나 고장난 전기기기는 사용하지 않는다.

(6) 주상 기구의 설치

변압기를 전봇대에 설치할 경우 시가지 내에서는 4.5m, 시가지 외에서는 4m 위치에 설치하여야 한다.

3 도시가스 작업

1. 가스배관 작업기준

(1) 노출된 가스배관의 안전조치

1) 노출된 가스배관의 길이가 15m 이상인 경우에는 점검통로 및 조명시설을 다음과 같이 설치하여야 한다.
① 점검통로의 폭은 점검자의 통행이 가능한 80cm 이상으로 하고, 발판은 사람의 통행에 지장이 없는 각목 등으로 설치하여야 한다.
② 가드레일을 0.9m 이상의 높이로 설치하여야 한다.
③ 점검통로는 가스배관에서 가능한 한 가깝게 설치하되 원칙적으로 가스배관으로부터 수평거리 1m 이내에 설치하여야 한다.
④ 가스배관 양끝단부 및 곡관은 항상 관찰이 가능하도록 점검통로를 설치하여야 한다.
⑤ 조명은 70Lux 이상을 원칙적으로 유지하여야 한다.

2) 노출된 가스배관의 길이가 20m 이상인 경우에는 다음과 같이 가스누출경보기 등을 설치해야 한다.
① 매 20m 마다 가스누출경보기를 설치하고 현장관계자가 상주하는 장소에 경보음이 전달되도록 설치하여야 한다.
② 작업장에는 현장여건에 맞는 경광등을 설치하여야 한다.

3) 굴착으로 주위가 노출된 고압배관의 길이가 100m 이상인 것은 배관 손상으로 인한 가스누출 등 위급한 상황이 발생한 때에 그 배관에 유입되는 가스를 신속히 차단할 수 있도록 노출된 배관 양 끝에 차단장치를 설치하여야 한다.

(2) 가스배관의 표시

① 배관의 외부에 사용 가스명· 최고 사용 압력 및 가스의 흐름 방향을 표시할 것. 다만 지하에 매설하는 경우에는 흐름방향을 표시하지 아니할 수 있다.
② 가스배관의 표면 색상은 지상 배관을 황색으로, 매설 배관은 최고 사용 압력이 저압인 배관은 황색, 중압인 배관은 적색으로 하여야 한다.
③ 배관의 노출 부분의 길이가 50m를 넘는 경우에는 그 부분에 대하여 온도 변화에 의한 배관 길이의 변화를 흡수 또는 분산 시키는 조치를 하여야 한다.

(3) 가스배관의 도로 매설

① 원칙적으로 자동차 등의 하중의 영향이 적은 곳에 매설할 것
② 배관의 그 외면으로부터 도로의 경계까지 1m 이상의 수평거리를 유지할 것

③ 배관은 그 외면으로부터 도로 밑의 다른 시설물과 0.3m 이상의 거리를 유지할 것

④ 시가지의 도로 밑에 매설하는 경우에는 노면으로부터 배관의 외면까지의 깊이를 1.5m 이상으로 할 것. 다만, 방호구조물 안에 설치하는 경우에는 노면으로부터 그 방호구조물의 외면까지의 깊이를 1.2m 이상으로 할 수 있다.

⑤ 포장이 되어 있는 차도에 매설하는 경우에는 그 포장부분의 노반(차단층이 있는 경우에는 그 차단층)의 밑에 매설하고 배관의 외면과 노반의 최하부와의 거리는 0.5m 이상으로 할 것

⑥ 인도· 보도 등 노면 외의 도로 밑에 매설하는 경우에는 지표면으로부터 배관의 외면까지의 깊이는 1.2m 이상으로 할 것. 다만, 방호구조물 안에 설치하는 경우에는 그 방호구조물의 외면까지의 깊이를 0.6m 이상으로 할 것

2. 가스배관 안전관리

(1) 타공사시 가스배관 손상방지

① 가스배관과 수평거리 2m 이내에서 파일 박기를 하고자 할 경우 도시가스사업자의 입회 하에 시험 굴착 후 시행할 것

② 가스배관의 수평거리가 30cm 이내일 경우 파일 박기를 하지 말 것

③ 항타기는 가스배관과 수평거리가 2m 이상 되는 곳에 설치할 것. 다만, 부득이 하여 수평거리 2m 이내에 설치할 때는 하중진동을 완화할 수 있는 조치를 할 것

④ 파일을 뺀 자리는 충분히 메울 것

⑤ 가스배관 주위를 굴착하고자 할 때는 가스배관의 좌우 1m 이내의 부분은 반드시 인력으로 굴착할 것

⑥ 가스배관 주위에 발파 작업을 하는 경우에는 도시가스사업자의 입회하에 충분한 대책을 강구한 후 실시할 것

⑦ 가스배관에 근접하여 굴착할 때에는 주위에 가스배관의 부속 시설물이 있을 경우 작업으로 인한 이탈 및 손상방지에 주의할 것

⑧ 가스배관의 위치를 파악한 경우 가스배관의 위치를 알리는 표지판을 부착할 것

(2) 굴착 작업시 유의사항

1) 사전에 도시가스 배관 확인 및 굴착 전 도시가스사 입회 요청

① 라인마크(Line Mark) 확인 : 배관 길이 50m 마다 1개 설치

② 배관 표지판 : 배관 길이 500m 마다 1개 설치

③ 전기방식 측정용 터미널 박스(T/B)

④ 밸브 박스

⑤ 주변 건물에 도시가스 공급을 위한 입상 배관

⑥ 도시가스 배관 설치 도면

2) 작업 중 다음의 경우 수작업(굴착기계 사용 금지) 실시

① 보호포가 나타났을 때(적색 또는 황색 비닐 시트)

② 모래가 나타났을 때

③ 보호판이 나타났을 때

④ 적색 또는 황색의 가스배관이 나타났을 때

(3) 굴착시 확인 및 조치사항

1) 가스배관의 매설 위치 확인 및 조치

① 배관 도면, 탐지기 또는 시험 굴착 등으로 확인

② 가스배관의 위치 및 관경을 스프레이, 깃발 등으로 노면에 표시

③ 타공사 자재 등에 의한 가스배관의 충격, 손상, 하중 방지

2) 가스배관의 좌우 1m 이내의 부분은 인력으로 신중히 굴착

3) 가스배관에 부속 시설물이 있을 경우 작업으로 인한 이탈 및 손상 방지(밸브 수취기, 전기방식 설비 등)

(4) 굴착공사 종류별 작업방법 중 파일박기 및 빼기작업

① 공사착공 전에 도시가스사업자와 현장 협의를 통하여 공사 장소, 공사 기간 및 안전조치에 관하여 서로 확인할 것

② 도시가스배관과 수평 최단거리 2m 이내에서 파일박기를 하는 경우에는 도시가스사업자의 입회 아래 시험굴착으로 도시가스배관의 위치를 정확히 확인할 것

③ 도시가스배관의 위치를 파악한 경우에는 도시가스배관의 위치를 알리는 표지판을 설치할 것

④ 도시가스배관과 수평거리 30cm 이내에서는 파일박기를 하지 말 것

⑤ 항타기는 도시가스배관과 수평거리가 2m 이상 되는 곳에 설치할 것. 다만, 부득이하여 수평거리 2m 이내에 설치할 때에는 하중진동을 완화할 수 있는 조치를 할 것

⑥ 파일을 뺀 자리는 충분히 메울 것

(5) 파일 및 방호판 타설시 조치사항

① 가스배관과 수평거리 30cm 이내 타설 금지

② 항타기는 가스배관과 수평거리 2m 이상 이격

③ 가스배관과 수평거리 2m 이내 타설시 도시가스사업자 입회하에 시험 굴착 후 시행

④ 가스배관과 기타 공작물의 충분한 이격거리 유지

⑤ 가스배관 노출시 중량물의 낙하, 충격 등으로 인한 손상 방지

⑥ 순찰 및 긴급시 출입 방안 강구(점검 통로 설치 등)

(6) 가스배관 파손시 긴급조치 요령

① 천공기 등으로 도시가스 배관을 손상시켰을(뚫었을) 경우에는 천공기를 빼지 말고 그대로 둔 상태에서 기계를 정지시킨다.

② 누출되는 가스배관의 지표면에 설치된 라인마크 등을 확인하여 전잔 밸브를 차단하고 도시가스 사업자에게 신고한다.

③ 주변의 차량 및 사람을 통제하고 경찰서, 소방서, 한국가스안전공사에 연락한다.

(7) 벌칙 관련 기준

1) 도시가스사업법 관련 벌칙

① 가스배관 손상방지기준 미준수 : 2년 이하의 징역 또는 2,000만원 이하의 벌금

② 도시가스 사업자와 협의없이 도로를 굴착한 자 : 2년 이하의 징역 또는 2,000만원 이하의 벌금

③ 가스공급시설 손괴, 기능장애 유발로 가스공급 방해 : 10년 이하의 징역 또는 1억원 이하의 벌금

④ 가스공급시설 손괴로 인한 인명 피해 : 무기 또는 3년 이상의 징역

⑤ 업무상 과실로 인한 가스공급 방해 : 10년 이하의 금고 또는 1억원 이하의 벌금

⑥ 사업자 승낙없이 가스공급시설 조작으로 인한 가스공급 방해 : 1년 이하의 징역 또는 1,000만원 이하의 벌금

2) 가스배관 지하매설 심도

① 공동주택 등의 부지 내에서는 0.6m 이상
② 폭 8m 이상의 도로에서는 1.2m 이상. 다만, 최고 사용 압력이 저압인 배관에서 횡으로 분기하여 수요자에게 직접 연결되는 배관의 경우 1m 이상
③ 폭 4m 이상 8m 미만인 도로에서는 1m 이상. 다만 최고 사용 압력이 저압인 배관에서 횡으로 분기하여 수요자에게 직접 연결되는 배관의 경우 0.8m 이상
④ 상기에 해당하지 아니하는 곳에서는 0.8m 이상. 다만 암반 등에 의하여 매설 깊이 유지가 곤란하다고 허가 관청이 인정하는 경우에는 0.6m 이상

3) 가스배관의 표시 및 부식 방지조치

① 배관은 그 외부에 사용 가스명, 최고 사용 압력 및 가스 흐름 방향(지하매설 배관 제외)이 표시되어 있다.
② 가스배관의 표면 색상은 지상 배관은 황색, 매설 배관은 최고 사용 압력이 저압인 배관은 황색, 중압인 배관은 적색으로 되어 있다. 다만, 지상배관 중 건축물의 외벽에 노출되는 것으로서 다음 방법에 의하여 황색띠로 가스배관임을 표시한 경우에는 그렇지 않다.
㉠ 황색도료로 지워지지 않도록 표시되어 있는 경우
㉡ 바닥(2층 이상 건물의 경우에는 각 층의 바닥)으로부터 1m 높이에 폭 3cm의 띠가 이중으로 표시되어 있는 경우

4) 가스배관의 보호포

① 보호포는 폴리에틸렌수지·폴리프로필렌수지 등 잘 끊어지지 않는 재질로 두께가 0.2mm 이상이다.
② 보호포의 폭은 15~35cm로 되어 있다.
③ 보호포의 바탕색은 최고 압력이 저압인 관은 황색, 중압 이상인 관은 적색으로 하고 가스명·사용 압력·공급자명 등이 표시되어 있다.

(8) 가스배관의 라인마크

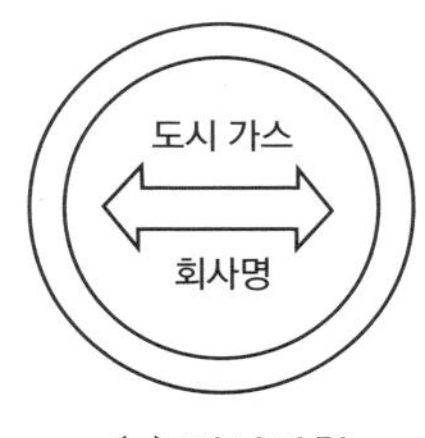

(a) 직선방향

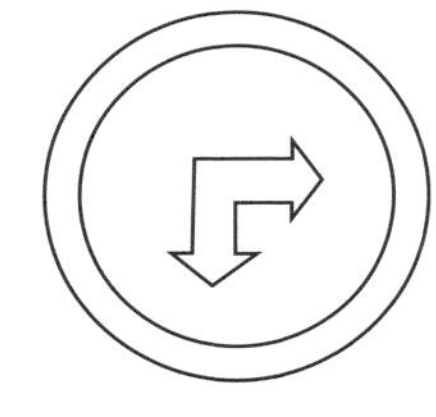
(b) 양방향

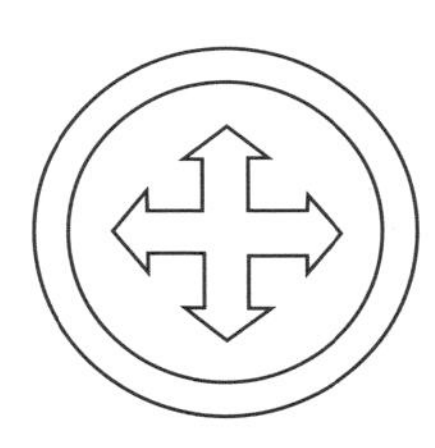
(c) 삼방향

① 라인마크는 도로 및 공동주택 등의 부지 내 도로에 도시가스 배관 매설시 설치되어 있다.
② 라인마크는 배관길이 50m마다 1개 이상 설치되며, 주요 분기점·구부러진 지점 및 그 주위 50m 이내에 설치되어 있다.

(9) 가스배관의 표지판

① 표지판은 배관을 따라 500m 간격으로 시가지 외의 도로, 산지, 농지, 철도부지에 설치되어 일반인이 쉽게 볼 수 있도록 되어 있다.
② 표지판은 가로 200mm, 세로 150mm 이상의 직사각형으로서 황색바탕에 검정색 글씨로 표기되어 있다.

4 공구 및 작업안전

1. 수공구·전동공구 사용시 주의사항

(1) 수공구 사용시 안전사고 원인

① 사용방법이 미숙하다.
② 수공구의 성능을 잘 알지 못하고 선택하였다.
③ 힘에 맞지 않는 공구를 사용하였다.
④ 사용 공구의 점검·정비를 잘 하지 않았다.

(2) 수공구를 사용할 때 일반적 유의사항

① 수공구를 사용하기 전에 이상 유무를 확인한다.
② 작업자는 필요한 보호구를 착용한다.
③ 용도 이외의 수공구는 사용하지 않는다.
④ 사용 전에 공구에 묻은 기름 등은 닦아낸다.
⑤ 수공구 사용 후에는 정해진 장소에 보관한다.
⑥ 작업대 위에서 떨어지지 않게 안전한 곳에 둔다.
⑦ 예리한 공구 등을 주머니에 넣고 작업을 하여서는 안 된다.
⑧ 공구를 던져서 전달해서는 안 된다.

(3) 스패너 렌치

① 스패너의 입이 너트 폭과 맞는 것을 사용하고 입이 변형된 것은 사용치 않는다.
② 스패너를 너트에 단단히 끼워서 앞으로 당기도록 한다.
③ 스패너를 두 개로 연결하거나 자루에 파이프를 이어 사용해서는 안 된다.
④ 멍키 렌치는 웜과 랙의 마모에 유의하여 물림상태를 확인한 후 사용한다.
⑤ 멍키 렌치는 아래 턱 방향으로 돌려서 사용한다.
⑥ 렌치를 해머로 두들겨서 사용하지 않는다.

(4) 해머

작업 중에 해머의 머리가 빠져서 또는 자루가 부러져 날아가거나 손이 미끄러져 잘못 침으로써 상해를 입는 일이 많다. 해머의 잘못된 두들김은 협소한 장소 작업 시, 발 딛는 장소가 나쁠 때, 작업하고 있는 물건에 주시하지 않고 한눈을 팔 때 등이다.
① 자루가 꺾여질 듯 하거나 타격면이 닳아 경사진 것은 사용하지 않는다.
② 쐐기를 박아서 자루가 단단한 것을 사용한다.
③ 작업에 맞는 무게의 해머를 사용하고 또 주위상황을 확인하고 한두번 가볍게 친 다음 본격적으로 두들긴다.
④ 장갑이나 기름 묻은 손으로 자루를 잡지 않는다.
⑤ 재료에 변형이나 요철이 있을 때 해머를 타격하면 한쪽으로 튕겨서 부상하므로 주의한다.
⑥ 담금질한 것은 함부로 두들겨서는 안 된다.
⑦ 물건에 해머를 대고 몸의 위치를 정하여 발을 힘껏 딛고 작업한다.
⑧ 처음부터 크게 휘두르지 않고 목표에 잘 맞기 시작한 후 차차 크게 휘두른다.

(5) 정 작업시 안전수칙

① 머리가 벗겨진 정은 사용하지 않는다.
② 정은 기름을 깨끗이 닦은 후에 사용한다.
③ 날끝이 결손된 것이나 둥글어진 것은 사용하지 않는다.
④ 방진안경을 착용하며 반대편에 차폐막을 설치한다.
⑤ 정 작업은 처음에는 가볍게 두들기고 목표가 정해진 후에 차츰 세게 두들긴다. 또 작업이 끝날 때에는 타격을 약하게 한다.

⑥ 담금질한 재료를 정으로 쳐서는 안 된다.
⑦ 절삭 면을 손가락으로 만지거나 절삭 칩을 손으로 제거하지 않도록 한다.

(6) 그라인더(연삭숫돌) 작업의 안전수칙

① 안전 커버를 떼고 작업해서는 안 된다.
② 숫돌 바퀴에 균열이 있는가 확인한다.
③ 나무 해머로 가볍게 두드려 보아 맑은 음이 나는가 확인한다.
④ 숫돌차의 과속 회전은 파괴의 원인이 되므로 유의한다.
⑤ 숫돌차의 표면이 심하게 변형된 것은 반드시 수정(Dressing)해야 한다.
⑥ 받침대(Rest)는 숫돌차의 중심선보다 낮게 하지 않는다. 작업중 일감이 딸려 들어갈 위험이 있기 때문이다.
⑦ 숫돌차의 주면과 받침대와의 간격은 3mm 이내로 유지해야 한다.
⑧ 숫돌차의 장치와 시운전은 정해진 사람만이 하도록 한다.
⑨ 숫돌 바퀴가 안전하게 끼워졌는지 확인한다.
⑩ 연삭기의 커버는 충분한 강도를 가진 것으로 규정된 치수의 것을 사용한다.
⑪ 숫돌차의 측면에 서서 연삭해야 하며 반드시 보호안경을 써야 한다.

(7) 탁상용 연삭기의 덮개의 각도

① 덮개의 최대 노출 각도 : 90° 이내
② 숫돌주축에서 수평면 위로 이루는 원주 각도 : 65° 이내
③ 수평면 이하의 부분에서 연삭할 경우 : 125°까지 증가
④ 숫돌의 상부 사용을 목적으로 할 경우 : 60° 이내
⑤ 원통 연삭기 · 만능 연삭기의 덮개 : 덮개의 노출각은 180° 이내
⑥ 휴대용 연삭기 · 스윙 연삭기의 덮개 : 덮개의 노출각은 180° 이내
⑦ 평면 연삭기 · 절단 연삭기의 덮개 : 덮개의 노출각은 150° 이내

(8) 드릴 사용시 유의사항

① 회전하고 있는 주축이나 드릴에 손이나 걸레를 대거나 머리를 가까이 하지 말 것
② 드릴을 사용 전에 점검하고 상처나 균열이 있는 것은 사용치 않는다.
③ 가공 중에 드릴의 절삭분이 불량해지고 이상음이 발생하면 중지하고 즉시 드릴을 바꾼다.
④ 가공 중 드릴이 깊이 먹어 들어가면 기계를 멈추고 손돌리기로 드릴을 뽑아낸다.
⑤ 드릴이나 척을 뽑을 때는 되도록 주축을 내려서 낙하거리를 적게 하고 테이블 등에 나무조각 등을 놓고 받는다.
⑥ 레이디얼 드릴머신은 작업 중 컬럼(Column)과 암(Arm)을 확실하게 체결하여 암을 선회시킬 때 주위에 조심하고 정지시는 암을 베이스의 중심 위치에 놓는다.
⑦ 면장갑을 착용해서는 절대로 안된다.
⑧ 작은 가공물이라도 가공물을 손으로 고정시키고 작업해서는 안된다.
⑨ 가공물이 관통될 즈음에는 알맞게 힘을 가해야 한다.
⑩ 드릴 끝이 가공물을 관통하였는가 손으로 확인해서는 안된다.
⑪ 가공물을 이동시킬 때에는 드릴 날에 손이나 가공물이 접촉되지 않도록 드릴을 안전한 위치에 올려두고 작업해야 한다.
⑫ 드릴 회전 중 칩 제거하는 것은 위험하므로 엄금해야 한다.
⑬ 드릴 날은 항시 점검하여 생크에 상처나 균열이 생긴 드릴을 사용하면 안 된다.
⑭ 주물 소재 칩은 해머나 입으로 불어서 제거하면 안 된다.
⑮ 드릴은 척에 고정시킬 때 유동이 되지 않도록 고정시켜야 한다. 천공 작업 시는 가공물의 반대쪽을 확인하고 작업해야 한다. 가공 작업 중 소음이나 진동이 발생시에는 작업을 중지하고 기계에 이상 유무를 확인하여야 한다.

2. 용접 관련 작업

(1) 가스 용접 작업을 할 때의 안전수칙

① 봄베 주둥이 쇠나 몸통에 녹이 슬지 않도록 오일이나 그리스를 바르면 폭발한다.
② 토치는 반드시 작업대 위에 놓고 기름이나 그리스가 묻지 않도록 한다.
③ 가스를 완전히 멈추지 않거나 점화된 상태로 방치해 두지 말아야 한다.
④ 봄베는 던지거나 넘어뜨리지 말아야 한다.
⑤ 산소 용기의 보관 온도는 40℃ 이하로 해야 한다.
⑥ 아세틸렌 밸브를 먼저 열고 점화한 후 산소 밸브를 연다.
⑦ 점화는 성냥불로 직접하지 않으며, 반드시 소화기를 준비해야 한다.
⑧ 산소 용접할 대 역류·역화가 일어나면 빨리 산소 밸브부터 잠가야 한다.
⑨ 운반할 때에는 운반용으로 된 전용 운반차량을 사용한다.

(2) 산소-아세틸렌 사용할 때의 안전수칙

① 산소는 산소병에 35℃에서 150기압으로 압축 충전한다.
② 아세틸렌의 사용 압력은 1기압이며, 1.5기압 이상이면 폭발할 위험성이 있다.
③ 산소 봄베에서 산소의 누출여부를 확인하는 방법으로 가장 안전한 것은 비눗물 사용이다.
④ 산소통의 메인 밸브가 얼었을 때 60℃ 이하의 물로 녹여야 한다.
⑤ 아세틸렌 도관(호스)은 적색, 산소 도관은 흑색으로 구별한다.

(3) 카바이드를 취급할 때 안전수칙

① 밀봉해서 보관한다.
② 인화성이 없는 곳에 보관한다.
③ 저장소에 전등을 설치할 경우 방폭 구조로 한다.
④ 카바이드를 습기가 있는 곳에 보관을 하면 수분과 카바이드가 작용하여 아세틸렌 가스를 발생시키고, 소석회로 변화한다.
⑤ 카바이드 저장소에는 전등 스위치가 옥내에 있으면 위험하다.

3. 운반·작업상의 안전

(1) 작업시의 크레인 안전사항

① 크레인 안전 규칙에 정해진 자가 운전하도록 한다.
② 과부하 제한, 경사각의 제한, 기타 안전 수칙의 정해진 사항을 준수한다.
③ 운전자 교체시 인수인계를 확실히 하고 필요조치를 행한다.
④ 크레인 승강은 지정된 사다리를 이용하여 오르고 내린다.
⑤ 매일 작업개시 전 방지 장치, 브레이크, 클러치, 컨트롤러 기능, 와이어 로프의 이상 여부 등을 점검한다. 움직일 때는 경적이나 전등을 밝힌다.
⑥ 정비 점검시는 반드시 안전표시를 부착한다.
⑦ 위로 올릴 때는 훅 화물이 중심에 똑바로 되도록 하여 움직인다.
⑧ 화물 위에 사람이 승차하지 않도록 한다.
⑨ 크레인은 신호수와 호흡을 맞춰 운반한다.
⑩ 주행, 횡행, 선회 운전 시 급격한 이동을 금한다.
⑪ 운전 중에 정지할 경우에는 컨트롤러를 정지 위치에 놓고 메인 스위치를 내린다.
⑫ 운전 중에 점검, 송유 등을 하지 않는다.
⑬ 운전실을 이탈하지 않는다(이탈시 필히 스위치를 내린다).

(2) 작업장의 안전수칙

① 공구에 기름이 묻은 경우에는 닦아내고 사용한다.

② 작업복과 안전장구는 반드시 착용한다.
③ 각종기계를 불필요하게 공회전 시키지 않는다.
④ 기계의 청소나 손질은 운전을 정지시킨 후 실시한다.
⑤ 항상 청결하게 유지한다.
⑥ 작업대 사이 또는 기계사이 통로는 안전을 위한 너비가 필요하다.
⑦ 공장바닥에 물이나 폐유가 떨어진 경우에는 즉시 닦도록 한다.
⑧ 전원 콘센트 및 스위치 등에 물을 뿌리지 않는다.
⑨ 작업 중 입은 부상은 즉시 응급조치를 하고 보고한다.
⑩ 밀폐된 실내에서는 시동을 걸지 않는다.
⑪ 통로나 마룻바닥에 공구나 부품을 방치하지 않는다.
⑫ 기름걸레나 인화물질은 철제 상자에 보관한다.

(3) 작업장의 정리정돈 사항

① 작업장에 불필요한 물건이나 재료 등을 제거하여 정리정돈을 철저히 하여야 한다.
② 작업 통로상에는 통행에 지장을 초래하는 장애물을 놓아서는 안되며 용접선, 그라인더선, 제품 적재 등 작업장에 무질서하게 방치하면 발이 걸려 낙상 사고를 당한다.
③ 벽이나 기둥에 불필요한 것이 있으면 제거하여야 한다.
④ 작업대 및 캐비닛 위에 물건이 불안전하게 놓여 있다면 안전하게 정리정돈하여야 한다.
⑤ 각 공장 통로 바닥에 유기가 없도록 할 것이며 유기를 완전 제거할 수 없을 경우에는 모래를 깔아 낙상 사고를 방지하여야 한다.
⑥ 어두운 조명은 교체 사용하며, 제품 및 물건들을 불안전하게 적치해서는 안 된다.
⑦ 각 공장 작업장의 통로 표식을 폭 넓이 80cm 이상 황색으로 표시해야 한다.
⑧ 노후 및 퇴색한 안전표시판 및 각종 안전표시판을 표제 부착하여 안전의식을 고취시킨다.
⑨ 작업장 바닥에 기름을 흘리지 말아야 하며 흘린 기름은 즉시 제거한다.
⑩ 공기 및 공기구는 사용 후 공구함, 공구대 등 지정된 장소에 두어야 한다.
⑪ 작업이 끝나면 항상 정리정돈을 해야 한다.

(4) 작업 복장의 착용 요령

① 작업 종류에 따라 규정된 복장, 안전모, 안전화 및 보호구를 착용하여야 한다.
② 아무리 무덥거나 여하한 장소에서도 반라(半裸)는 금해야 한다.
③ 복장은 몸에 알맞은 것을 착용해야 한다.(주머니가 많은 것도 좋지 않다.)
④ 작업복의 소매와 바지의 단추를 풀면 안 되며, 상의의 옷자락이 밖으로 나오지 않도록 하여 단정한 옷차림을 갖추어야 한다.
⑤ 수건을 허리에 차거나 어깨나 목에 걸지 않도록 한다.
⑥ 오손된 작업복이나 지나치게 기름이 묻은 작업복은 착용할 수 없다.
⑦ 신발은 가죽 제품으로 만든 튼튼한 안전화를 착용하고 장갑은 작업 용도에 따라 적합한 것을 착용한다.

(5) 운반 작업을 할 때의 안전사항

① 힘센 사람과 약한 사람과의 균형을 잡는다.
② 가능한 이동식 크레인 또는 호이스트 및 체인블록을 이용한다.
③ 약간씩 이동하는 것은 지렛대를 이용할 수도 있다.
④ 명령과 지시는 한 사람이 하도록 하고, 양손으로 물건을 받친다.
⑤ 앞쪽에 있는 사람이 부하를 적게 담당한다.
⑥ 긴 화물은 같은 쪽의 어깨에 올려서 운반한다.
⑦ 중량물을 들어 올릴 때에는 체인블록이나 호이스트를 이용한다.
⑧ 드럼통과 LPG 봄베는 굴려서 운반해서는 안 된다.
⑨ 무리한 몸가짐으로 물건을 들지 않는다.
⑩ 정밀한 물건을 쌓을 때는 상자에 넣도록 한다.
⑪ 약하고 가벼운 것은 위에 무거운 것을 밑에 쌓는다.

4. 안전모

(1) 안전모의 선택 방법

① 작업 성질에 따라 머리에 가해지는 각종 위험으로부터 보호할 수 있는 종류의 안전모를 선택해야 한다.
② 규격에 알맞고 성능 검정에 합격한 제품이어야 한다(성능 검정은 한국산업안전공단에서 실시하는 성능 시험에 합격한 제품을 말함).
③ 가볍고 성능이 우수하며 머리에 꼭 맞고 충격 흡수성이 좋아야 한다.

(2) 안전모의 명칭 및 규격

산업 현장에서 사용되는 안전모의 각 부품 명칭은 다음 그림과 같다. 모체의 합성수지 또는 강화 플라스틱제이며 착장제 및 턱 끈은 합성면포 또는 가죽이고 충격 흡수용으로 발포성 스티로폴을 사용하며, 두께가 10mm 이상이어야 한다. 안전모의 무게는 턱끈 등의 부속품을 제외한 무게가 440g을 초과해서는 안된다. 또한, 안전모와 머리 사이의 간격(내부 수직거래)은 25mm 이상 떨어져 있어야 한다.

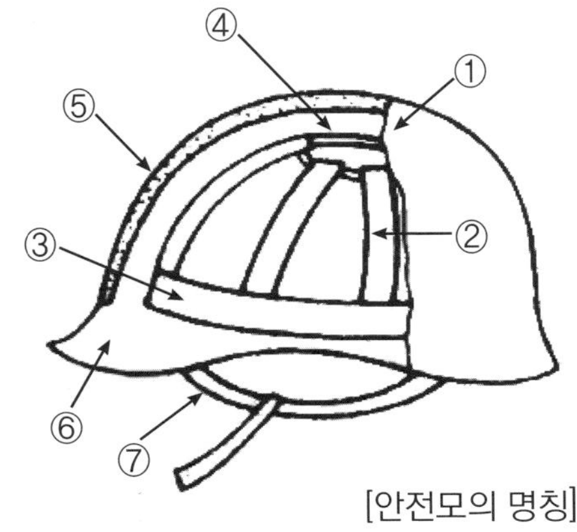

①	모체	
②	착장체	머리 받침끈
③		머리 고정대
④		머리 받침고리
⑤	충격흡수재	
⑥	모자챙(차양)	
⑦	턱끈	

[안전모의 명칭]

5. 작업복

① 작업장에서 안전모, 작업화, 작업복을 착용하도록 하는 이유는 작업자의 안전을 위함이다.
② 작업에 따라 보호구 및 기타 물건을 착용할 수 있어야 한다.
③ 소매나 바지자락이 조여질 수 있어야 한다.
④ 화기사용 직장에서는 방염성, 불연성의 것을 사용하도록 한다.
⑤ 작업복은 몸에 맞고 동작이 편하도록 제작한다.
⑥ 상의의 끝이나 바지자락 등이 기계에 말려 들어갈 위험이 없도록 한다.
⑦ 옷소매는 되도록 폭이 좁게 된 것이나, 단추가 달린 것은 되도록 피한다.

제 5 편

건설기계 관리 법규 및 안전관리

출제예상문제

01 건설기계 등록 신청을 받을 수 있는 자는 누구인가?

① 행정자치부장관
② 읍·면·동장
③ 서울특별시장
④ 경찰서장

02 건설기계 등록의 말소를 하고자 할 때 신청서는 누구에게 제출 하는가?

① 구청장
② 시·도지사
③ 국토교통부장관
④ 읍·면·동장

03 건설기계관리법의 목적으로 가장 적합한 것은?

① 건설기계의 동산 신용증진
② 건설기계 사업의 질서 확립
③ 건설기계의 효율적인 관리
④ 공로 운행상의 원활기여

해설 건설기계관리법은 건설기계의 등록·검사·형식승인 및 건설기계사업과 건설기계조종사면허 등에 관한 사항을 정하여 건설기계를 효율적으로 관리하고 건설기계의 안전도를 확보하여 건설공사의 기계화를 촉진함을 목적으로 한다.

04 건설기계관리법에 의한 건설기계사업이 아닌 것은?

① 건설기계 대여업
② 건설기계 매매업
③ 건설기계 수입업
④ 건설기계 폐기업

해설 건설기계사업이란 건설기계대여업, 건설기계정비업, 건설기계매매업 및 건설기계폐기업을 말한다.

05 다음 중 건설기계정비업의 등록 구분이 맞는 것은?

① 종합건설기계정비업, 부분건설기계정비업, 전문건설기계정비업
② 종합건설기계정비업, 단종건설기계정비업, 전문건설기계정비업
③ 부분건설기계정비업, 전문건설기계정비업, 개별건설기계정비업
④ 종합건설기계정비업, 특수건설기계정비업, 전문건설기계정비업

해설 건설기계정비업의 등록은 종합건설기계정비업, 부분건설기계정비업, 전문건설기계정비업으로 구분한다(시행령 제14조제2항).

06 「건설기계관련법」 상 건설기계 대여를 업으로 하는 것은?

① 건설기계대여업
② 건설기계정비업
③ 건설기계매매업
④ 건설기계폐기업

해설 건설기계대여업이란 건설기계의 대여를 업(業)으로 하는 것을 말한다.

07 건설기계관리법에서 정의한 건설기계 형식을 가장 잘 나타낸 것은?

① 엔진구조 및 성능을 말한다.
② 형식 및 규격을 말한다.
③ 성능 및 용량을 말한다.
④ 구조 · 규격 및 성능 등에 관하여 일정하게 정한 것을 말한다.

해설 건설기계 형식은 건설기계의 구조 · 규격 및 성능 등에 관하여 일정하게 정한 것을 말한다.

08 자가용 건설기계 등록번호표의 도색은?

① 청색판에 백색문자
② 적색판에 흰색문자
③ 백색판에 흑색문자
④ 녹색판에 흰색문자

09 건설기계대여업을 하고자 하는 자는 누구에게 신고를 하여야 하는가?

① 고용노동부장관
② 행정자치부장관
③ 국토교통부장관
④ 시·도지사

10 건설기계로 등록된 덤프트럭의 정기검사 유효기간은?

① 6월
② 1년
③ 1년6월
④ 2년

정답 01. ③ 02. ② 03. ③ 04. ③ 05. ① 06. ① 07. ④ 08. ④ 09. ④ 10. ②

11 건설기계에서 등록의 갱정은 어느 때 하는가?

① 등록을 행한 후에 그 등록에 관하여 착오 또는 누락이 있음을 발견한 때
② 등록을 행한 후에 소유권이 이전되었을 때
③ 등록을 행한 후에 등록지가 이전되었을 때
④ 등록을 행한 후에 소재지가 변동되었을 때

해설 등록의 갱정은 등록을 행한 후에 그 등록에 관하여 착오 또는 누락이 있음을 발견한 때 한다.

12 건설기계 등록신청 시 첨부하지 않아도 되는 서류는?

① 호적등본
② 건설기계 소유자임을 증명하는 서류
③ 건설기계 제작증
④ 건설기계 제원표

13 건설기계등록을 말소한 때에는 등록번호표를 며칠 이내에 시 · 도지사에게 반납하여야 하는가?

① 10일　　② 15일
③ 20일　　④ 30일

해설 건설기계 등록번호표는 10일 이내에 시 · 도지사에게 반납하여야 한다.

14 건설기계 관리법령상 건설기계 사업의 종류가 아닌 것은?

① 건설기계 매매업　　② 건설기계 대여업
③ 건설기계 폐기업　　④ 건설기계 제작업

해설 건설기계 사업의 종류에는 매매업, 대여업, 폐기업, 정비업이 있다.

15 건설기계 조종사 면허증의 반납사유에 해당하지 않는 것은?

① 면허가 취소된 때
② 면허의 효력이 정지된 때
③ 건설기계 조종을 하지 않을 때
④ 면허증의 재교부를 받은 후 잃어버린 면허증을 발견한 때

해설 면허증은 면허가 취소된 때, 면허의 효력이 정지된 때, 면허증의 재교부를 받은 후 잃어버린 면허증을 발견한 때 등의 사유가 발생한 경우에는 10일 이내 시 · 도지사에게 반납한다.

16 건설기계 조종사 면허 적성검사 기준으로 틀린 것은?

① 두 눈의 시력이 각각 0.3이상
② 시각은 150도 이상
③ 청력은 10m의 거리에서 60데시벨을 들을 수 있을 것
④ 두 눈을 동시에 뜨고 잰 시력이 0.7이상

17 건설기계 조종사의 면허 취소 사유 설명으로 맞는 것은?

① 과실로 인하여 1명을 사망하게 하였을 때
② 면허정지 처분을 받은 자가 그 기간 중에 건설기계를 조종한 때
③ 과실로 인하여 10명에게 경상을 입힌 때
④ 건설기계로 1천만원 이상의 재산 피해를 냈을 때

18 건설기계 조종사 면허에 관한 사항 중 틀린 것은?

① 면허를 받고자 하는 국가기술자격을 취득하여야 한다.
② 면허를 받고자 하는 자는 시·도지사의 적성검사에 합격하여야 한다.
③ 특수건설기계 조종은 국토교통부장관이 지정하는 면허를 소지하여야 한다.
④ 특수건설기계 조종은 특수조종면허를 받아야 한다.

19 다음 중 건설기계 등록을 반드시 말소해야 하는 경우는?

① 거짓으로 등록을 한 경우
② 건설기계의 차대(車臺)가 등록 시의 차대와 다른 경우
③ 건설기계를 수출하는 경우
④ 구조적 제작 결함 등으로 건설기계를 제작자 또는 판매자에게 반품할 때

해설 거짓이나 그 밖의 부정한 방법으로 등록을 한 경우 또는 건설기계를 폐기한 경우에는 반드시 시 · 도지사는 직권으로 등록을 말소하여야 한다(동법 제6조).

20 관용 건설기계의 등록번호표의 표시방법으로 알맞은 것은?

① 녹색판에 흰색문자　　② 흰색판에 검은색문자
③ 주황색판에 흰색문자　　④ 파란색판에 흰색문자

해설 관용 건설기계의 경우 흰색판에 검은색문자로 칠해야 한다(동법 시행규칙 별표2).

21 다음 중 건설기계등록번호표에 표시 대상이 아닌 것은?

① 등록관청　　② 기종
③ 등록번호　　④ 소유자

해설 건설기계등록번호표에는 등록관청 · 용도 · 기종 및 등록번호를 표시하여야 한다(동법 시행규칙 제13조제1항).

22 건설기계를 등록하려는 건설기계의 소유자는 건설기계 등록 신청을 누구에게 하는가?

① 소유자의 주소지 또는 건설기계 사용 본거지를 관할하는 시 · 도지사
② 행정자치부 장관
③ 소유자의 주소지 또는 건설기계 소재지를 관할하는 검사소장
④ 소유자의 주소지 또는 건설기계 소재지를 관할하는 경찰서장

해설 건설기계를 등록하려는 건설기계의 소유자는 건설기계소유자의 주소지 또는 건설기계의 사용본거지를 관할하는 특별시장·광역시장·도지사 또는 특별자치도지사(시·도지사)에게 건설기계 등록신청을 하여야 한다(법 제3조제2항).

정답 11. ① 12. ① 13. ① 14. ④ 15. ③ 16. ③ 17. ② 18. ④ 19. ① 20. ② 21. ④ 22. ①

23 다음 중 건설기계의 임시운행을 할 수 있는 요건이 아닌 것은?

① 등록신청을 하기 위하여 건설기계를 등록지로 운행하는 경우
② 신규등록검사 및 확인검사를 받기 위하여 건설기계를 검사장소로 운행하는 경우
③ 신개발 건설기계를 시험 · 연구의 목적으로 운행하는 경우
④ 말소된 건설기계의 등록을 신청하는 경우

24 시·도지사가 저당권이 등록된 건설기계를 말소할 때 미리 그 뜻을 건설기계의 소유자 및 이해관계인에게 통보한 후 몇 개월이 지나지 않으면 등록을 말소할 수 없는가?

① 3개월　② 1개월
③ 12개월　④ 6개월

해설 시·도지사가 저당권이 등록된 건설기계를 말소할 때 미리 그 뜻을 건설기계의 소유자 및 이해관계인에게 통보한 후 3개월이 지나지 않으면 등록을 말소할 수 없다.

25 건설기계 등록번호표에 대한 설명으로 틀린 것은?

① 모든 번호표의 규격은 동일하다.
② 재질은 철판 또는 알루미늄 판이 사용된다.
③ 굴삭기일 경우 기종별 기호표시는 02로 한다.
④ 번호표에 표시되는 문자 및 외곽선은 1.5mm 튀어나와야 한다.

해설 덤프트럭, 콘크리트믹서트럭, 콘크리트펌프, 타워 크레인의 번호표 규격은 가로 600mm, 세로 280mm이고, 그 밖의 건설기계 번호표 규격은 가로 400mm, 세로 220mm이다. 덤프트럭, 아스팔트살포기, 노상안정기, 콘크리트믹서트럭, 콘크리트펌프, 천공기(트럭적재식)의 번호표 재질은 알루미늄이다.

26 다음 중 영업용 지게차를 나타내는 등록번호표는?

① 서울 04-6091　② 인천 04-9589
③ 세종 07-2536　④ 부산 07-5895

27 건설기계 검사의 종류가 아닌 것은?

① 예비검사　② 정기검사
③ 구조변경검사　④ 신규등록검사

해설 건설기계 검사의 종류에는 신규등록검사, 정기검사, 구조변경검사, 수시검사가 있다.

28 건설기계 검사소에서 검사를 받아야 하는 건설기계는?

① 콘크리트 살포기
② 트럭적재식 콘크리트펌프
③ 지게차
④ 스크레이퍼

해설 검사소에서 검사를 받아야 하는 건설기계는 덤프트럭, 콘크리트믹서트럭, 트럭적재식 콘크리트펌프, 아스팔트살포기 등이다.

29 건설기계의 정비명령은 누구에게 하여야 하는가?

① 해당기계 운전자
② 해당기계 검사업자
③ 해당기계 정비업자
④ 해당기계 소유자

해설 정비명령은 검사에 불합격한 해당 건설기계 소유자에게 한다.

30 건설기계의 정기검사 연기사유에 해당되지 않는 것은?

① 7일 이내의 기계정비
② 건설기계의 도난
③ 건설기계의 사고발생
④ 천재지변

해설 건설기계 소유자는 천재지변, 건설기계의 도난, 사고발생, 압류, 1월 이상에 걸친 정비 그 밖의 부득이 한 사유로 검사신청기간 내에 검사를 신청할 수 없는 경우에는 검사신청기간 만료일까지 검사연기신청서에 연기사유를 증명할 수 있는 서류를 첨부하여 시 · 도지사에게 제출하여야 한다.

31 도로교통법에 위반되는 행위는?

① 주간에 방향을 전환할 때 방향 지시등을 켰다.
② 야간에 교행할 때 전조등의 광도를 감하였다.
③ 도로 모퉁이 부근에서 앞지르기하였다.
④ 건널목 바로 전에 일시 정지하였다.

32 교통정리가 행하여지고 있지 않은 교차로에서 우선 순위가 같은 차량이 동시에 교차로에 진입한 때의 우선순위로 맞는 것은?

① 소형 차량이 우선한다.
② 우측도로의 차가 우선한다.
③ 좌측도로의 차가 우선한다.
④ 중량이 큰 차량이 우선한다.

33 도로교통법의 제정목적을 바르게 나타낸 것은?

① 도로 운송사업의 발전과 운전자들의 권익보호
② 도로상의 교통사고로 인한 신속한 피해회복과 편익증진
③ 건설기계의 제작, 등록, 판매, 관리 등의 안전 확보
④ 도로에서 일어나는 교통상의 모든 위험과 장해를 방지하고 제거하여 안전하고 원활한 교통을 확보

해설 도로교통법의 제정목적은 도로에서 일어나는 교통상의 모든 위험과 장해를 방지하고 제거하여 안전하고 원활한 교통을 확보함을 목적으로 한다.

34 보행자가 도로를 횡단할 수 있도록 안전표시한 도로의 부분은?

① 교차로　② 횡단보도
③ 안전지대　④ 규제표시

해설 횡단보도란 보행자가 도로를 횡단할 수 있도록 안전표지로 표시한 도로의 부분을 말한다.

정답 23. ④ 24. ① 25. ① 26. ① 27. ① 28. ② 29. ④ 30. ① 31. ③ 32. ② 33. ④ 34. ②

35 도로교통법상 정차의 정의에 해당하는 것은?

① 차가 10분을 초과하여 정지
② 운전자가 5분을 초과하지 않고 차를 정지시키는 것으로 주차 외의 정지 상태
③ 차가 화물을 싣기 위하여 계속 정지
④ 운전자가 식사하기 위하여 차고에 세워둔 것

해설 정차란 운전자가 5분을 초과하지 아니하고 차를 정지시키는 것으로서 주차 외의 정지 상태를 말한다.

36 정차라 함은 주차 이외의 정지상태로서 몇 분을 초과하지 아니하고 차를 정지시키는 것을 말하는가?

① 3분 ② 5분
③ 7분 ④ 10분

37 다음 중 도로에 해당되지 않는 것은?

① 도로법에 따른 도로
② 유료도로법에 따른 도로
③ 농어촌도로 정비법에 따른 농어촌도로
④ 해상법에 의한 항로

해설 도로교통법상의 도로는 현실적으로 불특정 다수의 사람 또는 차마(車馬)가 통행할 수 있도록 공개된 장소로서 안전하고 원활한 교통을 확보할 필요가 있는 장소를 도로로 규정하고 있다(도로교통법 제2조).

38 도로교통법상 앞차와의 안전거리에 대한 설명으로 가장 적합한 것은?

① 일반적으로 5m이상이다.
② 5~10m 정도이다.
③ 평균 30m 이상이다.
④ 앞차가 갑자기 정지할 경우 충돌을 피할 수 있는 거리이다.

해설 안전거리란 앞차와의 안전거리는 앞차가 갑자기 정지하였을 때 충돌을 피할 수 있는 필요한 거리이다.

39 다음 중 중앙선에 대한 내용으로 적절하지 못한 것은?

① 차마의 통행 방향을 명확하게 구분하기 위하여 도로에 황색 실선을 표시한 것
② 차마의 통행 방향을 명확하게 구분하기 위하여 도로에 황색 점선을 표시한 것
③ 차마의 통행 방향을 명확하게 구분하기 위하여 중앙분리대나 울타리 등으로 설치한 시설물
④ 가변차로가 설치된 경우 신호기가 지시하는 진행방향의 가장 오른쪽에 있는 황색 점선

해설 중앙선이란 차마의 통행 방향을 명확하게 구분하기 위하여 도로에 황색 실선(實線)이나 황색 점선 등의 안전표지로 표시한 선 또는 중앙분리대나 울타리 등으로 설치한 시설물을 말한다. 다만, 가변차로(可變車路)가 설치된 경우에는 신호기가 지시하는 진행방향의 가장 왼쪽에 있는 황색 점선을 말한다(동법 제2조제5호).

40 다음 중 올바르지 않는 것은?

① 주차라는 것은 운전자가 승객을 기다리거나 화물을 싣거나 차가 고장나거나 그 밖의 사유로 차를 계속 정지 상태에 두는 것 또는 운전자가 차에서 떠나서 즉시 그 차를 운전할 수 없는 상태에 두는 것을 말한다.
② 정차란 운전자가 5분을 초과하지 아니하고 차를 정지 시키는 것으로서 주차 외의 정지 상태를 말한다.
③ 초보운전은 처음 운전면허를 받은 날부터 2년이 지나지 아니한 사람을 말한다.
④ 원동기장치자전거면허만 받은 사람이 원동기장치자전거면허 외의 운전면허를 받은 경우에는 처음 운전면허를 받은 것으로 보지 않는다.

해설 초보운전자란 처음 운전면허를 받은 날(처음 운전면허를 받은 날부터 2년이 지나기 전에 운전면허의 취소처분을 받은 경우에는 그후 다시 운전면허를 받은 날)부터 2년이 지나지 아니한 사람을 말한다. 원동기장치자전거면허만 받은 사람이 원동기장치자전거면허 외의 운전면허를 받은 경우에는 처음 운전면허를 받은 것으로 본다(도로교통법 제2조제27호).

41 주행 중 진로를 변경하고자 할 때 운전자가 지켜야 할 사항으로 틀린 것은?

① 후사경 등으로 주위의 교통상황을 확인한다.
② 신호를 실시하여 뒷차에게 알린다.
③ 진로를 변경할 때에는 뒷차에 주의할 필요가 없다.
④ 뒷차와 충돌을 피할 수 있는 거리를 확보할 수 없을 때는 진로를 변경하지 않는다.

42 비보호 좌회전 교차로에서의 통행방법으로 가장 적절한 것은?

① 황색 신호시 반대방향의 교통에 유의하면서 서행한다.
② 황색 신호시에만 좌회전할 수 있다.
③ 녹색 신호시 반대방향의 교통에 방해되지 않게 좌회전할 수 있다.
④ 녹색 신호시에는 언제나 좌회전할 수 있다.

43 도로를 통행하는 자동차가 야간에 켜야하는 등화의 구분 중 견인되는 자동차가 켜야 할 등화는?

① 전조등, 차폭등, 미등
② 차폭등, 미등, 번호등
③ 전조등, 미등, 번호등
④ 전조등, 미등

44 고속도로 운행시 안전운전상 특별 준수사항은?

① 정기점검을 실시 후 운행하여야 한다.
② 연료량을 점검하여야 한다.
③ 월간 정비점검을 하여야 한다.
④ 모든 승차자는 좌석 안전띠를 매도록 하여야 한다.

정답 35. ② 36. ② 37. ④ 38. ④ 39. ④ 40. ④ 41. ③ 42. ③ 43. ② 44. ④

45 앞지르기 금지 장소가 아닌 것은?

① 교차로, 도로의 구부러진 곳
② 버스 정류장 부근, 주차금지 구역
③ 터널 내, 앞지르기 금지표지 설치장소
④ 경사로의 정상 부근, 급경사로의 내리막

46 교차로에서 직진하고자 신호대기 중에 있는 차가 진행신호를 받고 가장 안전하게 통행하는 방법은?

① 진행권리가 부여되었으므로 좌우의 진행차량에는 구애받지 않는다.
② 직진이 최우선이므로 진행신호에 무조건 따른다.
③ 신호와 동시에 출발하면 된다.
④ 좌우를 살피며 계속 보행 중인 보행자의 진행하는 교통의 흐름에 유의하여 진행한다.

47 도로교통법령상 교통안전 표지의 종류를 올바르게 나열한 것은?

① 교통안전 표지는 주의, 규제, 지시, 안내, 교통표지로 되어 있다.
② 교통안전 표지는 주의, 규제, 지시, 보조, 노면표지로 되어 있다.
③ 교통안전 표지는 주의, 규제, 지시, 안내, 보조표지로 되어 있다.
④ 교통안전 표지는 주의, 규제, 안내, 보조, 통행표지로 되어 있다.

해설 안내표지의 종류에는 주의표지, 규제표지, 지시표지, 보조표지, 노면표지가 있다.

48 도로교통법상 서행 또는 일시 정지할 장소로 지정된 곳은?

① 교량 위
② 좌우를 확인할 수 있는 교차로
③ 가파른 비탈길의 내리막
④ 안전지대 우측

해설 **서행하여야 할 장소**
·교통정리를 하고 있지 아니하는 교차로
·도로가 구부러진 부근
·비탈길의 고갯마루 부근
·가파른 비탈길의 내리막
·지방경찰청장이 안전표지로 지정한 곳

49 도로교통법에 따라 뒤차에게 앞지르기를 시키려는 때 적절한 신호방법은?

① 오른팔 또는 왼팔을 차체의 왼쪽 또는 오른쪽 밖으로 수평으로 펴서 손을 앞, 뒤로 흔들 것
② 팔을 차체 밖으로 내어 45도 밑으로 펴서 손바닥을 뒤로 향하게 하여 그 팔을 앞, 뒤로 흔들거나 후진등을 켤 것
③ 팔을 차체 밖으로 내어 45도 밑으로 펴거나 제동등을 켤 것
④ 양팔을 모두 차체의 밖으로 내어 크게 흔들 것

해설 뒤차에게 앞지르기를 시키려는 때에는 오른팔 또는 왼팔을 차체의 왼쪽 또는 오른쪽 밖으로 수평으로 펴서 손을 앞, 뒤로 흔들 것

50 도로교통법상 폭우 · 폭설 · 안개 등으로 가시거리가 100m 이내일 때 최고속도의 감속으로 옳은 것은?

① 20%　② 50%
③ 60%　④ 80%

51 보행자 통행에 대한 설명으로 옳지 않은 것은?

① 보행자는 보도와 차도가 구분된 도로에서는 언제나 보도로 통행하여야 한다.
② 보행자와 보도와 차도가 구분되지 아니한 도로에서는 차마와 마주보는 방향의 길가장자리 또는 길가장자리 구역으로 통행하여야 한다.
③ 보행자는 보도에서는 좌측통행을 원칙으로 한다.
④ 행렬 등은 사회적으로 중요한 행사에 따라 시가를 행진하는 경우에는 도로의 중앙을 통행할 수 있다.

해설 보행자는 보도에서는 우측통행을 원칙으로 한다(동법 제8조제3항).

52 도로교통법상 어린이 보호구역으로 지정된 구역에서 최고 시속 제한 속도는?

① 10킬로미터 이내　② 20킬로미터 이내
③ 30킬로미터 이내　④ 50킬로미터 이내

해설 시장 등은 교통사고의 위험으로부터 어린이를 보호하기 위하여 필요하다고 인정하는 경우에는 다음에 해당하는 시설의 주변도로 가운데 일정 구간을 어린이 보호구역으로 지정하여 자동차등의 통행속도를 시속 30킬로미터 이내로 제한할 수 있다(도로교통법 제12조제1항).

53 다음 중 보행자전용도로 설치권자는?

① 지방경찰청장 또는 경찰서장
② 도로교통과장
③ 경찰청장
④ 도로교통관리공단

해설 지방경찰청이나 경찰서장은 보행자의 통행을 보호하기 위하여 특히 필요한 경우에는 도로에 보행자전용도로를 설치할 수 있다(도로교통법 제28조제1항).

54 어린이의 보호자는 도로에서 어린이가 자전거를 타거나 위험성이 큰 움직이는 놀이기구를 타는 경우에는 어린이의 안전을 위하여 인명보호 장구를 착용하도록 하여야 한다. 여기에 해당되는 것이 아닌 것은?

① 킥보드
② 롤러스케이트
③ 스노우보드
④ 스케이트보드

해설 어린이의 안전을 위하여 인명부호 장구를 착용해야 할 놀이기구는 킥보드, 스케이트보드, 롤러스케이트이다.

정답 45. ② 46. ④ 47. ② 48. ③ 49. ① 50. ② 51. ③ 52. ③ 53. ① 54. ③

55 **자전거통행방법에 대한 내용으로 적절하지 못한 것은?**

① 자전거의 운전자는 자전거도로가 따로 있는 곳에서는 그 자전거도로로 통행하여야 한다.
② 자전거의 운전자는 자전거도로가 설치되지 아니한 곳에서는 도로 우측 자장자리에 붙어서 통행하여야 한다.
③ 안전표지로 자전거 통행이 허용된 경우 자전거의 운전자는 보도를 통행할 수 있다.
④ 자전거의 운전자는 길가장자리구역을 통행할 수 없다.

해설 자전거의 운전자는 길가장자리구역(안전표지로 자전거의 통행을 금지한 구간은 제외한다)을 통행할 수있다(도로교통법 제13조 제3항).

56 **도로교통법상 정차 및 주차의 금지 장소가 아닌 곳은?**

① 건널목의 가장자리
② 교차로의 가장자리
③ 횡단보도로부터 10m 이내의 곳
④ 버스정류장 표시판으로부터 20m 이내의 장소

57 **운전면허 취소 처분에 해당되는 것은?**

① 과속운전　② 중앙선 침범
③ 면허정지 기간에 운전한 경우　④ 신호 위반

58 **도로에서 정차를 하고자 하는 때 방법으로 옳은 것은?**

① 차체의 전단부를 도로 중앙을 향하도록 비스듬히 정차한다.
② 진행방향의 반대방향으로 정차한다.
③ 차도의 우측 가장 자리에 정차한다.
④ 일반 통행로에서 좌측 가장 자리에 정차한다.

59 **신호등이 없는 교차로에 좌회전하려는 버스와 그 교차로에 진입하여 직진하고 있는 건설기계가 있을 때 어느 차가 우선권이 있는가?**

① 직진하고 있는 건설기계가 우선
② 좌회전하려는 버스가 우선
③ 사람이 많이 탄 차가 우선
④ 형편에 따라서 우선순위가 정해짐

60 **운전자가 진행방향을 변경하려고 할 때 신호를 하여야 할 시기로 옳은 것은?(단, 고속도로 제외)**

① 변경하려고 하는 지점의 3m 전에서
② 변경하려고 하는 지점의 10m 전에서
③ 변경하려고 하는 지점의 30m 전에서
④ 특별히 정하여져 있지 않고, 운전자 임의대로

해설 진행방향을 변경하려고 할 때 신호를 하여야 할 시기는 변경하려고 하는 지점의 30m 전이다.

61 **건설기계를 운전하여 교차로에서 우회전을 하려고 할 때 가장 적합한 것은?**

① 우회전은 신호가 필요 없으며, 보행자를 피하기 위해 빠른 속도로 진행한다.
② 신호를 행하면서 서행으로 주행하여야 하며, 교통신호에 따라 횡단하는 보행자의 통행을 방해하여서는 아니 된다.
③ 우회전은 언제 어느 곳에서나 할 수 있다.
④ 우회전 신호를 행하면서 빠르게 우회전한다.

62 **편도 4차로 일반도로에서 4차로가 버스 전용차로일 때, 건설기계는 어느 차로로 통행하여야 하는가?**

① 2차로
② 3차로
③ 4차로
④ 한가한 차로

63 **일시정지를 하지 않고도 철길건널목을 통과할 수 있는 경우는?**

① 차단기가 올려져 있을 때
② 경보기가 울리지 않을 때
③ 앞차가 진행하고 있을 때
④ 신호등이 진행신호 표시일 때

64 **사고로 인하여 위급한 환자가 발생하였다. 의사의 치료를 받기 전 까지의 응급처치를 실시할 때, 응급처치 실시자의 준수사항으로서 가장 거리가 먼 것은?**

① 의식 확인이 불가능하여도 생사를 임의로 판정은 하지 않는다.
② 사고현장 조사를 실시한다.
③ 원칙적으로 의약품의 사용은 피한다.
④ 정확한 방법으로 응급처치를 한 후에 반드시 의사의 치료를 받도록 한다.

65 **다음 중 도로교통법상 술에 취한 상태의 기준은?**

① 혈중 알코올농도가 0.03% 이상
② 혈중 알코올농도가 0.1% 이상
③ 혈중 알코올농도가 0.15% 이상
④ 혈중 알코올농도가 0.2% 이상

66 **교통 사고시 운전자가 해야 할 조치사항으로 가장 올바른 것은?**

① 사고 원인을 제공한 운전자가 신고한다.
② 사고 즉시 사상자를 구호하고 경찰관에게 신고한다.
③ 신고할 필요없다.
④ 재물 손괴의 사고도 반드시 신고하여야 한다.

정답 55. ④ 56. ④ 57. ③ 58. ③ 59. ① 60. ③ 61. ② 62. ② 63. ④ 64. ② 65. ① 66. ②

67 다음 중 안전거리 확보에 대한 설명으로 옳지 않은 것은?

① 모든 차의 운전자는 같은 방향으로 가고 있는 앞차의 뒤를 따르는 경우에는 앞차가 갑자기 정지하게 되는 경우 그 앞차와의 충돌을 피할 수 있는 필요한 거리를 확보하여야 한다.
② 긴급자동차의 운전자는 뒤에서 따라오는 차보다 느린 속도로 가려는 경우에는 도로의 우측 가장자리로 피하여 진로를 양보하여야 한다.
③ 자동차등의 운전자는 같은 방향으로 가고 있는 자전거 옆을 지날 때에는 그 자전거와의 충돌을 피할 수 있는 필요한 거리를 확보하여야 한다.
④ 모든 차의 운전자는 위험방지를 위한 경우와 그 밖의 부득이한 경우가 아니면 운전하는 차를 갑자기 정지시키거나 속도를 줄이는 등의 급제동을 하여서는 아니된다.

> 해설 모든 차(긴급자동차는 제외)의 운전자는 뒤에서 따라오는 차보다 느린 속도로 가려는 경우에는 도로의 우측 가장자리로 피하여 진로를 양보하여야 한다. 다만, 통행 구분이 설치된 도로의 경우에는 그러하지 아니하다(도로교통법 제20조 제1항)

68 차마의 올바른 통행 방법은?

① 차마는 도로의 중앙선 좌측을 통행한다.
② 차마는 도로의 중앙선 우측을 통행한다.
③ 도로 외의 곳에 출입하는 때에는 보도를 서행으로 통과한다.
④ 안전지대 등 안전표지에 의해 진입이 금지된 장소는 일시정지 후 통과한다.

> 해설 차마의 운전자는 도로의 중앙선으로부터 우측 부분을 통행하여야 한다.

69 다음 중 다른 차를 앞지르려면 어느 쪽으로 해야 하는가?

① 앞차의 좌측　② 앞차의 우측
③ 앞차의 대각선　④ 앞차의 앞측

> 해설 모든 차의 운전자는 다른 차를 앞지르려면 앞차의 좌측으로 통행하여야 한다(도로교통법 제21조 제1항)

70 주행 중 앞지르기 금지장소가 아닌 것은?

① 교차로
② 터널 내
③ 버스 정류장 부근
④ 급경사의 내리막

> 해설 '앞지르기'란 차의 운전자가 앞서가는 다른 차의 옆을 지나서 그차의 앞으로 나가는 것으로, 모든 차의 운전자는 다른 차를 앞지르려면 앞차의 좌측으로 통행하여야 한다. 주행 중 앞지르기를 금지하는 장소 중 버스 정류장 부근은 해당되지 않는다.(도로교통법 제22조 제3항).

71 안전관리의 근본 목적으로 가장 적합한 것은?

① 생산의 경제적 운용
② 근로자의 생명 및 신체보호
③ 생산과정의 시스템화
④ 생산량 증대

72 산업안전보건법상 산업재해의 정의로 옳은 것은?

① 고의로 물적 시설을 파손한 것을 말한다.
② 운전 중 본인의 부주의로 교통사고가 발생된 것을 말한다.
③ 일상 활동에서 발생하는 사고로서 인적 피해에 해당하는 부분을 말한다.
④ 근로자가 업무에 관계되는 건설물 · 설비 · 원재료 · 가스 · 증기 · 분진 등에 의하거나 작업 또는 그 밖의 업무로 인하여 사망 또는 부상하거나 질병에 걸리게 되는 것을 말한다.

> 해설 산업재해란 근로자가 생산 활동 중 신체장애와 유해물질에 의한 중독 등으로 직업성 질환에 걸려 나타난 장애이다.

73 사고를 많이 발생시키는 원인을 순서로 나열한 것은?

① 불안전행위 → 불가항력 → 불안전조건
② 불안전조건 → 불안전행위 → 불가항력
③ 불안전행위 → 불안전조건 → 불가항력
④ 불가항력 → 불안전조건 → 불안전행위

> 해설 사고를 많이 발생시키는 원인 순서는 불안전행위 → 불안전조건 → 불가항력이다.

74 다음 중 재해의 간접 원인이 아닌 것은?

① 신체적 원인　② 자본적 원인
③ 교육적 원인　④ 기술적 원인

> 해설 재해에는 그 재해를 일으킨 원인이 있게 마련인데, 간접원인이란 직접적으로 재해를 일으킨 것이 아니라 그러한 직접원인을 유발시킨 원인을 가리킨다.
> 작업 시 '불안전한 행동'과 '불안전한 상태'는 사고의 직접적인 원인으로 작용한다. 이처럼 작업자 또는 작업환경이 불안전하게 되는 간접적인 원인에는 신체적, 교육적, 기술적, 관리적 요인에서 기인한다고 볼 수 있다.

75 안전관리상 인력운반으로 중량물을 들어올리거나 운반 시 발생할 수 있는 재해와 가장 거리가 먼 것은?

① 낙하　② 협착(압상)
③ 단전(정전)　④ 충돌

> 해설 단전은 전기의 공급이 중단된 것을 의미한다.

76 재해의 원인 가운데 생리적 원인에 해당하는 것은?

① 작업복의 부적당
② 안전수칙 미준수
③ 작업자의 피로
④ 안전장치의 불량

> 해설 작업자의 피로는 생리적 원인에 해당한다.

정답 67. ② 68. ② 69. ① 70. ③ 71. ② 72. ④ 73. ③ 74. ② 75. ③ 76. ③

77 다음 중 사고의 직업 원인에 해당하는 것은?

① 유전적인 요소
② 성격결함
③ 사회적 환경요인
④ 불안전한 행동

해설 사고의 직접적인 요인은 작업자의 불안전한 행동이나 불안전한 상태에서 비롯된다.

78 산업재해를 예방하기 위한 재해예방 4원칙으로 적당치 못한 것은?

① 대량 생산의 원칙
② 예방 가능의 원칙
③ 원인 계기의 원칙
④ 대책 선정의 원칙

해설 재해예방 4원칙은 손실 우연의 법칙, 원인 계기의 원칙, 예방 가능의 원칙, 대책 선정의 원칙이다.

79 산업재해의 분류에서 사람이 평면상으로 넘어졌을 때(미끄러짐 포함)를 말하는 것은?

① 낙하 ② 충돌
③ 전도 ④ 추락

해설 전도란 엎어져 넘어지거나 미끄러져 넘어지는 것을 말한다.

80 다음 중 안전 표지 종류가 아닌 것은?

① 안내표지
② 허가표지
③ 지시표지
④ 금지표지

81 산업안전 · 보건 표지에서 그림이 나타내는 것으로 맞는 것은?

① 비상구 없음 표지
② 방사선 위험 표지
③ 탑승 금지 표지
④ 보행금지 표지

82 산업안전 · 보건표지에서 그림이 나타내는 것으로 맞는 것은?

① 독극물 경고
② 폭발물 경고
③ 고압전기 경고
④ 낙하물 경고

83 다음의 산업안전 · 보건표지는 어떠한 표지를 나타내는가?

① 지시표지
② 금지표지
③ 경고표지
④ 안내표지

84 다음의 산업안전·보건표지는 무엇을 나타내는가?

① 비상구
② 출입금지
③ 인화성 물질 경고
④ 보안경 착용

85 산업안전 · 보건 표지에서 그림이 나타내는 것으로 맞는 것은?

① 녹십자 표지
② 출입금지
③ 인화성 물질경고
④ 보안경 착용

정답 77. ④ 78. ① 79. ③ 80. ② 81. ④ 82. ③ 83. ① 84. ② 85. ①

86 **산업 안전·보건표지의 종류와 형태에서 그림의 안전표지판이 나타내는 것은?**

① 보행금지
② 작업금지
③ 출입금지
④ 사용금지

87 **안전표지의 종류 중 안내표지에 속하지 않는 것은?**

① 녹십자 표지
② 응급구호 표지
③ 비상구
④ 출입금지

88 **다음은 화재에 대한 설명이다. 틀린 것은?**

① 화재가 발생하기 위해서는 가연성 물질, 산소, 발화원이 반드시 필요하다.
② 가연성 가스에 의한 화재를 D급 화재라 한다.
③ 전기에너지가 발화원이 되는 화재를 C급 화재라 한다.
④ 화재는 어떤 물질이 산소와 결합하여 연소하면서 열을 방출시키는 산화반응을 말한다.

해설 **화재에 관한 설명**
① 화재는 어떤 물질이 산소와 결합하여 연소하면서 열을 방출시키는 산화반응이다.
② 화재가 발생하기 위해서는 가연성 물질, 산소, 발화원이 반드시 필요하다.
③ 연소 후 재를 남기는 고체연료(나무, 석탄 등)화재를 A급 화재라 한다.
④ 유류 및 가연성 가스에 의한 화재를 B급 화재라 한다.
⑤ 전기에너지가 발화원이 되는 화재를 C급 화재라 한다.
⑥ 금속나트륨 등의 금속화재를 D급 화재라 한다.

89 **전기공사 공사 중 긴급 전화번호는?**

① 131 ② 116
③ 123 ④ 321

해설 전기공사 공사 중 긴급한 상황이 발생한 경우 한국전기안전공사(국번 없이 123)에 알려야 한다.

90 **작업 중 보호포가 발견되었을 때 보호포로부터 몇 m 밑에 배관이 있는가?**

① 30cm ② 60cm
③ 1m ④ 1.5m

해설 ② 60cm 이다.

91 **철탑 부근에서 굴착 작업 시 유의하여야 할 사항 중 가장 올바른 것은?**

① 철탑 기초가 드러나지만 않으면 굴착하여도 무방하다.
② 철탑 부근이라 하여 특별히 주의해야 할 사항이 없다.
③ 한국전력에서 철탑에 대한 안전 여부 검토 후 작업을 해야 한다.
④ 철탑은 강한 충격을 주어야만 넘어질 수 있으므로 주변 굴착은 무방하다.

해설 한국전력에서 철탑에 대한 안전 여부 검토한 후 작업을 진행하는 것이 순서이다.

92 **전선로 부근에서 작업을 할 때 다음 사항 중 틀린 것은?**

① 전선은 바람에 흔들리게 되므로 이를 고려하여 이격거리를 증가시켜 작업하여 한다.
② 전선이 바람에 흔들리는 정도는 바람이 강할수록 많이 흔들린다.
③ 전선은 철탑 또는 전주에서 멀어질수록 많이 흔들린다.
④ 전선은 자체 무게가 있어 바람에는 흔들리지 않는다.

해설 전선은 자체 무게가 있어도 바람이 강할 경우 흔들릴 수 있다.

93 **지중전선로 중에 직접 매설식에 의하여 시설 할 경우에는 토관의 깊이를 최소 몇 m 이상으로 하여야 하는가? (단, 차량 및 기타 중량물의 압력을 받을 우려는 없는 장소)**

① 0.6m
② 0.9m
③ 1.0m
④ 1.2m

해설 지중전선로는 차량, 기타 중량물에 의한 압력에 견디고 그 지중전선로의 매설표시 등으로 굴착공사로부터의 영향을 받지 않도록 시설하여야 한다(전기설비기술기준 제38조제1항). 차량이나 기타중량에 의한 압력을 받지 않는 장소에서 지중 전선로의 깊이는 0.6m 이상이다

94 **고압 전력선 부근의 작업장소에서 크레인의 붐이 고압전력선에 근접할 우려가 있을 때, 조치사항으로 가장 적합한 것은?**

① 우선 줄자를 이용하여 전력선과의 거리 측정을 한다.
② 관할 시설물 관리자에게 연락을 취한 후 지시를 받는다.
③ 현장의 작업반장에게 도움을 청한다.
④ 고압전력선에 접촉만 하지 않으면 되므로 주의를 기울이면서 작업을 계속한다.

95 **건설기계가 고압전선에 근접 또는 접촉으로 가장 많이 발생될 수 있는 사고유형은?**

① 감전
② 화재
③ 화상
④ 휴전

정답 86. ④ 87. ④ 88. ② 89. ③ 90. ② 91. ③ 92. ④ 93. ① 94. ② 95. ①

96 **전기는 전압이 높을수록 위험한데 가공 전선로의 위험 정도를 판별하는 방법으로 가장 올바른 것은?**

① 애자의 개수
② 지지물과 지지물의 간격
③ 지지물의 높이
④ 전선의 굵기

97 **일반 도시가스 사업자의 지하배관 설치시 도로 폭 8m 이상인 도로에서는 어느 정도의 깊이에 배관이 설치되어 있는가?**

① 1.0m 이상
② 1.5m 이상
③ 1.2m 이상
④ 0.6m 이상

98 **도시가스 관련법상 공동주택 등외의 건축물 등에 가스를 공급하는 경우 정압기에서 가스사용자가 소유하거나 점유하고 있는 토지의 경계까지에 이르는 배관을 무엇이라고 하는가?**

① 본관
② 주관
③ 공급관
④ 내관

99 **도로 굴착시 황색의 도시가스 보호포가 나왔다. 매설된 도시가스 배관의 압력은?**

① 고압
② 중압
③ 저압
④ 배관의 압력에 관계없이 보호포의 색상은 황색이다.

100 **도시가스로 사용하는 LNG(액화천연가스)의 특징에 대한 설명으로 틀린 것은?**

① 도시가스 배관을 통하여 각 가정에 공급되는 가스이다.
② 공기보다 가벼워 가스 누출시 위로 올라간다.
③ 공기보다 무거워 소량 누출시 밑으로 가라앉는다.
④ 공기와 혼합되어 폭발범위에 이르면 점화원에 의하여 폭발한다.

101 **수공구 중 드라이버를 사용 할 때 안전하지 않은 것은?**

① 날 끝이 수평이어야 한다.
② 전기 작업 시 절연된 자루를 사용한다.
③ 날 끝의 홈의 폭과 길이가 같은 것을 사용한다.
④ 전기 작업 시 금속부분이 자루 밖으로 나와 있어야 한다.

102 **공구사용 시 주의해야 할 사항으로 틀린 것은?**

① 해머 작업 시 보호안경을 쓸 것
② 주위 환경에 주의해야 작업 할 것
③ 손이나 공구에 기름을 바른 다음 작업할 것
④ 강한 충격을 가하지 않을 것

103 **다음 중 렌치 사용시 적합하지 않은 것은?**

① 너트에 맞는 것을 사용할 것
② 렌치를 몸 밖으로 밀어 움직이게 할 것
③ 해머 대용으로 사용치 말 것
④ 파이프 렌치를 사용할 때는 정지상태를 확실히 할 것

104 **일반공구 사용법에서 안전한 사용법에 적합지 않은 것은?**

① 녹이 생긴 볼트나 너트에는 오일을 넣어 스며들게 한 다음 돌린다.
② 렌치에 파이프 등의 연장대를 끼워서 사용하여서는 안된다.
③ 언제나 깨끗한 상태로 보관한다.
④ 렌치의 조정 조에 잡아당기는 힘이 가해져야 한다.

105 **다음 중 스패너 작업방법으로 옳은 것은?**

① 스패너로 볼트를 죌 때는 앞으로 당기고 풀 때는 뒤로 민다.
② 스패너의 입이 너트의 치수보다 조금 큰 것을 사용한다.
③ 스패너 사용 시 몸의 중심을 항상 옆으로 한다.
④ 스패너로 죄고 풀 때는 항상 앞으로 당긴다.

106 **공기구 사용에 대한 사항으로 틀린 것은?**

① 공구를 사용 후 공구상자에 넣어 보관한다.
② 볼트와 너트는 가능한 소켓렌치로 작업한다.
③ 마이크로미터를 보관할 때는 직사광선에 노출시키지 않는다.
④ 토크렌치는 볼트와 너트를 푸는데 사용한다.

107 **수공구인 렌치를 사용할 때 지켜야 할 안전사항으로 옳은 것은?**

① 볼트를 조일 때 렌치를 해머로 쳐서 조이면 강하게 조일 수 있다.
② 볼트를 풀 때 렌치를 당겨서 힘을 받도록 한다.
③ 렌치는 연장대를 끼워서 조이면 큰 힘을 조일 수 있다.
④ 볼트를 풀 때 지렛대 원리를 이용하여 렌치를 밀어서 힘이 받도록 한다.

108 **다음 중 인화성 물질이 아닌 것은?**

① 아세틸렌 가스　　② 가솔린
③ 프로판 가스　　④ 산소

해설 연소가 이루어지기 위해서는 가연물(가연성 물질), 산소(공기), 점화원(열)의 3가지가 필요한데 이들 3가지를 연소의 3요소라 부른다. 아세틸렌 가스, 가솔린, 프로판 가스는 가연성 물질이다.

정답 96. ① 97. ③ 98. ③ 99. ③ 100. ③ 101. ④ 102. ③ 103. ② 104. ④ 105. ④ 106. ④ 107. ② 108. ④

109 **다음 중 드라이버 사용방법으로 틀린 것은?**

① 날 끝이 홈의 폭과 길이에 맞는 것을 사용한다.
② 날 끝이 수평이어야 한다.
③ 전기작업시에는 절연된 자루를 사용한다.
④ 작은 공작물은 가능한 손으로 잡고 작업한다.

110 **기계에 사용되는 방호덮개 장치의 구비 조건으로 틀린 것은?**

① 마모나 외부로부터 충격에 쉽게 손상되지 않을 것
② 작업자가 임의로 제거 후 사용할 수 있을 것
③ 검사나 급유조정 등 정비가 용이할 것
④ 최소의 손질로 장시간 사용할 수 있을 것

111 **다음은 화재분류에 대한 설명이다. 기호와 설명이 잘 연결된 것은?**

① B급 화재 - 전기화재
② C급 화재 - 유류화재
③ D급 화재 - 금속화재
④ E급 화재 - 일반화재

112 **작업장에서 휘발유 화재가 일어났을 경우 가장 적합한 소화방법은?**

① 물 호스의 사용
② 불의 확대를 막는 덮개의 사용
③ 소다 소화기의 사용
④ 탄산가스 소화기의 사용

113 **전기화재 시 가장 좋은 소화기는?**

① 포말 소화기 ② 이산화탄소 소화기
③ 중조산식 소화기 ④ 산 · 알칼리 소화기

114 **이미 소화하기 힘들 정도로 화재가 진행된 화재 현장에서 제일 먼저 하여야 할 조치로 가장 올바른 것은?**

① 소화기 사용 ② 화재 신고
③ 인명 구조 ④ 분말 소화기 사용

해설 화재 현장에서 제일 먼저 하여야 할 조치는 인명구조이다.

115 **가동하고 있는 원동기에서 화재가 발생하였다. 그 소화 작업으로 가장 먼저 취해야 할 안전한 방법은?**

① 원인분석을 하고, 모래를 뿌린다.
② 경찰에 신고한다.
③ 점화 원을 차단한다.
④ 원동기를 가속하여 팬의 바람으로 끈다.

116 **다음 중 화재의 3가지 요소는?**

① 가연성 물질, 점화원, 산소
② 산화물질, 산화원, 산소
③ 불연성 물질, 점화원, 질소
④ 가연성 물질, 점화원, 질소

해설 연소가 이루어지기 위해서는 가연성 물질과 산소, 점화원의 3가지가 있어야 한다. 이러한 연소의 3가지 가운데 한 가지라도 없어지면 연소가 중단되기 때문에 소화는 이러한 성질을 이용해 진화를 한다.

117 **다음 중 화재발생 시 소화기를 사용하여 소화 작업을 하려고 할 때 올바른 방법은?**

① 바람을 안고 우측에서 좌측을 향해 실시한다.
② 바람을 등지고 좌측에서 우측을 향해 실시한다.
③ 바람을 안고 아래쪽에서 위쪽을 향해 실시한다.
④ 바람을 등지고 위쪽에서 아래쪽을 향해 실시한다.

해설 소화기를 사용하여 소화 작업을 할 경우에는 바람을 등지고 위쪽에서 아래쪽을 향해 실시한다.

118 **유류 화재 시 소화 방법으로 가장 부적절한 것은?**

① B급 화재 소화기를 사용한다.
② 다량의 물을 부어 끈다.
③ 모래를 뿌린다.
④ ABC소화기를 사용 한다.

해설 유류화재의 경우 물을 부으면 불이 더 넓게 번져 위험하다. 따라서 B급 화재 소화기를 사용해야 한다.

119 **전기 화재 시 적절하지 못한 소화 장비는?**

① 물
② 이산화탄 소화기
③ 모래
④ 분말소화기

해설 전기설비, 변압기 등으로 인한 화재는 C급 화재이며, 분말소화기를 이용해 불을 끌 수 있다.

120 **안전적인 측면에서 병 속에 들어 있는 약품을 냄새로 알아보고자 할 때 가장 좋은 방법은?**

① 종이로 적셔서 알아본다.
② 숟가락으로 약간 떠내어 냄새를 직접 맡아본다.
③ 내용물을 조금 쏟아서 확인한다.
④ 손바람을 이용하여 확인한다.

정답 109. ④ 110. ② 111. ③ 112. ④ 113. ② 114. ③ 115. ③ 116. ① 117. ④ 118. ② 119. ① 120. ④

제 6 편 지게차 작업장치

1 지게차의 일반

1. 지게차의 정의

지게차(Forklift)는 비교적 가벼운 화물의 짧은 거리를 운반하거나, 다른 차량이나 장비에 적재 또는 하역 작업을 하기 위한 장비로 앞바퀴 구동식으로 되어있으며 뒷바퀴 조향식으로 되어 있다.

2. 지게차의 종류

(1) 동력원의 형식에 의한 분류

1) 엔진식 지게차

① 기관을 동력원으로 하여 기동성이 좋고, 중량물 적재작업에 대부분 이용되고 있다.

② 사용 연료에 따라 디젤 엔진, 가솔린 엔진, LPG 엔진으로 구분 된다.

2) 전동식 지게차

축전지를 동력원으로 하며, 무소음 무공해를 요하는 장소에서 사용한다.

① 카운터형 전동식 지게차 : 엔진식 지게차와 같은 구조로서, 카운터 웨이트가 장착된다.

② 리치형 : 카운터 웨이트가 없으며 리치 태그가 있어 마스트가 전·후진할 수 있는 구조이다.

(2) 타이어 설치에 의한 분류

① 복륜식 : 앞바퀴가 2개 겹쳐져 있는 형식으로, 안쪽 바퀴에 브레이크가 설치되어 있다.

② 단륜식 : 앞 타이어가 1개 있는 것으로, 기동성을 위주로 하는 곳에 사용되고 있다.

(3) 타이어에 의한 분류

① 공기 주입식 타이어 : 튜브를 설치하여 공기를 주입하는 것으로 접지압이 좋은 특징이 있다.

② 솔리드 타이어 : 통타이어라고도 하며, 튜브를 설치하지 않은 타이어를 말하며, 가격이 비싸고 마모가 적다.

2 지게차의 구성과 작업

1. 지게차의 주요 구성

(1) 동력 전달장치 구조와 순서

① 엔진식 마찰 클러치형 : 엔진 → 클러치 → 변속기 → 종감속기어 및 차동기어 → 구동차축 → 최종구동기어 → 앞바퀴

② 엔진식 토크 컨버터형 : 엔진 → 토크 컨버터 → 변속기 → 추진축 → 차동기어 → 구동차축 → 최종구동기어 → 앞바퀴

③ 전동식 : 축전지 → 컨트롤러 → 구동모터 → 변속기 → 자동장치 → 앞바퀴

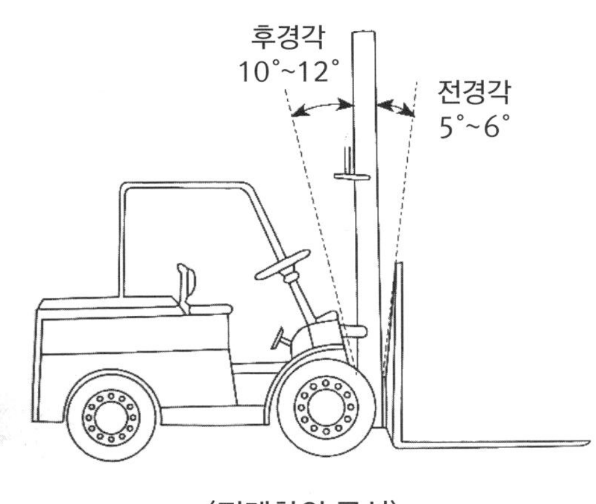

〈지게차의 구성〉

(2) 동력전달 장치의 구조

① 클러치 : 마찰 클러치를 사용하는 경우 건식 단판식이 사용된다.

② 토크 컨버터 : 유체식 클러치를 사용하는 경우이며 다른 장비나 차량에서의 원리와 같다.

③ 변속기 : 기관에서 전달된 동력을 주행상태에 따라 변속을 하며 최근에는 지게차를 정지시키지 않고도 방향전환이 가능한 트랜스액슬이 사용된다.

④ 추진축 : 변속기 출력축의 회전력을 종감속 기어나 차동 기어로 전달하는 축이다.

⑤ 최종 구동 기어 : 변속기를 통하여 감속되면서 회전력이 증가된 기관의 동력을 이곳에서 마지막 감속을 한다.

⑥ 차동기어 : 지게차는 뒷바퀴로 조향이 이루어지고 앞바퀴가 구동력을 받아 움직이므로 앞차축의 회전상태를 서로 다르게 하기 위한 차동 기어가 필요하다.

(3) 조향장치

진행방향을 임의로 바꾸는 장치로서, 뒷바퀴로 방향을 바꾸게 되어 있으며, 조향 조작방식은 기계식과 유압식으로 최소 회전반경은 1,800~2,750mm, 안쪽 바퀴의 조향각은 65~75°로 하고 있다.

(4) 제동장치

브레이크 장치는 주행 중의 지게차를 감속 또는 정지시키는 것과 주차상태를 유지하기 위한 안전상의 이유로 유압식과 내력식이 사용된다.

(5) 작업장치

① 마스트 : 백레스트가 가이드 롤러(또는 리프트 롤러)를 통하여 상·하 미끄럼 원동을 할 수 있는 레일이다. 리프트 실린더, 리프트 체인, 체인 스프로킷, 리프트 롤러, 틸트 실린더, 핑거보드, 백 레스트, 캐리어, 포크 등이 부착되어 있다.

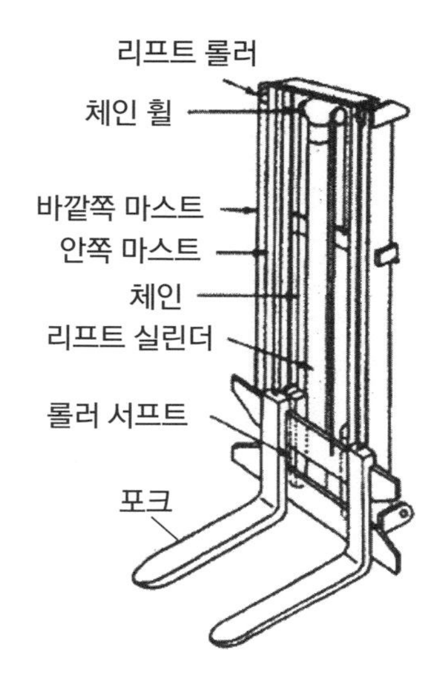

〈마스트의 구성〉

② 리프트 체인(마스트 체인) : 리프트 체인은 리프트 실린더와 함께 포크의 상승 및 하강 작용을 돕는 역할을 하며 좌우 포크의 수평 높이는 리프트 체인에 의해서 조정된다.

③ 핑거 보드 : 포크가 설치되는 수평관으로 백 레스트에 지지되며, 리프트 체인의 한쪽 끝이 고정되어 있다.

④ 캐리어 : 포크를 롤러 베이링에 의해서 이너 레일을 따라 상승 및 하강작용을 돕는 역할을 하며 상하 방향과 좌우 방향의 압력에 견딜 수 있도록 2° 기울여 설치되어 있다.

⑤ 백 레스트 : 핑거보드 위에 설치되어 포크에 적재된 화물을 지지하는 역할을 한다.

⑥ 포크 : 포크는 핑거보드에 설치되어 화물을 들어올리는 역할을 하며 좌우 포크의 설치 간격은 파렛트 폭의 1/2~3/4 정도이다.

⑦ 평형추(카운터 웨이트) : 지게차 프레임의 맨 뒤쪽에 설치되어 차체가 앞쪽으로 쏠리는 것을 방지하며 화물의 적재 작업 및 하역 작업시 지게차의 균형을 유지시키는 역할을 한다.

⑧ 인칭조절페달 : 전·후진 방향으로 서서히 화물에 접근시키거나 빠른 유압 작동으로 신속히 화물을 상승 또는 적재시킬 때 사용하며, 변속기 내부에 설치되어 있다.

(6) 유압 계통

1) 유압 펌프 : 유압을 발생하여 컨트롤 밸브에 공급되며 레버에 의해서 선택된 엑추에이터에 공급된다. 이 때의 발생 유압은 70~130kg/cm² 정도이며 유압 펌프는 조향 펌프와 직결되어 있다.

2) 리프트 실린더

① 레버를 당기면 유압유가 실린더의 아래쪽으로 유입되어 피스톤을 밀어 포크가 상승되는 단동실린더이다.

② 레버를 밀면 화물의 중량 또는 포크의 자중에 의해 실린더에 유입된 유압유가 유압 탱크로 리턴되어 포크는 하강한다.

③ 화물의 중량에 의해서 포크가 갑자기 하강하는 것을 방지하기 위하여 다운 컨트롤 밸브에 의하여 하강 속도를 조정한다.

3) 틸트 실린더

① 레버를 밀면 유압유가 피스톤의 뒤쪽으로 유입되어 마스트가 앞쪽으로 기울어지며 틸트 로크밸브가 내장되었다.

② 레버를 당기면 유압유가 피스톤의 앞쪽으로 유입되어 마스트가 뒤쪽으로 기울어지는 복동 실린더이다.

2. 작업장치 구조와 기능

(1) 마스트와 리프트 체인

① 마스트(mast) : 포크 상하운동을 위한 구조이다.

② 리프트 체인(lift chain) : 마스트를 따라 캐리지(carriage)를 올리고 내리는 역할을 한다.

오버헤드 가드 (overhead guard)
마스트 (mast)
엔진 커버 (Cover engine access)
리프트 체인 (Lift chain)
포크 (Forks)
리어 휠 스티어링(steering) (Rear wheels)
프론트 휠 드라이빙(driving) (Front wheels)

〈지게차 작업장치 각부 명칭〉

(2) 포크(fork)

지게차 포크는 포크를 높이 올린 상태에서 주행함으로써 발생할 수 있는 지게차의 전복, 화물 낙하에 따른 사고를 방지하기 위하여 바닥으로부터의 포크의 위치를 운전자가 쉽게 알 수 있도록 하기 위하여 적절한 위치에 표시해 둔다.

(3) 가이드(guide)

지게차 포크 가이드는 포크를 이용하여 다른 짐을 이동할 목적으로 사용하기 위해 필요하다.

(4) 조작 레버 장치의 구조와 기능

① 전·후진 레버 : 지게차의 전·후진을 선택한다.

② 주차 브레이크 : 주차를 위해 사용한다.

③ 작업 브레이크(인칭 페달) : 작업물을 적재하기 위해 장비를 정지하고자 할 때 사용한다.

④ 브레이크 : 장비를 정지하기 위해서 사용한다.

⑤ 가속 페달 : 엔진을 가속하기 위해서 사용한다.

⑥ 리프트 레버 : 포크를 상승하기 위해서 사용한다.

⑦ 틸트 레버 : 포크를 기울이기 위해서 사용한다.

3. 지게차의 안전수칙

(1) 작업할 때 주의사항

① 적재할 장소에 도달했을 때 천천히 정지한다.

② 화물 앞에서 정지한 후 마스트가 수직이 되도록 한다.

③ 포크를 삽입하고자 하는 곳과 평행하게 한다.

④ 화물을 올릴 때에는 포크를 수평으로 한다.

⑤ 포크로 물건을 찌르거나 화물을 끌어서 올리지 않는다.

⑦ 포크를 이용하여 사람을 싣거나 들어 올리지 않아야 한다.

⑧ 불안정한 적재의 경우에는 조심스럽게 작업을 진행시킨다.

(2) 주행할 때 주의사항

① 운전석에는 운전자 이외는 승차하지 않는다.

② 면허소지자 이외는 운전하지 못하도록 한다.

③ 화물을 적재하고 주행할 때 포크와 지면과의 간격은 20~30cm가 좋다.

④ 운반 중 마스트를 뒤로 약 4~6° 정도 경사시킨다.

⑤ 파렛트에 실은 화물이 안정되고 확실하게 실려 있는지 확인한다.

⑥ 화물을 싣고 주행 할 때는 절대로 속도를 내서는 안 된다.

⑦ 노면 상태에 따라 충분한 주의를 하여야 한다.

⑧ 포크에 사람을 태워서는 안 된다.

⑨ 내리막길에서는 급회전을 하지 않는다.

⑩ 화물이 백레스트에 완전히 닿도록 한 후 운행한다.

⑪ 주행 중 노면상태에 주의하고 노면이 고르지 않은 곳에서는 천천히 운행한다.

⑫ 화물을 포크에 적재하고 경사지를 내려올 때는 기어변속을 저속 상태로 놓고 후진으로 내려온다.

(3) 주차 및 정차에 대한 주의사항

① 포크의 선단이 지면에 닿도록 마스트를 전방으로 약간 경사 시킨 후 포크를 지면에 내려놓는다.

② 시동(키)스위치를 OFF에 놓고 주차 브레이크를 잡아당겨 주차상태를 유지시킨다.

③ 시동스위치의 키를 빼내어 보관한다.

④ 통로나 비상구에는 주차하지 않는다.

제 6 편

지게차 작업장치

출제예상문제

01 다음 중 지게차의 특징이 아닌 것은?

① 전륜조향 방식이다.
② 완충장치가 없다.
③ 기관은 뒤쪽에 위치한다.
④ 틸트 장치가 있다.

해설 지게차는 앞바퀴(선륜)구동, 뒷바퀴(후륜)조향 방식, 완충장치가 없으며, 리프트와 틸트 장치가 있다.

02 다음 중 지게차에 관한 설명이 틀린 것은?

① 지게차는 주로 경량물을 운반하거나 적재 및 하역작업을 한다.
② 지게차는 주로 뒷바퀴 구동방식을 사용한다.
③ 조향은 뒷바퀴로 한다.
④ 주로 디젤엔진을 사용한다.

03 지게차의 주된 구동 방식은?

① 앞바퀴 구동
② 뒷바퀴 구동
③ 전후 구동
④ 중간 차축 구동

해설 지게차는 앞바퀴 구동식으로 되어 있으며 복잡한 전부장치 때문에 뒷바퀴 조향식으로 되어 있다.

04 지게차의 일반적인 조향방식은?

① 앞바퀴 조향방식이다.
② 허리꺾기 조향방식이다.
③ 작업조건에 따라 바꿀 수 있다.
④ 뒷바퀴 조향방식이다.

해설 지게차는 일반적으로 앞바퀴 구동, 뒷바퀴 조향식이다.

05 지게차 작업장치의 종류에 속하지 않는 것은?

① 하이 마스트
② 리퍼
③ 사이트 클램프
④ 힌지드 버킷

해설 리퍼는 불도저 뒤쪽에 부착된 작업장치이다.

06 깨지기 쉬운 화물이나 불안전한 화물의 낙하를 방지하기 위하여 포크상단에 상하 작동할 수 있는 압력판을 부착한 지게차는?

① 하이 마스트
② 3단 마스트
③ 사이드 시프트 마스트
④ 로드 스태빌라이저

해설 로드 스태빌라이저는 깨지기 쉬운 화물이나 불안전한 화물의 낙하를 방지하기 위하여 포크상단에 상하 작동할 수 있는 압력판을 부착한 지게차이다.

07 지게차의 하중을 지지해 주는 것은?

① 마스터 실린더
② 구동 차축
③ 차동 장치
④ 최종 구동장치

08 지게차의 앞바퀴는 어디에 설치되는가?

① 섀크 핀에 서치된다.
② 직접 프레임에 설치된다.
③ 너클 암에 설치된다.
④ 등속이음에 설치된다.

해설 지게차의 앞바퀴는 직접 프레임에 설치된다.

09 지게차의 조종레버의 설명으로 틀린 것은?

① 로우어링(lowering)
② 덤핑(dumping)
③ 리프팅(lifting)
④ 틸팅(tillting)

해설
- ·로우어링(lowering) : 포크 하강
- ·리프팅(lifting) : 포크 상승
- ·틸팅(tillting) : 다스를 기울임

10 지게차의 조종 레버 명칭이 아닌 것은?

① 리프트 레버
② 밸브 레버
③ 변속 레버
④ 필트 레버

정답 01. ① 02. ② 03. ① 04. ④ 05. ② 06. ④ 07. ② 08. ② 09. ② 10. ②

11 둥근 목재나 파이프 등을 작업하는데 적합한 지게차의 작업장치는?

① 블록 클램프 ② 사이드 시프트
③ 하이 마스트 ④ 힌지드 포크

해설 힌지드 포크는 둥근 목재나 파이프 등을 작업하는데 적합하다.

12 지게차의 작업장치 중 석탄, 소금, 비료 등의 비교적 흘러내리기 쉬운 물건 운반에 사용하는 장치는?

① 사이드 시프트 포크 ② 힌지드 버킷
③ 블록 클램프 ④ 로테이팅 포크

해설 힌지드 버킷은 석탄, 소금, 비료 등의 비교적 흘러내리기 쉬운 물건 운반에 사용하는 지게차이다.

13 지게차에서 틸트 실린더의 역할은?

① 포크의 상·하 이동 ② 차체 수평유지
③ 마스트 앞·뒤 경사각 유지 ④ 차체 좌·우회전

해설 지게차에서 틸트실린더의 역할은 마스트 앞·뒤 경사각 유지이다.

14 지게차의 구조와 관계가 없는 것은?

① 마스트 ② 밸런스 웨이트
③ 틸트 레버 ④ 레킹 볼

해설 레킹 볼은 철거한 건물을 부수기 위해 크레인에 매달아 휘두르는 공 모양의 쇳덩이를 말한다.

15 토크컨버터식 지게차의 동력 전달 순서로 맞는 것은?

① 엔진 → 변속기 → 토크컨버터 → 종감속 기어 및 차동장치 → 최종 감속기 → 앞 구동축 → 차륜
② 엔진 → 변속기 → 토크컨버터 → 종감속 기어 및 차동장치 → 앞 구동축 → 최종 감속기 → 차륜
③ 엔진 → 토크컨버터 → 변속기 → 앞 구동축 → 종감속 기어 및 차동장치 → 최종감속기 → 차륜
④ 엔진 → 토크컨버터 → 변속기 → 종감속 기어 및 차동장치 → 앞 구동축 → 최종 감속기 → 차륜

해설 토크컨버터 사용 지게차의 동력 전달 순서는 엔진 → 토크컨버터 → 변속기 → 종감속 기어 및 차동장치 → 앞 구동축 → 최종 감속기 → 차륜

16 지게차 작업장치의 동력전달 기구가 아닌 것은?

① 리프트 체인 ② 틸트 실린더
③ 리프트 실린더 ④ 트렌치 호

해설 트렌치 호는 기중기의 작업장치의 일종이다.

17 지게차를 작업용도에 따라 분류할 때 원추형 화물을 조이거나 회전시켜 운반 또는 적재하는데 적합한 것은?

① 힌지드 버킷
② 힌지드 포크
③ 로테이팅 클램프
④ 로드 스태빌라이저

해설 로테이팅 클램프는 원추형 화물을 조이거나 회전시켜 운반 또는 적재하는데 적합하다.

18 지게차에서 자동차와 같이 스프링을 사용하지 않는 이유를 설명한 것으로 옳은 것은?

① 롤링이 생기면 적하물이 떨어지기 때문이다.
② 현가장치가 있으면 조향이 어렵기 때문이다.
③ 화물에 충격을 주기 위함이다.
④ 앞차축이 구동축이기 때문이다.

19 지게차의 스프링 장치에 대한 설명으로 맞는 것은?

① 텐덤 드라이브 장치이다.
② 코일스프링 장치이다.
③ 판스프링 장치이다.
④ 스프링 장치가 없다.

해설 지게차에서는 롤링이 생기면 적하물이 떨어지기 때문에 스프링을 사용하지 않는다.

20 지게차의 리프트 실린더의 역할은?

① 마스터를 틸트시킨다.
② 마스터를 이동시킨다.
③ 포크를 상승, 하강시킨다.
④ 포크를 앞뒤로 기울게 한다.

해설 리프트 실린더는 레버를 당기면 유압유가 실린더의 아래쪽으로 유입되어 피스톤을 밀어 포크가 상승 되는 단동 실린더이다. 또한, 레버를 밀면 화물의 중량 또는 포크의 자중에 의해 실린더에 유입된 유압유가 유입 탱크로 리턴되어 포크는 하강한다.

21 클러치식 지게차 동력 전달 순서로 맞는 것은?

① 엔진 → 변속기 → 클러치 → 앞구동축 → 종감속 기어 및 차동장치 → 차륜
② 엔진 → 변속기 → 클러치 → 종감속 기어 및 차동장치 → 앞구동축 → 차륜
③ 엔진 → 클러치 → 종감속 기어 및 차동장치 → 변속기 → 앞구동축 → 차륜
④ 엔진 → 클러치 → 변속기 → 종감속 기어 및 차동장치 → 앞구동축 → 차륜

해설 클러치 사용 지게차의 동력 전달 순서는 엔진 → 클러치 → 변속기 → 종감속 기어 및 차동장치 → 앞구동축 → 차륜이다.

정답 11. ④ 12. ② 13. ③ 14. ④ 15. ④ 16. ④ 17. ③ 18. ① 19. ④ 20. ③ 21. ④

22 **운전 중 좁은 장소에서 지게차를 방향 전환시킬 때 가장 주의할 점으로 맞는 것은?**

① 뒷바퀴 회전에 주의하여 방향 전환한다.
② 포크 높이를 높게 하여 방향 전환한다.
③ 앞바퀴 회전에 주의하며 방향 전환한다.
④ 포크가 땅에 닿게 내리고 방향 전환한다.

23 **지게차의 동력조향 장치에 사용되는 유압 실린더로 가장 적합한 것은?**

① 단동 실린더 플런저형
② 복동 실린더 싱글 로드형
③ 복동 실린더 더블 로드형
④ 다단 실린더 텔레스코픽형

24 **지게차의 체인장력 조정법으로 틀린 것은?**

① 좌우체인이 동시에 평행한가를 확인한다.
② 포크를 지면에서 조금 올린 후 조정한다.
③ 손으로 체인을 눌러보아 양쪽이 다르면 조정 너트로 조정한다.
④ 조정 후 로크 너트를 풀어둔다.

해설 체인의 장력 조정 후에는 로크 너트를 로크시켜야 한다.

25 **지게차 작업 도중에 엔진이 정지 되었을 때 틸트 레버를 밀어도 마스트가 경사되지 않도록 하는 것은?**

① 체크 밸브 ② 스태빌라이저
③ 틸트 록 밸브 ④ 밸 크랭크 기구

해설 지게차가 작업 도중 엔진이 정지되면 틸트 록 밸브가 유압회로를 제어하여 틸트 레버를 조작해도 마스트가 경사되지 않는다.

26 **지게차의 리프트 체인에 주유하는 오일로 맞는 것은?**

① 자동변속기 오일로 주유한다.
② 작동유로 주유한다.
③ 엔진오일로 주유한다.
④ 솔벤트로 주유한다.

해설 리프트 체인의 주유는 엔진오일로 한다.

27 **지게차의 뒤쪽에 설치되어 차체가 앞쪽으로 쏠리는 것을 방지하는 것은?**

① 엔진 ② 클러치
③ 변속기 ④ 카운터 웨이트

해설 카운터 웨이트는 지게차 뒤쪽에 설치하여 화물을 적재하였을 때 앞쪽으로 쏠리는 것을 방지하며 평형추라고도 한다.

28 **지게차를 전·후진 방향으로 서서히 화물에 접근시키거나 빠른 유압 작동으로 신속히 화물을 상승 또는 적재시킬 때 사용하는 것은?**

① 인칭조절 페달 ② 액셀러레이터 페달
③ 디셀러레이터 페달 ④ 브레이크 페달

해설 인칭조절 페달은 지게차를 전·후진 방향으로 서서히 화물에 접근시키거나 빠른 유압작동으로 신속히 화물을 상승 또는 전재시킬 때 사용하며, 트랜스미션 내부에 설치되어 있다.

29 **지게차는 자동차와 다르게 현가스프링을 사용하지 않는 이유를 설명한 것으로 옳은 것은?**

① 롤링이 생기면 적하물이 떨어질 수 있기 때문에
② 현가장치가 있으면 조향이 어렵기 때문에
③ 화물에 충격을 줄여주기 위해
④ 앞차축이 구동축이기 때문에

해설 현가 스프링을 사용하지 않는 이유는 롤링이 생기면 적하물이 떨어지기 때문이다.

30 **지게차의 틸트 레버를 운전석에서 운전자 몸 쪽으로 당기면 마스트는 어떻게 기울어지는가?**

① 운전자의 몸 쪽에서 멀어지는 방향으로 기운다.
② 지면방향 아래쪽으로 내려온다.
③ 운전자의 몸 쪽 방향으로 기운다.
④ 지면에서 위쪽으로 올라간다.

해설 틸트 레버를 운전자의 몸 쪽 방향으로 기운다.

31 **지게차의 리프트 실린더로 가장 많이 사용하는 형식은?**

① 복동형 ② 단동형
③ 조합형 ④ 조향형

해설 리프트 실린더는 포크가 상승할 때만 유압이 가해지고, 하강할 때는 포크 및 화물의 중량에 의하는 단동형이다.

32 **지게차에서 엔진이 정지되었을 때 레버를 밀어도 마스트가 경사되지 않도록 하는 것은?**

① 밸 크랭크 기구 ② 틸트 록 장치
③ 체크 밸브 ④ 스태빌라이저

해설 틸트 록 장치는 마스트를 기울일 때 갑자기 엔진의 시동이 정지되면 작동하여 그 상태를 유지시키는 작용을 한다. 즉, 틸트 레버를 움직여도 마스트가 경사되지 않도록 한다.

33 **리프트 레버를 밀어 포크의 상승상태를 점검하였더니 2/3 정도는 잘 상승하다가 그 후 상승이 잘 안 되는 현상이 발생하였을 경우 점검하여야 할 부분은?**

① 엔진오일량 ② 유압탱크의 오일량
③ 냉각수량 ④ 틸트레버

정답 22. ① 23. ③ 24. ④ 25. ③ 26. ③ 27. ④ 28. ① 29. ① 30. ③ 31. ② 32. ② 33. ②

34 지게차 포크를 하강시키는 방법으로 가장 적합한 것은?

① 가속페달을 밟고 리프트레버를 앞으로 민다.
② 가속페달을 밟고 리프트레버를 뒤로 당긴다.
③ 가속페달을 밟지 않고 리프트레버를 뒤로 당긴다.
④ 가속페달을 밟지 않고 리프트레버를 앞으로 민다.

해설 포크를 하강시킬 때에는 가속페달을 밟지 않고 리프트레버를 앞으로 민다.

35 지게차에서 리프트 실린더의 주된 역할은?

① 마스터를 틸트시킨다.
② 마스터를 이동시킨다.
③ 포크를 상승·하강시킨다.
④ 포크를 앞뒤로 기울게 한다.

해설 리프트 실린더는 포크를 상승·하강시킨다.

36 지게차의 운전장치를 조작하는 동작의 설명으로 틀린 것은?

① 전·후진 레버를 앞으로 밀면 후진이 된다.
② 틸트 레버를 뒤로 당기면 마스트는 뒤로 기운다.
③ 리프트 레버를 앞으로 밀면 포크가 내려간다.
④ 전·후진 레버를 뒤로 당기면 후진이 된다.

해설 전·후진 레버를 앞으로 밀면 전진이 된다.

37 지게차 작업 시 지게차를 화물에 천천히 접근시키거나 신속한 유압 작동으로 화물 적재 작업에 사용하는 것은?

① 인칭 페달
② 가속 페달
③ 브레이크 페달
④ 디셀레이터 페달

해설 적재작업 시 지게차를 화물에 천천히 접근시키니는 것은 인칭 페달이다.

38 지게차 인칭조절 장치에 대한 설명으로 맞는 것은?

① 트랜스미션 내부에 있다.
② 브레이크 드럼 내부에 있다.
③ 디셀레이터 페달이다.
④ 작업장치의 유압상승을 억제한다

39 지게차의 좌우 포크높이가 다를 경우에 조정하는 부위는?

① 리프트 밸브로 조정한다.
② 리프트 체인의 길이로 조정한다.
③ 틸트 레버로 조정한다.
④ 틸트 실린더로 조정한다.

40 지게차의 리프트 레버 작동에 대한 설명으로 틀린 것은?

① 리프트 레버를 운전자 바깥쪽으로 밀면 포크가 하강한다.
② 리프트 레버를 운전자 쪽으로 당기면 포크가 상승한다.
③ 포크가 상승할 때에는 가속페달을 밟아야 한다.
④ 포크가 하강할 때에는 가속페달을 밟아야 한다.

41 지게차의 적재방법으로 틀린 것은?

① 화물을 올릴 때에는 포크를 수평으로 한다.
② 적재한 장소에 도달했을 때 천천히 정지한다.
③ 포크로 물건을 찌르거나 물건을 끌어서 올리지 않는다.
④ 화물이 무거우면 사람이나 중량물로 밸런스 웨이드를 잡는다.

42 지게차의 화물운반 작업 중 가장 적당한 것은?

① 댐퍼를 뒤로 3° 정도 경사시켜서 운반한다.
② 마스트를 뒤로 4° 정도 경사시켜서 운반한다.
③ 샤퍼를 뒤로 6° 정도 경사시켜서 운반한다.
④ 바이브레이터를 뒤로 8° 정도 경사시켜서 운반한다.

43 지게차의 운전방법으로 틀린 것은?

① 화물운반 시 내리막길은 후진으로 오르막길은 전진으로 주행한다.
② 화물운반 시 포크는 지면에서 20~30cm가량 띄운다.
③ 화물운반 시 마스트를 뒤로 4° 가량 경사시킨다.
④ 화물운반은 항상 후진으로 주행한다.

44 지게차 작업 시 안전수칙으로 틀린 것은?

① 주차 시에는 포크를 완전히 지면에 내려야 한다.
② 화물을 적재하고 경사지를 내려갈 때는 운전시야 확보를 위해 전진으로 운행해야 한다.
③ 포크를 이용하여 사람을 싣거나 들어 올리지 않아야 한다.
④ 경사지를 오르거나 내려올 때는 급회전을 금해야 한다.

해설 화물을 적재하고 경사지를 내려 갈 때는 기어의 변속을 저속상태로 놓고 후진으로 내려온다.

45 지게차 화물취급 작업 시 준수하여야 할 사항으로 틀린 것은?

① 화물 앞에서 일단 정지해야 한다.
② 화물의 근처에 왔을 때에는 가속페달을 살짝 밟는다.
③ 파렛트에 실려 있는 물체의 안전한 적재여부를 확인한다.
④ 지게차를 화물 쪽으로 반듯하게 향하고 포크가 파렛트를 마찰하지 않도록 주의한다.

해설 화물의 근처에 왔을 때에는 브레이크 페달을 가볍게 밟아 정지할 준비를 한다.

정답 34. ④ 35. ③ 36. ① 37. ① 38. ① 39. ② 40. ④ 41. ④ 42. ② 43. ④ 44. ② 45. ②

46 지게차 포크를 적하물에 따라 간격을 늘리고 줄이는데 사용되는 것은?

① 틸트 실린더 고정 핀
② 마스트 고정 핀
③ 리프트 실린더 고정 핀
④ 핑거보드 고정 핀

> 해설 지게차 포크 간격 조절 시 수동은 핑거보드 고정 핀으로, 자동은 로크 포지셔너 레버로 한다.

47 지게차 리프트 레버의 작동에 대한 설명으로 틀린 것은?

① 리프트 레버를 뒤로 당기면 포크가 상승한다.
② 리프트 레버를 앞으로 밀면 포크가 하강한다.
③ 포크 상승 시에는 가속페달을 밟는다.
④ 포크 하강 시에는 가속페달을 밟는다.

> 해설 리프트 실린더는 단동 실린더로 포크 상승 시에는 가속 페달을 밟고, 하강 시에는 가속 페달을 밟지 않는다.

48 평탄한 노면에서 지게차를 운전하여 하역 작업 시 올바른 방법이 아닌 것은?

① 파렛트에 실은 짐이 안정되고 확실하게 실려 있는가를 확인한다.
② 포크를 삽입하고자 하는 곳과 평행하게 한다.
③ 불안정한 적재의 경우에는 빠르게 작업을 진행시킨다.
④ 화물 앞에서 정지한 후 마스트가 수직이 되도록 기울여야 한다.

49 지게차를 운전하여 화물운반 시 주의사항으로 적합하지 않은 것은?

① 노면이 좋지 않을 때는 저속으로 운행한다.
② 경사지를 운전 시 화물을 위쪽으로 한다.
③ 화물운반 거리는 5m 이내로 한다.
④ 노면에서 약 20~30cm 상승 후 이동한다.

50 지게차를 운행할 때 주의할 점이 아닌 것은?

① 포크로 화물이나 물건을 찔러서 올리지 않는다.
② 화물을 올릴 때에는 포크를 수평으로 한다.
③ 노면 상태에 따라 충분한 주의를 하여야 한다.
④ 포크에 사람을 태우고 작업할 수 있다.

51 지면이 고르지 않은 야외 벌목장이나 야적장 등의 험준한 지역에서 사용되는 지게차는?

① 방폭형 지게차
② 사이드형 지게차
③ 험지형 지게차
④ 협통로형 지게차

> 해설 험지형 지게차는 사륜구동 지게차로 기존 지게차로는 작업이 불가능했던 눈길, 모래, 자갈 및 진흙 등의 험준한 지형에서 적재 작업이 가능하다.

52 지게차 작업 전 포크를 올렸다 내렸다 하고, 틸트를 앞뒤로 작동시키는 목적으로 맞는 것은?

① 유압 실린더 내부의 녹을 제거하기 위함이다.
② 작동유의 온도를 높이기 위함이다.
③ 오일 여과기의 오물을 제거하기 위함이다.
④ 작동유 탱크 내의 공기빼기를 하기 위함이다.

53 지게차에서 화물취급 방법으로 틀린 것은?

① 포크는 화물의 받침대 속에 정확히 들어갈 수 있도록 조작 한다.
② 운반물을 적재하여 경사지를 주행할 때에는 짐이 언덕 뒤쪽으로 향하도록 한다.
③ 포크를 지면에서 약 800mm 정도 올려서 주행해야 한다.
④ 운반 중 마스트를 뒤로 약 6° 정도 경사시킨다.

54 지게차 포크에 화물을 적재하고 주행할 때 포크와 지면과의 간격으로 가장 적합한 것은?

① 지면에 밀착　② 20~30cm
③ 50~55cm　④ 80~85cm

> 해설 화물을 적재하고 주행할 때 포크와 지면과의 간격은 20~30cm가 좋다.

55 지게차의 운전을 종료했을 때 취해야 할 안전사항이 아닌 것은?

① 각종 레버는 중립에 둔다.
② 연료를 빼낸다.
③ 주차브레이크를 작동시킨다.
④ 전원 스위치를 차단시킨다.

56 지게차의 작업 후 점검사항으로 맞지 않는 것은?

① 연료탱크에 연료를 가득 채운다.
② 파이프나 유압 실린더의 누유를 점검한다.
③ 타이어의 공기압 및 손상여부를 점검한다.
④ 다음날 작업이 계속되므로 지게차의 내·외부를 그대로 둔다.

57 지게차의 작동유의 양을 점검할 때 옳은 것은?

① 저속으로 주행을 하면서 기어변속 시 작동유의 양을 점검한다.
② 포크를 중간쯤에 두고 작동유의 양을 점검한다.
③ 포크를 지면에 닿도록 내려놓고 작동유의 양을 점검한다.
④ 포크를 최대로 올린 후 작동유의 양을 점검한다.

58 지게차의 좌우 포크 높이가 다른 경우 조정하는 방법으로 맞는 것은?

① 리프트 밸브로 조정한다.
② 리프트 체인의 길이로 조정한다.
③ 틸트 레버로 조정한다.
④ 틸트 실린더로 조정한다.

> 해설 지게차의 좌우 체인의 높이가 다르면 리프트 체인의 길이로 조정한다.

정답 46. ④ 47. ④ 48. ③ 49. ③ 50. ④ 51. ③ 52. ② 53. ③ 54. ② 55. ② 56. ④ 57. ③ 58. ②

59 지게차의 인칭 조절 기구에 대한 설명으로 맞는 것은?

① 변속기 내부에 있다.
② 브레이크에 있다.
③ 디셀레이터 페달이다.
④ 작업장치의 유압상승을 방지한다.

해설 인칭 조절 기구는 변속기 내부에 있다.

60 지게차 작업 중 포크를 하강시키는 방법으로 맞는 것은?

① 가속 페달을 밟고 리프트 레버를 뒤로 당긴다.
② 가속 페달을 밟고 리프트 레버를 앞으로 민다.
③ 가속 페달을 밟지 않고 리프트 레버를 뒤로 당긴다.
④ 가속 페달을 밟지 않고 리프트 레버를 앞으로 민다.

61 지게차를 난기운전 할 때 포크를 올렸다 내렸다 하고, 틸트레버를 작동시키는데 이것의 목적으로 가장 적합한 것은?

① 유압 실린더 내부의 녹을 제거하기 위해
② 유압 작동유의 온도를 높이기 위해
③ 오일 여과기의 오물이나 금속분말을 제거하기 위해
④ 오일 탱크 내의 공기빼기를 위해

해설 난기운전 할 때 포크를 올렸다 내렸다 하고, 틸트레버를 작동시키는 목적은 유압 작동유의 온도를 높이기 위함이다.

62 지게차에 대한 설명으로 틀린 것은?

① 연료탱크에 연료가 비어 있으면 연료게이지는 "E"를 가리킨다.
② 오일압력 경고등은 시동 후 워밍업 되기 전에 점등되어야 한다.
③ 히터시그널은 연소실 글로우 플러그의 가열 상태를 표시한다.
④ 암페어미터의 지침은 방전되면 (-)쪽을 가리킨다.

해설 오일압력 경고등은 시동키를 ON으로 하면 점등되었다가 기관 시동 후에는 즉시 소등되어야 한다.

63 지게차 주차 시 취해야 할 안전조치로 틀린 것은?

① 포크를 지면에서 20cm 정도 높이에 고정시킨다.
② 엔진을 정지시키고 주차 브레이크를 잡아당겨 주차상태를 유지시킨다.
③ 포크의 선단이 지면에 닿도록 마스트를 전방으로 약간 경사시킨다.
④ 시동스위치의 키를 빼내어 보관한다.

64 지게차로 창고 또는 공장에 출입할 때 안전사항으로 틀린 것은?

① 차폭과 입구 폭을 확인한다.
② 부득이 포크를 올려서 출입하는 경우에는 출입구 높이에 주의한다.
③ 얼굴을 차체 밖으로 내밀어 주위환경을 관찰하며 출입한다.
④ 반드시 주의 안전 상태를 확인하고 나서 출입한다.

65 지게차로 화물을 싣고 경사지에서 주행할 때 안전상 올바른 운전방법은?

① 포크를 높이 들고 주행한다.
② 내려갈 때에는 저속 후진한다.
③ 내려갈 때에는 변속레버를 중립에 놓고 주행한다.
④ 내려갈 때에는 시동을 끄고 타력으로 주행한다.

정답 59. ① 60. ④ 61. ② 62. ② 63. ① 64. ③ 65. ②

실전모의고사 1회

01 디젤기관의 구성 요소가 아닌 것은?

① 분사 펌프
② 공기 청정기
③ 점화 플러그
④ 흡기 다기관

해설 점화 플러그는 가솔린 기관의 점화장치이다.

02 디젤기관의 단점이 아닌 것은?

① 소음이 크다.
② rpm이 높다.
③ 진동이 크다.
④ 마력 당 무게가 무겁다.

해설 RPM(revolution per minute)은 1분당 엔진 회전수로서 엔진 회전수가 높으면 그만큼 고출력을 내는데 유리하다. 디젤기관의 경우 압축 착화 연소를 하기 때문에 연소 과정이 가솔린 기관보다 길고, 행정구간이 긴 롱 스트로크 엔진을 사용하면서 피스톤이 실린더를 왕복하는 시간이 길어져 운동성이 저하되므로 가솔린 엔진보다 rpm이 낮게 된다.

03 디젤기관의 특성으로 가장 거리가 먼 것은?

① 연료소비율이 적고 열효율이 높다.
② 예열플러그가 필요 없다.
③ 연료의 인화점이 높아서 화재의 위험성이 크다.
④ 전기 점화장치가 없어 고장률이 적다.

해설 예연소실과 와류실식에서는 시동보조 장치인 예열플러그를 필요로 한다.

04 기관에서 연료를 압축하여 분사순서에 맞게 노즐로 압송시키는 장치는?

① 연료분사펌프
② 연료공급펌프
③ 프라이밍펌프
④ 유압펌프

해설 연료분사펌프는 연료를 압축하여 분사순서에 맞추어 노즐로 압송시키는 장치이다.

05 디젤기관에서 압축 행정 시 밸브는 어떤 상태가 되는가?

① 흡입밸브만 닫힌다.
② 배기 밸브만 닫힌다.
③ 흡입과 배기밸브 모두 열린다.
④ 흡입과 배기밸브 모두 닫힌다.

해설 압축 행정에서 흡기밸브와 배기밸브는 모두 닫혀져 있어야 한다.

06 다음 중 냉각장치에 사용되는 라디에이터의 구성품이 아닌 것은?

① 냉각수 주입구
② 냉각 핀
③ 코어
④ 물재킷

해설 라디에이터(방열기)는 다량의 냉각수를 담는 일종의 탱크로서 열을 배출하는 역할을 한다. 라디에이터는 대기 중으로 열을 더 많이 방출하도록 대기와 단면적을 넓힌 코어(Core)라는 구조로 되어 있다. 물재킷은 기관 내부의 냉각수가 흐르도록 한 냉각수 통로이다.

07 건설기계에 사용되는 전기장치 중 플레밍의 왼손법칙이 적용된 부품은?

① 발전기
② 점화코일
③ 릴레이
④ 기동전동기

해설 기동전동기의 원리는 계자철심 내에 설치된 전기자에 전류를 공급하면 전기자는 플레밍의 왼손법칙에 따르는 방향의 힘을 받는다.

08 동절기에 주로 사용하는 것으로, 디젤기관에 흡입된 공기온도를 상승시켜 시동을 원활하게 하는 장치는?

① 고압 분사장치
② 연료장치
③ 충전장치
④ 예열장치

09 축전지를 교환 및 장착할 때 연결순서로 맞는 것은?

① (+) 나 (-)선 중 편리한 것부터 연결하면 된다.
② 축전지의 (-) 선을 먼저 부착하고, (+) 선을 나중에 부착한다.
③ 축전지의 (+), (-) 선을 동시에 부착한다.
④ 축전지의 (+) 선을 먼저 부착하고, (-) 선을 나중에 부착한다.

해설 축전지를 장착할 때에는 (+) 선을 먼저 부착하고, (-) 선을 나중에 부착한다.

10 건설기계 기관에서 부동액으로 사용할 수 없는 것은?

① 메탄
② 알코올
③ 에틸렌글리콜
④ 글리세린

해설 부동액의 종류에는 알코올(메탄올), 글리세린, 에틸렌글리콜이 있다.

정답 01. ③ 02. ② 03. ② 04. ① 05. ④ 06. ④ 07. ④ 08. ④ 09. ④ 10. ①

11 지게차에서 틸트 실린더의 역할은?

① 포크의 상·하 이동
② 차체 수평유지
③ 마스트 앞, 뒤 경사각 유지
④ 차체 좌, 우회전

틸트 실린더는 유압으로 마스트를 앞뒤로 조정하는 역할을 한다. 마스트를 앞뒤로 이동하는 것을 틸팅(tilting)이라 하는데 마스트 조정 레버(틸트 레버)를 당기면 마스트가 운전석 쪽으로 이동하고, 밀면 마스트가 앞쪽으로 기울어진다.

12 납산 축전지가 방전되어 급속충전을 할 때의 설명으로 틀린 것은?

① 충전 중 전해액의 온도가 45℃가 넘지 않도록 한다.
② 충전 중 가스가 많이 발생되면 충전을 중단한다.
③ 충전전류는 축전지 용량보다 크게 한다.
④ 충전시간은 가능한 짧게 한다.

급속충전은 보충전할 시간적 여유가 없을 때 충전으로, ①, ②, ④ 이외에도 실용량의 1/2~1개의 전류로 충전한다.

13 지게차의 일상점검 사항이 아닌 것은?

① 토크 컨버터의 오일 점검
② 타이어 손상 및 공기압 점검
③ 틸트 실린더 오일누유 상태
④ 작동유의 양

지게차의 경우 장비의 누수 및 파손 점검, 냉각수 수준 점검 및 보충, 연료 수준, 각종 계기류 점검, 타이어, 엔진 오일, 작업 장치 작동 점검 등이 일일점검 사항이다.

14 지게차 리프트 체인의 마모율이 몇 % 이상이면 교체해야 하는가?

① 2% 이상
② 3% 이상
③ 5% 이상
④ 7% 이상

리프트 체인의 장력 점검은 최초 200시간, 매 6개월 또는 1,000시간 마다 점검토록 하며, 리프트 체인의 마모율이 2% 이상이면 리프트 체인을 교환한다.

15 도로교통법령상 운전자의 준수사항이 아닌 것은?

① 출석지시서를 받은 때에는 운전하지 아니 할 것
② 자동차의 운전 중에 휴대용 전화를 사용하지 않을 것
③ 자동차의 화물 적재함에 사람을 태우고 운행하지 말 것
④ 물이 고인 곳을 운행할 때에는 고인 물을 튀게 하여 다른 사람에게 피해를 주는 일이 없도록 할 것

16 도로교통법령상 총중량 2000kg 미만인 자동차를 총중량이 그의 3배 이상인 자동차로 견인할 때의 속도는? (단, 견인하는 차량이 견인자동차가 아닌 경우이다)

① 매시 30km 이내
② 매시 50km 이내
③ 매시 80km 이내
④ 매시 100km 이내

총중량 2000kg 미만인 자동차를 총중량이 그의 3배 이상인 자동차로 견인할 때의 속도는 매시 30km 이내이다.

17 수동변속기가 장착된 지게차의 동력전달장치에서 클러치판은 어떤 축의 스플라인에 끼워져 있는가?

① 추진축
② 차동기어 장치
③ 크랭크축
④ 변속기 입력축

18 교통사고가 발생하였을 때 운전자가 가장 먼저 취해야 할 조치는?

① 즉시 피해자가족에게 알린다.
② 즉시 사상자를 구호하고 경찰공무원에게 신고
③ 즉시 보험회사에 신고
④ 경찰공무원에게 신고

차의 운전 등 교통으로 인하여 사람을 사상하거나 물건을 손괴한 경우에는 그 차의 운전자나 그 밖의 승무원은 즉시 정차하여 사상자를 구호하는 등 필요한 조치를 하여야 한다(도로교통법 제54조 제1항).

19 도로교통법상 보행자 보호에 대한 설명으로 맞는 것은?

① 모든 차의 운전자는 보행자가 횡단보도를 통행하고 있는 때에는 그 횡단보도를 통과 후 일시정지하여 보행자의 횡단을 방해하거나 위험을 주어서는 아니 된다.
② 모든 차의 운전자는 보행자가 횡단보도를 통행하고 있을 때에는 신속히 횡단하도록 한다.
③ 모든 차의 운전자는 보행자가 횡단보도를 통행하고 있는 때에는 그 횡단보도에 정지하여 보행자가 통과 후 진행 하도록 한다.
④ 모든 차의 운전자는 보행자가 횡단보도를 통행하고 있을 때에는 보행자의 횡단을 방해하거나 위험을 주지 아니하도록 그 횡단보도 앞에서 일시정지하여야 한다.

모든 차의 운전자는 보행자가 횡단보도를 통행하고 있을 때에는 보행자의 횡단을 방해하거나 위험을 주지 아니하도록 그 횡단보도 앞에서 일시정지하여야 한다(도로교통법 제27조 제1항).

20 건설기계 관리법령상 건설기계의 정기검사 유효기간이 잘못된 것은?

① 덤프트럭 : 1년
② 타워 크레인 : 6개월
③ 아스팔트살포기 : 1년
④ 지게차 1톤 이상 : 3년

정답 11. ③ 12. ③ 13. ① 14. ① 15. ① 16. ① 17. ④ 18. ② 19. ④ 20. ④

21 **건설기계 관리법령상 건설기계의 소유자가 건설기계를 도로나 타인의 토지에 계속 버려두어 방치한 자에 대해 적용하는 벌칙은?**

① 1000만원 이하의 벌금
② 2000만원 이하의 벌금
③ 1년 이하의 징역 또는 1천만원 이하의 벌금
④ 2년 이하의 징역 또는 2천만원 이하의 벌금

해설 건설기계의 소유자가 건설기계를 도로나 타인의 계속 버려두어 방치한 경우 1년 이하의 징역 또는 1천만원 이하의 벌금

22 **도로교통법령상 도로에서 교통사고로 인하여 사람을 사상한 때 운전자의 조치로 가장 적합한 것은?**

① 경찰관을 찾아 신고하는 것이 가장 우선행위이다.
② 경찰서에 출두하여 신고한 다음 사상자를 구호한다.
③ 중대한 업무를 수행하는 중인 경우에는 후조치를 할 수 있다.
④ 즉시 정차하여 사상자를 구호하는 등 필요한 조치를 한다.

23 **유압펌프에서 소음이 발생할 수 있는 원인으로 거리가 가장 먼 것은?**

① 오일의 양이 적을 때
② 유압펌프의 회전속도가 느릴 때
③ 오일 속에 공기가 들어 있을 때
④ 오일의 점도가 너무 높을 때

24 **유압 실린더 중 피스톤의 양쪽에 유압유를 교대로 공급하여 양 방향의 운동을 유압으로 작동시키는 형식은?**

① 단동식
② 복동식
③ 다동식
④ 편동식

해설 복동식은 유압 실린더 피스톤의 양쪽에 유압유를 교대로 공급하여 양방향의 운동을 유압으로 작동시킨다.

25 **유압장치의 특징 중 가장 거리가 먼 것은?**

① 진동이 작고 작동이 원활하다.
② 고장원인 발견이 어렵고 구조가 복잡하다.
③ 에너지의 저장이 불가능하다.
④ 동력의 분배와 집중이 쉽다.

해설 유압장치는 진동이 작고 작동이 원활하며, 동력의 분배와 집중이 쉽고, 에너지의 저장이 가능한 장점이 있으며, 고장원인 발견이 어렵고 구조가 복잡한 단점이 있다.

26 **유압장치에서 유압조정밸브의 조정방법은?**

① 압력조절밸브가 열리도록 하면 유압이 높아진다.
② 밸브스프링의 장력이 커지면 유압이 낮아진다.
③ 조정 스크루를 조이면 유압이 높아진다.
④ 조정 스크루를 풀면 유압이 높아진다.

해설 압력제어밸브인 릴리프 밸브의 경우 압력 조정은 조정 나사인 세트 스크루(조정 스크루)를 통해 이루어진다. 세트 스크루의 고정 너트를 풀고 스크루를 조이면 스프링의 장력이 높아지고, 유압도 높아진다. 반대로 스크루를 풀면 유압은 낮아진다.

27 **밀폐된 용기 내의 일부에 가해진 압력은 어떻게 전달되는가?**

① 유체 각 부분에 다르게 전달된다.
② 유체 각 부분에 동시에 같은 크기로 전달된다.
③ 유체의 압력이 돌출부분에서 더 세게 작용된다.
④ 유체의 압력이 홈 부분에서 더 세게 작용된다.

해설 파스칼의 원리 핵심은 밀폐 용기 속의 유체 일부에 가해진 압력은 각부에 모든 부분에 같은 세기로 전달된다는 것이다.

28 **유압모터의 특징 중 거리가 가장 먼 것은?**

① 무단변속이 가능하다.
② 속도나 방향의 제어가 용이하다.
③ 작동유의 점도변화에 의하여 유압모터의 사용에 제약이 있다.
④ 작동유가 인화되기 어렵다.

해설 유압모터는 무단변속이 가능하고, 속도나 방향의 제어가 용이한 장점이 있으나 작동유의 점도변화에 의하여 유압모터의 사용에 제약이 따르고, 작동유가 인화되기 쉬운 단점이 있다.

29 **유압회로 내의 이물질, 열화 된 오일 및 슬러지 등을 회로 밖으로 배출시켜 회로를 깨끗하게 하는 것을 무엇이라 하는가?**

① 푸싱(Pushing) ② 리듀싱(Reducing)
③ 언로딩(Unloading) ④ 플래싱(Flashing)

해설 플래싱은 유압회로 내의 이물질, 열화 된 오일 및 슬러지 등을 회로 밖으로 배출시켜 회로를 깨끗하게 하는 작업이다.

30 **지게차 작업장치의 종류에 속하지 않는 것은?**

① 하이 마스트 ② 리퍼
③ 사이드 클램프 ④ 블랙 클램프

해설 하이 마스트, 3단 마스트, 사이드 시프트 마스트, 사이드 클램프, 로드 스태빌 라이저, 로테이팅 클램프, 블록 클램프, 힌지드 버킷, 힌지드 포크 등이 있다.

정답 21. ③ 22. ④ 23. ② 24. ② 25. ③ 26. ③ 27. ② 28. ④ 29. ④ 30. ②

31 지게차는 자동차와 다르게 현가스프링을 사용하지 않는 이유를 설명한 것으로 옳은 것은?

① 롤링이 생기면 적하물이 떨어질 수 있기 때문이다.
② 현가장치가 있으면 조향이 어렵기 때문이다.
③ 화물에 충격을 줄여주기 위해서이다.
④ 앞자축이 구동축이기 위해서이다.

해설 지게차에서 현가 스프링을 사용하지 않는 이유는 롤링이 생기면 적하물이 떨어지기 때문이다.

32 지게차에서 엔진이 정지되었을 때 레버를 밀어도 마스트가 경사되지 않도록 하는 것은?

① 벨 크랭크 기구
② 틸트 록 장치
③ 체크 밸브
④ 스태빌라이저

해설 틸트 록 장치는 마스트를 기울일 때 갑자기 엔진의 시동이 정지되면 작동하여 그 상태를 유지시키는 작용을 한다. 즉, 틸트레버를 움직여도 마스트가 경사되지 않도록 한다.

33 다음 중 지게차의 적재방법으로 틀린 것은?

① 화물을 올릴 때에는 포크를 수평으로 한다.
② 적재한 장소에 도달했을 때 천천히 정지한다.
③ 포크로 물건을 찌르거나 물건을 끌어서 올리지 않는다.
④ 화물이 무거우면 사람이나 중량물로 밸런스 웨이트를 삼는다.

34 다음 중 지게차의 일반적인 조향방식은?

① 앞바퀴 조향방식이다.
② 뒷바퀴 조향방식이다.
③ 허리꺾기 조향방식이다.
④ 작업조건에 따라 바꿀 수 있다.

해설 지게차의 조향방식은 뒷바퀴 조향이다.

35 지게차 화물취급 작업 시 준수하여야 할 사항으로 틀린 것은?

① 화물 앞에서 일단 정지해야 한다.
② 화물의 근처에 왔을 때에는 가속페달을 살짝 밟는다.
③ 파렛트에 실려 있는 물체의 안전한 적재여부를 확인한다.
④ 지게차를 화물 쪽으로 반듯하게 향하고 포크가 파렛트를 마찰하지 않도록 주의한다.

해설 화물의 근처에 왔을 때에는 브레이크 페달을 가볍게 밟아 정지할 준비를 한다.

36 지게차 주차 시 취해야할 안전조치로 틀린 것은?

① 포크를 지면에서 20cm 정도 높이에 고정시킨다.
② 엔진을 정지시키고 주차 브레이크를 잡아당겨 주차상태를 유지시킨다.
③ 포크의 선단이 지면에 닿도록 마스트를 전방으로 약간 경사 시킨다.
④ 시동스위치의 키를 빼내어 보관한다.

37 지게차로 화물을 싣고 경사지에서 주행할 때 안전상 올바른 운전방법은?

① 포크를 높이 들고 주행한다.
② 내려갈 때에는 저속 후진한다.
③ 내려갈 때에는 변속레버를 중립에 놓고 주행한다.
④ 내려갈 때에는 시동을 끄고 타력으로 주행한다.

해설 화물을 포크에 적재하고 경사지를 내려올 때는 기어변속을 저속상태로 놓고 후진으로 내려온다.

38 지게차의 화물운반 작업 중 가장 적당한 것은?

① 댐퍼를 뒤로 3°정도 경사시켜서 운반한다.
② 마스트를 뒤로 4°정도 경사시켜서 운반한다.
③ 샤퍼를 뒤로 6°정도 경사시켜서 운반한다.
④ 바이브레이터를 뒤로 8°정도 경사시켜서 운반한다.

39 다음 중 올바른 보호구 선택방법으로 가장 적합하지 않은 것은?

① 잘 맞는지 확인하여야 한다.
② 사용목적에 적합하여야 한다.
③ 사용방법이 간편하고 손질이 쉬워야 한다.
④ 품질보다는 식별기능 여부를 우선해야 한다.

40 다음 중 일반적인 재해조사방법으로 적절하지 않은 것은?

① 현장의 물리적 흔적을 수집한다.
② 재해조사는 사고 종결 후에 실시한다.
③ 재해현장은 사진 등으로 촬영하여 보관하고 기록한다.
④ 목격자, 현장 책임자 등 많은 사람들에게 사고 시의 상황을 듣는다.

41 산업재해 발생원인 중 직접원인에 해당되는 것은?

① 유전적 요소
② 사회적 환경
③ 불안전한 행동
④ 인간의 결함

정답 31. ① 32. ② 33. ④ 34. ② 35. ② 36. ① 37. ② 38. ② 39. ④ 40. ② 41. ③

42 **산업안전보건법령상 안전 · 보건표지의 분류 명칭이 아닌 것은?**

① 금지표지
② 경고표지
③ 통제표지
④ 안내표지

해설 안전 · 보건표지의 분류 명칭에는 금지표지, 경고표지, 지시표지, 안내표지가 있다.

43 **다음 중 자연발화성 및 금속성물질이 아닌 것은?**

① 칼륨
② 나트륨
③ 탄소
④ 알킬나트륨

해설 자연발화성 및 금속성물질에는 나트륨, 칼륨, 알킬나트륨 등이 있다.

44 **다음 중 납산배터리 액체를 취급하는데 가장 적합한 옷은?**

① 화학섬유로 만든 옷
② 가죽으로 만든 옷
③ 무명으로 만든 옷
④ 고무로 만든 옷

45 **교류아크 용접기의 감전방지용 방호장치에 해당하는 것은?**

① 전자 계산기
② 자동전격방지기
③ 전류조절장치
④ 2차 권선장치

해설 교류아크 용접기에 설치하는 방호장치는 자동전격방지기이다.

46 **다음 중 수공구인 렌치를 사용할 때 지켜야 할 안전사항으로 옳은 것은?**

① 볼트를 풀 때는 지렛대 원리를 이용하여, 렌치를 밀어서 힘이 받도록 한다.
② 볼트를 조일 때는 렌치를 해머로 쳐서 조이면 강하게 조일 수 있다.
③ 렌치작업 시 큰 힘으로 조일 경우 연장대를 끼워서 작업한다.
④ 볼트를 풀 때는 렌치 손잡이를 당길 때 힘을 받도록 한다.

47 **풀리에 벨트를 걸거나 벗길 때 안전하게 하기 위한 작동상태는?**

① 고속인 상태
② 역회전 상태
③ 정지한 상태
④ 중속인 상태

48 **다음 중 인화성이 가장 큰 물질은?**

① 산소
② 질소
③ 황산
④ 알콜

해설 인화성이란 불이 잘 붙은 성질을 말하며 알콜은 인화성이 강한 액체이다.

49 **전기화재 소화 시 가장 좋은 소화기는?**

① 모래
② 분말소화기
③ 이산화탄소
④ 포말소화기

해설 전기화재에는 물은 소화효과가 없으며 이산화탄소 등의 질식소화법이 효과적이다.

50 **전기장치의 퓨즈가 끊어져서 다시 새것으로 교체하였으나 또 끊어졌다면 어떤 조치가 가장 옳은가?**

① 계속 교체한다.
② 용량이 큰 것으로 갈아 끼운다.
③ 구리선이나 납선으로 바꾼다.
④ 전기장치의 고장개소를 찾아 수리한다.

해설 퓨즈(Fuse)는 전선이 합선 등에 의해 갑자기 높은 전류의 전기가 흘러 들어왔을 경우 규정 값 이상의 과도한 전류가 계속 흐르지 못하게 자동적으로 차단하는 장치이다. 퓨즈가 자주 끊어지는 것은 과부하 또는 결함이 있는 장비의 단락표시이다. 사용하는 제품의 수를 줄이고 공인 전기 기술자에게 결함이 있는 장비를 교체하도록 조치한다.

51 **높은 곳에 출입할 때는 안전장구를 착용하여야 하는데 안전대용 로프의 구비조건에 해당 되지 않는 것은?**

① 충격 및 인장 강도에 강한 것
② 내마모성이 높을 것
③ 내열성이 높을 것
④ 완충성이 적고, 매끄러울 것

해설 안전대는 추락 재해방지를 위하여 사용되는 보호장비로, 안전대에 사용하는 로프는 ①, ②, ③ 이외에도 내산성, 내알칼리성, 내열성이 있어야 한다.

52 **내부가 보이지 않는 병 속에 들어있는 약품을 냄새로 알아보고자 할 때 안전상 가장 적합한 방법은?**

① 종이로 적셔서 알아본다.
② 손바람을 이용하여 확인한다.
③ 내용물을 조금 쏟아서 확인한다.
④ 숟가락으로 약간 떠내어 냄새를 직접 맡아본다

정답 42. ③ 43. ③ 44. ④ 45. ② 46. ④ 47. ③ 48. ④ 49. ③ 50. ④ 51. ④ 52. ②

53 인체에 전류가 흐를시 위험 정도의 결정요인 중 가장 거리가 먼 것은?

① 사람의 성별
② 인체에 흐른 전류크기
③ 인체에 전류가 흐른 시간
④ 전류가 인체에 통과한 경로

해설 감전이란 전기가 누전되어서 흐를 때 사람이나 동물이 전기에 접촉되어 전류가 인체에 통하게 되어 전기를 느끼는 현상을 말한다. ②③④는 전류가 흐를 때 사람에 대한 위험 정도를 결정짓는 요소이다. 전류란 전기가 전선 속을 흐를 때 1초 동안에 전선의 어느 한 점을 통과하는 전기의 양으로 도체의 단면을 단위시간에 통과하는 전하의 양인데 1초 동안에 1쿨롱의 전기량이 흐를 때의 전류를 1 암페어[A]라 한다.

54 긴급 자동차에 관한 설명 중 틀린 것은?

① 소방 자동차, 구급 자동차는 항시 우선권과 특례의 적용을 받는다.
② 긴급용무 중일 때만 우선권과 특례적용을 받는다.
③ 우선권과 특례적용을 받으려면 경광등을 켜고 경음기를 울려야 한다.
④ 긴급용무임을 표시 할 때는 제한속도 준수 및 앞지르기 금지, 일시정지 의무 등의 적용은 받지 않는다.

해설 긴급 자동차는 주어진 긴급 상황에 맞는 용도로 사용될 때만 특례를 적용받을 수 있다. 따라서 긴급자동차는 전조등 또는 비상표시등을 켜거나 그 밖의 적당한 방법으로 긴급한 목적으로 운행되고 있음을 표시하여야 한다.

도로교통법 제30조(긴급자동차에 대한 특례) 긴급자동차에 대하여는 다음의 사항을 적용하지 아니한다.
1. 자동차등의 속도 제한
2. 앞지르기의 금지
3. 끼어들기의 금지

55 다음 중 긴급 자동차로 볼 수 없는 차는?

① 국군이나 국제연합군 긴급차에 유도되고 있는 차
② 경찰긴급자동차에 유도되고 있는 자동차
③ 생명이 위급한 환자를 태우고 가는 승용자동차
④ 긴급 배달우편물 운송차에 유도되고 있는 차

해설 긴급한 우편물의 운송에 사용되는 자동차가 긴급자동차이다(도로교통법 시행령 제2조 제1항제10호).

56 지게차를 전 · 후진 방향으로 서서히 화물에 접근시키거나 빠른 유압작동으로 신속히 화물을 상승 또는 적재시킬 때 사용하는 것은?

① 인칭조절 페달
② 액셀러레이터 페달
③ 디셀러레이터 페달
④ 브레이크 페달

해설 인칭조절 페달은 지게차를 전 · 후진 방향으로 서서히 화물에 접근시키거나 빠른 유압작동으로 신속히 화물을 상승 또는 적재시킬 때 사용하며, 트랜스미션 내부에 설치되어 있다.

57 건설기계 조종사 면허증을 반납하지 않아도 되는 경우는?

① 면허가 취소된 때
② 면허의 효력이 정지된 때
③ 분실로 인하여 면허증의 재교부를 받은 후 분실된 면허증을 발견할 때
④ 일시적인 부상 등으로 건설기계 조종을 할 수 없게 된 때

해설 건설기계관리법 시행규칙 제80조(건설기계조종사면허증등의 반납)
건설기계조종사면허를 받은 자가 다음에 해당하는 때에는 그 사유가 발생한 날부터 10일 이내에 주소지를 관할하는 시장 · 군수 또는 구청장에게 그 면허증을 반납하여야 한다.
1. 면허가 취소된 때
2. 면허의 효력이 정지된 때
3. 면허증의 재교부를 받은 후 잃어버린 면허증을 발견한 때

58 유압회로 내의 압력이 설정압력에 도달하면 펌프에 토출된 오일의 일부 또는 전량을 직접 탱크로 돌려보내 회로의 압력을 설정값으로 유지하는 밸브는?

① 체크 밸브
② 릴리프 밸브
③ 언로더 밸브
④ 시퀀스 밸브

해설 릴리프 밸브는 유압장치 내의 압력을 일정하게 유지하고, 최고압력을 제한하며 회로를 보호하며, 과부하 방지와 유압기기의 보호를 위하여 최고 압력을 규제한다.

59 동력조향장치의 장점으로 적합하지 않은 것은?

① 작은 조작력으로 조향조작을 할 수 있다.
② 조향기어비는 조작력에 관계없이 선정할 수 있다.
③ 굴곡노면에서의 충격을 흡수하여 조향핸들에 전달되는 것을 방지한다.
④ 조작이 미숙하면 엔진이 자동으로 정지된다.

60 타이어식 건설기계에서 추진축의 스플라인부가 마모되면 어떤 현상이 발생하는가?

① 차동기어의 물림이 불량하다.
② 클러치 페달의 유격이 크다.
③ 가속 시 미끄럼 현상이 발생한다.
④ 주행 중 소음이 나고 차체에 진동이 있다.

해설 추진축의 스플라인부분이 마모되면 주행 중 소음이 나고 차체에 진동이 발생한다.

정답 53. ① 54. ① 55. ④ 56. ① 57. ④ 58. ② 59. ④ 60. ④

실전모의고사 2회

01 디젤기관에서 피스톤 헤드를 오목하게 하여 연소실을 형성시킨 것은?

① 예연소실식
② 직접분사실식
③ 공기실식
④ 와류실식

해설 직접분사실식은 피스톤 헤드를 오목하게 하여 연소실을 형성시킨다

02 디젤기관 연료장치 내에 있는 공기를 배출하기 위하여 사용하는 펌프는?

① 인젝션 펌프
② 공기펌프
③ 프라이밍 펌프
④ 연료펌프

해설 프라이밍 펌프는 디젤기관 연료장치 내의 공기빼기 작업을 할 때 사용한다.

03 기관에서 엔진오일이 연소실로 올라오는 이유는?

① 피스톤링 마모
② 피스톤핀 마모
③ 커넥팅로드 마모
④ 크랭크축 마모

해설 피스톤에는 2개 내지 3개의 피스톤 링이 결합된다. 이 중 3개 링이 있는 경우 위쪽 2개의 링이 '압축 링(Compression Ring)' 이며, 아래에 위치한 링은 '오일 링(Oil Ring)' 이다. 오일 링은 연소실로 오일이 유입되는 것을 방지하는 오일 제어 작용을 한다.

04 디젤기관에서 압축 행정 시 밸브는 어떤 상태가 되는가?

① 흡입밸브만 닫힌다.
② 배기 밸브만 닫힌다.
③ 흡입과 배기밸브 모두 열린다.
④ 흡입과 배기밸브 모두 닫힌다.

해설 압축 행정에서 흡기밸브와 배기밸브는 모두 닫혀져 있어야 한다.

05 열에너지를 기계적 에너지로 변환시켜주는 장치는?

① 엔지
② 모터
③ 펌프
④ 밸브

06 기관에서 밸브의 개폐를 돕는 것은?

① 너클 암
② 스티어링 암
③ 로커 암
④ 피트먼 암

해설 로커 암(Rocker Arm)이란 밸브(Valve) 개폐 시 사용되는 팔 모양의 부품을 말한다. 밸브 장치는 피스톤이 폭발 행정 상사점에 가까워질 때, 실린더 내의 공기와 연료를 알맞게 조정하여 기관이 효율적인 연소를 하도록 한다. 밸브 장치는 캠축이 회전할 때 밸브가 개폐가 이루어지는데 이러한 작용을 로커 암이 한다.

07 디젤기관의 순환운동 순서로 가장 적합한 것은?

① 공기압축 → 공기흡입 → 가스폭발 → 배기 → 점화
② 연료흡입 → 연료분사 → 공기압축 → 연소박이 → 착화연소
③ 공기흡입 → 공기압축 → 연소박이 → 연료분사 → 착화연소
④ 공기흡입 → 공기압축 → 연료분사 → 착화연소 → 배기

해설 디젤기관은 밀폐된 곳에서 공기를 빠르게 압축하면 온도가 올라가는 단열 압축의 원리를 응용하여 공기만을 흡입하고 압축하는 압축 착화 방식이다. 즉 실린더 안으로 공기만을 흡입하여 피스톤으로 압축해 고온(500~550℃)의 압축 공기를 만들고, 이 때 연료를 고압으로 분사하여 자연 착화시킴으로써 동력을 얻는다.
디젤 기관은 공기만을 흡입하므로 압축비를 크게 할 수 있어 열효율이 높다. 그러나 운전 중 압축 압력과 폭발 압력이 높아 진동과 소음이 심하다. 디젤 기관은 가솔린 기관의 기화기와 전기 점화 장치가 없는 대신, 고압의 연료를 분사시킬 연료 분사 장치가 필요하다.

08 AC 발전기에서 전류가 발생 되는 것은?

① 로터 코일
② 레귤레이터
③ 스테이터 코일
④ 전기차 코일

해설 교류 발전기는 고정자(Stator Coil), 회전자(Rotor), 정류기(Rectifier) 등으로 구성되어 있다. 교류 발전기는 고정자 코일(스테이터 코일)에 회전자를 회전시켜, 고정자 코일에 전류(AC)와 전압을 발생시킨다. 이 때 발생한 교류는 실리콘 다이오드를 통과하면서 직류로 전환되어 외부에 공급된다.

09 냉각장치에 사용되는 전동 팬에 대한 설명으로 틀린 것은?

① 냉각수 온도에 따라 작동한다.
② 정상온도 이하에서는 작동하지 않고 과열일 때 작동한다.
③ 엔진이 시동되면 동시에 회전한다.
④ 팬 벨트는 필요 없다.

해설 전동 팬은 냉각수 온도에 따라 작동하여 엔진 시동여부와는 관계 없다.

정답 01. ② 02. ③ 03. ① 04. ④ 05. ① 06. ③ 07. ④ 08. ③ 09. ③

10 **오일을 한쪽 방향으로만 흐르게 하는 밸브는?**

① 파일럿 밸브
② 로터리 밸브
③ 체크 밸브
④ 릴리프 밸브

해설 체크 밸브는 역류방지용 밸브이다.

11 **다음 중 유압모터의 장점이 아닌 것은?**

① 관성력이 크며, 소음이 크다.
② 전동모터에 비하여 급속정지가 쉽다.
③ 광범위한 무단변속을 얻을 수 있다.
④ 작동이 신속 · 정확하다.

12 **유압탱크의 주요 구성요소가 아닌 것은?**

① 주입구
② 유면계
③ 유압계
④ 격판(배플)

13 **자체중량에 의한 자유낙하 등을 방지하기 위하여 회로에 배압을 유지하는 밸브는?**

① 카운터 밸런스 밸브
② 감압 밸브
③ 안전 밸브
④ 체크 밸브

카운터 밸런스 밸브는 자체중량에 의한 자유낙하 등을 방지하기 위하여 회로에 배압을 유지한다.

14 **축전지를 교환, 장착할 때의 연결순서로 맞는 것은?**

① (+) 나 (-) 선 중 편리한 것부터 연결하면 된다.
② 축전지의 (-) 선을 먼저 부착하고, (+) 선을 나중에 부착한다.
③ 축전지의 (+),(-) 선을 동시에 부착한다.
④ 축전지의 (+) 선을 먼저 부착하고, (-) 선을 나중에 부착한다.

해설 축전지를 분리하는 경우 가장 먼저 엔진을 정지시킨다. 축전지를 떼어낼 경우 접지되어 있는 '(-)단자'부터 떼어 내어야 하는데, '(+)단자'부터 먼저 분리하다 차체에 접촉되면 합선으로 전기 · 전자장치에 손상을 줄 수 있기 때문이다. 부착시키는 경우에는 반대로 '(+)단자'부터 접속하며, 나중에 '(-)단자'를 나중에 접속한다.

15 **건설기계장비의 축전지 케이블 탈거(분리)에 대한 설명으로 적합한 것은?**

① 절연되어 있는 케이블을 먼저 탈거한다.
② 아무 케이블이나 먼저 탈거한다,
③ (+)케이블을 먼저 탈거한다.
④ 접지되어 있는 케이블을 먼저 탈거한다.

축전지 케이블을 분리하는 경우에는 우선 시동 스위치를 포함하여 차량의 모든 스위치를 OFF시켜 놓아야 하며, 축전지에서는 폭발성이 강한 수소가스가 발생하므로 담배나 불꽃 등의 화기를 멀리 해야 한다. 케이블 단자를 풀 때는 회로가 끊어지는 상황(단락)을 방지하기 위해 반드시 (-)단자측을 먼저 탈거한다.

16 **예열플러그를 빼서 보았더니 심하게 오염 되었다. 그 원인으로 가장 적합한 것은?**

① 불완전 연소 또는 노킹
② 엔진 과열
③ 플러그의 용량 과다
④ 냉각수 부족

예열 플러그는 가솔린 기관의 점화 플러그처럼 엔진 윗부분 연소실에 위치하고 있기 때문에, 연소실에 노출되어 오랫동안 고온과 충격을 받는다. 여러 개의 실린더 중 유독 어느 한 실린더의 예열 플러그가 심하게 오염된 것이라면 다른 실린더만 정상적인 폭발이 일어나고, 고장 난 실린더는 폭발을 하지못해 불완전연소가 이뤄진 것이라 유추할 수 있다.

17 **건설기계의 전조등 성능을 유지하기 위하여 가장 좋은 방법은?**

① 단선으로 한다.
② 복선식으로 한다.
③ 축전지와 직결시킨다.
④ 굵은 선으로 갈아 끼운다.

해설 전조등 성능을 유지를 위해 복선식으로 한다.

18 **유압회로에서 유량제어를 통하여 작업속도를 조절하는 방식에 속하지 않는 것은?**

① 미터 인(Meter In)방식
② 미터 아웃(Meter Out)방식
③ 블리드 오프(Bleed Off)방식
④ 블리드 온(Bleed On)방식

해설 작업속도를 조절하는 방식에는 미터 인 방식, 미터 아웃 방식, 블리드 오프방식이 있다.

정답 10. ③ 11. ① 12. ③ 13. ① 14. ④ 15. ④ 16. ① 17. ② 18. ④

19 **베인 펌프의 펌핑 작용과 관련되는 주요 구성요소만 나열한 것은?**

① 배플, 베인, 캠링
② 베인, 캠링, 로터
③ 캠링, 로터, 스풀
④ 로터, 스풀, 배플

해설 베인 펌프는 베인, 캠링, 로터로 구성된다.

20 **전기자 철심을 두께 0.35~1.0mm 의 얇은 철판을 각각 절연하여 겹쳐 만든 주된 이유는?**

① 열 발산을 방지하기 위해
② 코일의 발열 방지를 위해
③ 맴돌이 전류를 감소시키기 위해
④ 자력선의 통과를 차단시키기 위해

해설 맴돌이 전류를 감소시키기 위해 전기자 철심을 두께 0.35~1.0mm의 얇은 철판을 각각 절연하여 겹쳐 만든다.

21 **모터 그레이더의 탠덤 드라이브 장치에 대한 설명 중 틀린 것은?**

① 최종 감속 작용을 한다.
② 그레이더의 차체가 안정된다.
③ 그레이더의 균형을 유지해 준다.
④ 회전반경을 작게 하는 역할을 한다.

해설 텐덤 드라이브란 기계를 직렬로 배치하여 구동하는 것으로, 모터 그레이더가 요철(오목함과 볼록함)이 심한 지면에서 상하 또는 좌우로 움직이는 경우에도 블레이드의 수평작업이 가능하도록 하는 장치를 텐덤 장치라 한다. 모터 그레이더의 회전반경을 작게 하는 장치는 리닝 장치이다.

22 **지게차로 짐을 싣고 경사지에서 운반을 위한 주행을 할 때 안전상 올바른 운전 방법은?**

① 포크를 높이 들고 주행한다.
② 내려갈 때에는 저속 후진한다.
③ 내려갈 때에는 변속 레버를 중립에 위치한다.
④ 내려갈 때에는 시동을 끄고 타력으로 주행한다.

해설 지게차 운전 시 경사로를 올라가거나 내려갈 때는 적재물이 경사로의 위쪽을 향하도록 하여 주행하고, 경사로를 내려오는 경우 엔진 브레이크, 발 브레이크를 걸고 천천히 운전한다. 또한 짐을 높이 올린 상태로 주행하지 않는다.

23 **지게차 포크에 화물을 적재하고 주행할 때 포크와 지면과의 간격으로 가장 적합한 것은?**

① 지면에 밀착 ② 20~30cm
③ 50~55cm ④ 80~85cm

해설 포크에 화물을 적재하고 주행할 때 포크와 지면과의 간격은 20~30cm이다.

24 **지게차는 자동차와 다르게 현가스프링을 사용하지 않는 이유를 설명한 것으로 옳은 것은?**

① 롤링이 생기면 적하물이 떨어질 수 있기 때문에
② 현가장치가 있으면 조향이 어렵기 때문에
③ 화물에 충격을 줄여주기 위해
④ 앞차축이 구동축이기 때문에

해설 지게차에서 현가 스프링을 사용하지 않는 이유는 롤링이 생기면 적하물이 떨어지기 때문이다.

25 **지게차 작업 시 안전수칙으로 틀린 것은?**

① 주차 시에는 포크를 완전히 지면에 내려야 한다.
② 화물을 적재하고 경사지를 내려갈 때는 운전시야 확보를 위해 전진으로 운행해야 한다.
③ 포크를 이용하여 사람을 싣거나 들어 올리지 않아야 한다.
④ 경사지를 오르거나 내려올 때는 급회전을 금해야 한다.

26 **지게차의 틸트 레버를 운전석에서 운전자 몸 쪽으로 당기면 마스트는 어떻게 기울어지는가?**

① 운전자의 몸 쪽에서 멀어지는 방향으로 기운다.
② 지면방향 아래쪽으로 내려온다.
③ 운전자의 몸 쪽 방향으로 기운다.
④ 지면에서 위쪽으로 올라간다.

해설 틸트 레버를 운전서에서 운전자 몸 쪽으로 당기면 마스트는 운전자의 몸 쪽 방향으로 기운다.

27 **유압유의 온도가 과도하게 상승하였을 때 나타날 수 있는 현상과 관계 없는 것은?**

① 유압유의 산화작용을 촉진한다.
② 작동 불량 현상이 발생한다.
③ 기계적인 마모가 발생할 수 있다.
④ 유압기계의 작동이 원활해진다.

해설 유압 시스템은 온도 변화에 민감하고, 특히 유압유의 오염과 이물질은 기기의 성능과 수명에 큰 영향을 미친다. 유압 시스템으로의 공기의 유입되는 등 캐비테이션 현상이 나타나면 유체의 흐름을 방해하여 마찰 저항이 커져서 압력 손실이 커지고 유압유의 온도도 상승하면서 윤활 효과를 감소시키게 된다.

28 **크레인으로 무거운 물건을 위로 달아 올릴 때 주의할 점이 아닌 것은?**

① 달아 올릴 화물의 무게를 파악하여 제한하중 이하에서 작업한다.
② 매달린 화물이 불안전하다고 생각될 때는 작업을 중지한다.
③ 신호의 규정이 없으므로 작업자가 적절히 한다.
④ 신호자의 신호에 따라 작업한다.

해설 크레인 작업 시에는 반드시 지정된 신호수에 의해 명확한 신호를 받아 작업한다.

정답 19. ② 20. ③ 21. ④ 22. ② 23. ② 24. ① 25. ② 26. ③ 27. ④ 28. ③

29 유압펌프의 기능을 설명한 것 중 맞는 것은?

① 유압에너지를 동력으로 전환한다.
② 원동기의 기계적 에너지를 유압에너지로 전환한다.
③ 어큐뮬레이터와 동일한 기능이다.
④ 유압회로내의 압력을 측정하는 기구이다.

유압펌프는 엔진, 원동기 등 동력원에서 발생한 기계적 에너지를 이용하여 유체 흐름을 발생시켜 유압 계통에 공급하는 장치이다.

30 지게차의 화물운반 작업 중 가장 적당한 것은?

① 댐퍼를 뒤로 3°정도 경사시켜서 운반한다.
② 마스트를 뒤로 4°정도 경사시켜서 운반한다.
③ 샤퍼를 뒤로 6°정도 경사시켜서 운반한다.
④ 바이브레이터를 뒤로 8°정도 경사시켜서 운반한다.

31 지게차를 주차하고자 할 때 포크는 어떤 상태로 하면 안전한가?

① 앞으로 4°정도 경사지에 주차하고 마스트 전경각을 최대로 포크는 지면에 접하도록 내려놓는다.
② 평지에 주차하고 포크는 녹이 발생하는 것을 방지하기 위하여 10cm 정도 들어 놓는다.
③ 평지에 주차하면 포크의 위치는 상관없다.
④ 평지에 주차하고 포크는 지면에 접하도록 내려놓는다.

해설 주차하고자 할 때에는 평지에 주차하고 포크는 지면에 접하도록 내려놓는다.

32 다음 중 지게차 틸트 실린더의 형식은?

① 복동 실린더형
② 단동 실린더형
③ 램 실린더형
④ 다단 실린더형

해설 틸트 실린더는 복동형이고, 리프트 실린더는 단동형이다.

33 다음 중 지게차 작업장치의 종류에 속하지 않는 것은?

① 린지드 버킷
② 리퍼
③ 사이드 클램프
④ 하이 마스트

해설 리퍼는 불도저 뒤쪽에 설치하며 언 땅 굳은 땅을 파헤칠 때 사용한다.

34 지게차의 유압식 조향장치에서 조향실린더의 직선운동을 축의 중심으로 한 회전운동으로 바꾸어줌과 동시에 타이로드에 직선운동을 시켜 주는 것은?

① 드래그링크
② 스태빌라이저
③ 벨 크랭크
④ 핑크보드

벨 크랭크는 조향실린더의 직선운동을 축의 중심으로 한 회전운동으로 바꾸어줌과 동시에 타이로드에 직선운동을 시켜준다.

35 지게차의 드럼식 브레이크 구조에서 브레이크 작동 시 조향핸들이 한쪽으로 쏠리는 원인이 아닌 것은?

① 타이어 공기압이 고르지 않다.
② 한쪽 휠 실린더 작동이 불량하다.
③ 브레이크 라이닝 간극이 불량하다.
④ 마스터 실린더 체크 밸브 작용이 불량하다.

브레이크를 작동시킬 때 조향핸들이 한쪽으로 쏠리는 원인은 타이어 공기압이 고르지 않을 때, 한쪽 휠 실린더 작동이 불량할 때, 한쪽 브레이크 라이닝 간극이 불량할 때 등이다.

36 교통사고 처리특례법상 11개 항목에 해당되지 않는 것은?

① 중앙선 침범
② 무면허 운전
③ 신호위반
④ 통행 우선순위 위반

해설 통행 우선순위 위반은 11대 중과실 사고에 해당되지 않는다(교통 사고처리 특례법 제3조).

11대 중과실

① 무면허운전
② 음주 운전
③ 신호위반
④ 중앙선 침범
⑤ 제한속도 20km 초과 과속
⑥ 앞지르기·끼어들기 위반
⑦ 철길건널목 통과방법 위반
⑧ 횡단보도 사고
⑨ 보도침범
⑩ 승객 추락방지의무 위반
⑪ 어린이보호구역 내 시속 안전 의무 위반

37 건설기계장비의 제동장치에 대한 정기검사를 면제받고자 하는 경우 첨부하여야 하는 서류는?

① 건설기계매매업 신고서
② 건설기계대여업 신고서
③ 건설기계제동장치정비확인서
④ 건설기계폐기업 신고서

건설기계의 제동장치에 대한 정기검사를 면제받고자 하는 자는 정기검사의 신청시에 당해 건설기계정비업자가 발행한 '건설기계제동장치정비확인서'를 시 · 도지사 또는 검사대행자에게 제출하여야 한다(건설기계관리법 시행규칙 제32조의2제2항).

정답 29. ② 30. ② 31. ④ 32. ① 33. ② 34. ③ 35. ④ 36. ④ 37. ③

38 **자가용건설기계 등록번호표의 도색은?**

① 청색판에 백색문자
② 적색판에 흰색문자
③ 백색판에 흑색문자
④ 녹색판에 흰색문자

> 해설 자가용 건설기계의 번호판은 녹색판에 흰색문자로 색칠을 한다(건설기계관리법 시행규칙 별표2)
>
> **건설기계 번호판의 도색**
> ① 자가용 – 녹색판에 흰색문자
> ② 영업용 – 주황색판에 흰색문자
> ③ 관용 – 흰색판에 검은색문자

39 **건설기계로 등록된 덤프트럭의 검사유효기간은?**

① 6개월
② 1년
③ 1년 6월
④ 2년

> 해설 덤프트럭의 검사유효기간은 1년이다(건설기계관리법 시행규칙 별표 7).

40 **도로교통법에 의한 통고처분의 수령을 거부하거나 범칙금을 기간 안에 납부하지 못한 자는 어떻게 처리되는가?**

① 면허의 효력이 정지된다.
② 면허증이 취소된다.
③ 연기신청을 한다.
④ 즉결 심판에 회부된다.

> 해설 통고처분을 받고도 납부기간에 범칙금을 납부하지 않으면 즉결심판이 청구된다. 다만, 즉결심판의 선고 전까지 범칙금의 1.5배를 납부하면 즉결심판 청구가 취소될 수 있다(도로교통법 제165조제1항제2호).

41 **주차 · 정차가 금지되어 있지 않은 장소는?**

① 교차로
② 건널목
③ 횡단보도
④ 경사로의 정상부근

> 해설 교차로 · 횡단보도 · 건널목이나 보도와 차도가 구분된 도로의 보도, 교차로의 가장자리나 도로의 모퉁이로부터 5미터 이내인 곳, 안전지대가 설치된 도로에서는 그 안전지대의 사방으로부터 각각 10미터 이내인 곳, 버스여객자동차의 정류지임을 표시하는 기둥이나 표지판 또는 선이 설치된 곳으로부터 10미터 이내인 곳, 건널목의 가장자리 또는 횡단보도로부터 10미터 이내인 곳에서는 차를 정차하거나 주차하여서는 아니 된다.

42 **다음 중 연삭작업 시 반드시 착용해야 하는 보호구는?**

① 마스크 ② 장갑
③ 보안경 ④ 방독면

43 **다음 그림과 같은 안전 표지판이 나타내는 것은?**

① 출입금지
② 비상구
③ 인화성 물질경고
④ 보안경 착용

44 **다음 중 줄 작업 시 주위사항으로 틀린 것은?**

① 줄은 반드시 자루를 끼워서 사용한다.
② 줄은 반드시 바이스 등에 올려놓아야 한다.
③ 줄은 부러지기 쉬우므로 절대로 두드리거나 충격을 주어서는 안 된다.
④ 줄은 사용하기 전에 균열 유무를 충분히 점검하여야 한다.

45 **다음 중 해머작업 시 불안전한 것은?**

① 해머의 타격면이 찌그러진 것을 사용치 말 것
② 타격할 때 처음은 큰 타격을 가하고 점차 적은 타격을 가할 것
③ 공동작업 시 주위를 살피면서 공작물의 위치를 주시할 것
④ 장갑을 끼고 작업하지 말아야 하며 자루가 빠지지 않게 할 것

46 **다음 중 장갑을 끼고 작업할 때 가장 위험한 작업은?**

① 건설기계 운전 작업
② 타이어 교환 작업
③ 오일 교환 작업
④ 해머 작업

47 **다음 중 공장에서 엔진 등 중량물을 이동하려고할 때 가장 좋은 방법은?**

① 여러 사람이 들고 조용히 움직인다.
② 체인블록이나 호이스트를 사용한다.
③ 로프로 묶어 인력을 당긴다.
④ 지렛대를 이용하여 움직인다.

48 **다음 중 스패너 작업방법으로 옳은 것은?**

① 스패너로 볼트를 죌 때는 앞으로 당기고 풀 때는 뒤로 민다.
② 스패너의 입이 너트의 치수보다 조금 큰 것을 사용한다.
③ 스패너 사용 시 몸의 중심을 항상 옆으로 한다.
④ 스패너로 죄고 풀 때는 항상 앞으로 당긴다.

정답 38. ④ 39. ② 40. ④ 41. ④ 42. ③ 43. ① 44. ② 45. ② 46. ④ 47. ② 48. ④

49 다음 중 화재 발생상태의 소화방법으로 잘못된 것은?

① A급 화재: 초기에는 포말, 감화액, 분말소화기를 사용하여 진화, 불길이 확산되면 물을 사용하여 소화
② B급 화재 : 포말, 이산화탄소, 분말소화기를 사용하여 소화
③ C급 화재 : 이산화탄소, 할론 가스, 분말소화기를 사용하여 소화
④ D급 화재 : 물을 사용하여 소화

해설 D급 화재는 금속나트륨 등의 금속화재로서 일반적으로 건조사를 이용한 질식효과로 소화한다.

50 안전작업 사항으로 잘못된 것은?

① 전기장치는 접지를 하고 이동식 전기기구는 방호장치를 설치한다.
② 엔진에서 배출되는 일산화탄소에 대비한 통풍장치를 한다.
③ 담뱃불은 발화력이 약하므로 제한장소 없이 흡연해도 무방하다.
④ 주요장비 등은 조작자를 지정하여 아무나 조작하지 않도록 한다.

51 버스정류장으로부터 몇 m 이내에 정차 및 주차를 해서는 안 되는가?

① 3m ② 5m
③ 8m ④ 10m

52 다음 중 도로교통법상 어린이로 규정되고 있는 연령은?

① 6세 미만 ② 12세 미만
③ 13세 미만 ④ 16세 미만

53 고의로 경상 2명의 인명피해를 입힌 건설기계를 조종한 자에 대한 면허의 취소 · 정지처분 내용으로 맞는 것은?

① 취소 ② 면허효력 정지 60일
③ 면허효력 정지 30일 ④ 면허효력 정지 20일

54 건설기계 관리법의 입법 목적에 해당되지 않는 것은?

① 건설기계의 효율적인 관리를 하기 위함
② 건설기계 안전도 확보를 위함
③ 건설기계의 규제 및 통제를 하기 위함
④ 건설공사의 기계화를 촉진함

55 다음 그림의 교통안전표지에 대한 설명으로 맞는 것은?

① 차량중량 제한표지이다.
② 5.5톤 자동차 전용도로 표지이다.
③ 차간거리 최저 5.5m 표지이다.
④ 차간거리 최고 5.5m 표지이다.

56 안전기준을 초과하는 화물의 적재허가를 받은 자는 그 길이 또는 폭의 양 끝에 몇 cm 이상의 빨간 헝겊으로 된 표지를 달아야 하는가?

① 너비 : 15cm, 길이 : 30cm
② 너비 : 20cm, 길이 : 40cm
③ 너비 : 30cm, 길이 : 50cm
④ 너비 : 60cm, 길이 : 90cm

해설 안전기준을 초과하는 화물의 적재허가를 받은 자는 너비 : 30cm, 길이 : 50cm 이상의 빨간 헝겊으로 된 표지를 달아야 한다.

57 건설기계가 고압전선에 근접 또는 접촉으로 가장 많이 발생될 수 있는 사고유형은?

① 감전 ② 화재
③ 화상 ④ 휴전

해설 건설기계가 고압전선에 근접 또는 접촉하면서 감전 사고가 가장 빈번하게 일어난다.

58 복스 렌치가 오픈 렌치보다 많이 사용되는 이유는?

① 값이 싸며 적은 힘으로 작업할 수 있다.
② 가볍고 사용하는데 양손으로도 사용할 수 있다.
③ 파이프 피팅 조임 등 작업용도가 다양하여 많이 사용 된다.
④ 볼트, 너트 주위를 완전히 감싸게 되어 사용 중에 미끄러지지 않는다.

해설 복스렌치(Box Wrench)의 경우 오픈 렌치(open-end wrench)를 사용할 수 없는 오목한 볼트 · 너트를 조이고 풀 때 사용하는 렌치로, 볼트나 너트의 머리를 감쌀 수 있어 미끄러지지 않아 오픈 렌치보다 더 많이 사용된다.

59 구급처치 중에서 환자의 상태를 확인하는 사항과 가장 거리가 먼 것은?

① 의식 ② 상처
③ 출혈 ④ 격리

해설 격리를 시키는 것은 환자의 상태를 살펴보는 행동이라 할 수 없다. ①②③ 부상자의 상태를 육안으로 판단하여 "괜찮으세요?" 등의 말을 걸어 대답을 한다면 의식이 있는 상태임을 알 수 있다. 하지만 대답을 못한다거나 신체에 통증을 주어 반응이 없다면 신경계 손상을 의심해야 하며, 상처와 출혈이 있다면 큰 부상을 의심할 수 있다.

60 작업상의 안전수칙 중 틀린 것은?

① 공구는 오래 사용하기 위하여 기름을 묻혀서 사용한다.
② 작업복과 안전장구는 반드시 착용한다.
③ 각종 기계를 불필요하게 공회전 시키지 않는다.
④ 기계의 청소나 손질은 운전을 정지시킨 후 실시한다.

해설 해머와 같은 타격용 공구에 기름을 바를 경우 미끄러워져서 사고의 위험성이 있다.

정답 49. ④ 50. ③ 51. ④ 52. ③ 53. ① 54. ③ 55. ① 56. ③ 57. ① 58. ④ 59. ④ 60. ①

실전모의고사 3회

01 디젤기관에서 시동되지 않는 원인과 가장 거리가 먼 것은?

① 연료가 부족하다.
② 기관의 압축압력이 높다.
③ 연료 공급펌프가 불량이다.
④ 연료계통에 공기가 혼입되어 있다.

02 디젤기관에서 주행 중 시동이 꺼지는 경우로 틀린 것은?

① 연료필터가 막혔을 때
② 분사 파이프 내에 기포가 있을 때
③ 연료 파이프에 누설이 있을
④ 플라이밍 펌프가 작동하지 않을 때

03 4행정으로 1사이클을 완성하는 기관에서 각 행정의 순서는?

① 압축→흡입→폭발→배기 ② 흡입→압축→폭발→배기
③ 흡입→압축→배기→폭발 ④ 흡입→폭발→압축→배기

해설 4행정 사이클 기관은 피스톤이 상사점과 하사점을 2번 왕복하는 동안 크랭크축이 2회전하면서 흡입, 압축, 폭발, 배기 순으로 4행정을 1사이클을 하여 동력을 발생시키는 기관이다.

04 디젤 엔진은 연소실에 연료를 어떤 상태로 공급하는가?

① 기화기와 같은 기구를 사용하여 연료를 공급한다.
② 노즐로 연료를 안개와 같이 분사한다.
③ 가솔린 엔진과 같은 연료공급펌프로 공급한다.
④ 액체 상태로 공급한다.

해설 연료 장치는 기관의 작동에 필요한 연료를 공기와 적당한 비율로 혼합시켜 연소실로 공급하는 장치인데, 가솔린 기관의 연료 장치와 디젤 기관의 연료 장치는 서로 다르다. 디젤 기관은 실린더 내부에 공기만을 고온으로 압축시켜, 분사 노즐을 통해 연료가 안개처럼 분사되면 압축 시 발생된 열에 의해 자기 착화 연소가 된다.

05 엔진정지 상태에서 계기판 전류계의 지침이 정상에서 (-)방향을 지시하고 있다. 그 원인이 아닌 것은?

① 전조등 스위치가 점등 위치에서 방전되고 있다.
② 배선에서 누전되고 있다.
③ 엔진 예열장치를 동작시키고 있다.
④ 발전기에서 축전지로 충전되고 있다.

해설 발전기에서 축전지로 충전되면 전류계 지침은 (+)방향을 지시한다.

06 냉각장치의 수온조절기가 완전히 열리는 온도가 낮을 경우 가장 적절한 것은?

① 엔진의 회전속도가 빨라진다.
② 엔진이 과열되기 쉽다.
③ 워밍업 시간이 길어지기 쉽다.
④ 물 펌프에 부하가 걸리기 쉽다.

해설 수온 조절기는 냉각수 온도를 적절하게 유지하는 역할을 하는 장치이다. 수온 조절기는 겨울처럼 기관의 온도가 낮은 경우에는 냉각수를 라디에이터로 이동시키지 않고 곧바로 기관으로 가도록 하여 예열하는데 시간을 절약하도록 한다. 즉, 냉각수의 온도에 따라 열리고 닫히는 역할을 하며, 기관의 온도가 적정 수준으로 오르면 수온조절기가 개방되어 냉각 작용을 시작한다. 냉각장치의 수온조절기가 완전히 열리는 온도가 낮다는 것은 워밍업 시간이 길어진다는 것을 뜻한다.

07 다음 중 건설기계 기관에서 축전지를 사용하는 주된 목적은?

① 기동 전동기의 작동 ② 연료 펌프의 작동
③ 워터 펌프의 작동 ④ 오일 펌프의 작동

08 건설기계에 사용되는 전기장치 중 플레밍의 오른손법칙이 적용되어 사용되는 부품은?

① 릴레이 ② 기동전동기
③ 점화코일 ④ 발전기

해설 플레밍의 오른손 법칙은 발전기의 원리로 사용된다.

09 다음 중 실린더 라이너(Cylinder Liner)에 대한 설명으로 틀린 것은?

① 종류는 습식과 건식이 있다.
② 일명 슬리브(Sleeve)라고도 한다.
③ 냉각효과는 습식보다 건식이 더 좋다.
④ 습식은 냉각수가 실린더 안으로 들어갈 염려가 있다.

해설 습식 라이너는 냉각수가 라이너 바깥둘레에 직접 접촉하는 형식이며, 정비작업을 할 때 라이너 교환이 쉽고 냉각효과가 좋으나, 크랭크 케이스로 냉각수가 들어갈 우려가 있다.

10 디젤엔진의 예열장치에서 연소실 내의 압축공기를 직접 예열하는 형식은?

① 히트릴레이식 ② 예열플러그식
③ 흡기히터식 ④ 히트레인지식

해설 예열장치에는 '예열 플러그식' 과 '흡기 가열식' 이 있다. 이 가운데 예열 플러그식은 실린더 내에 압축공기를 직접 예열하는 방식이며, 흡기 가열식은 실린더에 흡입되는 공기를 미리 예열하는 방식이다.

11 기관 과급기에서 공기의 속도 에너지를 압력에너지로 변환시키는 것은?

① 터빈(turbine) ② 디퓨저(diffuser)
③ 압축기 ④ 배기관

해설 디퓨저는 과급기 날개바퀴에 설치되어 있으며 공기의 속도 에너지를 압력에너지로 변환시키는 역할을 한다.

정답 01. ② 02. ④ 03. ② 04. ② 05. ④ 06. ③ 07. ① 08. ④ 09. ③ 10. ② 11. ②

12 기동전동기는 회전되나 엔진은 크랭킹이 되지 않는 원인으로 맞는 것은?

① 축전지 방전
② 기동전동기의 전기자 코일 단선
③ 플라이휠 링 기어의 소손
④ 엔진피스톤 고착

해설 디젤 기관의 시동 시에 기관을 회전시키기 위한 장치를 시동전동기(기동전동기)라 한다. 내연기관은 스스로 시동을 걸 수 없으므로 시동전동기를 이용하여 기관 작동할 수 있는 최소한의 크랭킹(엔진이 그 자체 작동에 의해 회전하지 않고 단순히 시동전동기에 의해 회전하는 상태)을 해주어야 움직이게 된다.
소손(燒損)이란 '불에 타서 부서진 상태'를 말한다. 문제에서 기동전동기가 회전되지만 엔진이 반응이 없다는 것은 기동전동기에서 발생한 회전력을 플라이휠이 전달하지 못한다는 것으로 유추해 볼 수 있다. 따라서 ③처럼 플라이휠 기어의 마모 등을 의심할 수 있다.

13 기동전동기의 동력전달 기구를 동력전달 방식으로 구분한 것이 아닌 것은?

① 벤딕스식 ② 피니언 섭동식
③ 계자 섭동식 ④ 전기자 섭동식

해설 기동전동기의 피니언을 엔진의 플라이 휠 링 기어에 물리는 방식에는 벤딕스 방식, 피니언 섭동방식, 전기자 섭동방식 등이 있다.

14 지게차 리프트 체인의 마모율이 몇 % 이상이면 교체해야 하는가?

① 2% 이상 ② 3% 이상
③ 5% 이상 ④ 7% 이상

해설 리프트 체인의 장력 점검은 최초 200시간, 매 6개월 또는 1,000시간 마다 점검토록 하며, 리프트 체인의 마모율이 2% 이상이면 리프트 체인을 교환한다.

15 모터그레이더 앞바퀴 경사장치(리닝장치)의 설치 목적으로 맞는 것은?

① 조향력을 증가시킨다. ② 회전반경을 작게 한다.
③ 견인력을 증가시킨다. ④ 완충작용을 한다.

해설 모터 그레이더는 앞에서 뒤까지 길이가 긴 구조로 되어 있어 회전을 할 경우 회전 반지름이 크다. 그래서 작업을 하는데 긴 구조는 폭이 좁은 작업장에서 회전을 하는데 큰 어려움이 있다. 따라서 이 회전 반지름을 적게 하기 위해 앞바퀴를 선회하려는 방향으로 기울이게 만드는 기술이 사용되는데 이를 리닝 장치(전륜 경사 장치)라 부른다. 즉 리닝 장치란 회전반경을 작게 하는 장치를 말한다.

16 다음 중 실드빔식 전조등에 대한 설명으로 맞지 않는 것은?

① 대기조건에 따라 반사경이 흐려지지 않는다.
② 내부에 불활성가스가 들어있다.
③ 사용에 따른 광도의 변화가 적다.
④ 필라멘트를 갈아 끼울 수 있다.

해설 전조등은 전조등 전구, 렌즈, 반사경 등으로 이루어져 있으며, 문제가 생겼을 경우 전체로 교환해야 하는 '실드 빔(Sealed Beam) 형식' 과 전구만을 교환할 수 있는 '세미 실드 빔(Semi-sealed Beam)형식' 이 있다.

17 수동변속기가 장착된 지게차의 동력전달장치에서 클러치판은 어떤 축의 스플라인에 끼워져 있는가?

① 추진축 ② 차동기어 장치
③ 크랭크축 ④ 변속기 입력축

해설 클러치판은 변속기 입력축에 스플라인으로 끼워져 있으며 플라이휠 중앙에 파일럿 베어링으로 지지되어 있다.

18 유압유의 열화를 촉진시키는 가장 직접적인 요인은?

① 유압유의 온도상승
② 배관에 사용되는 금속의 강도 약화
③ 공기 중의 습도저하
④ 유압펌프의 고속회전

해설 유압유의 온도가 상승하면 열화가 촉진된다.

19 다음 중 압력제어밸브의 종류에 해당하지 않는 것은?

① 감압 밸브 ② 시퀀스 밸브
③ 교축 밸브 ④ 언로더 밸브

해설 압력제어 밸브의 종류에는 릴리프 밸브, 리듀싱(감압)밸브, 시퀀스(순차)밸브, 언로더(무부하)밸브, 카운터 밸런스 밸브 등이 있다.

20 유압 계통에서 오일누설 시의 점검사항이 아닌 것은?

① 오일의 윤활성 ② 실(Seal)의 파손
③ 실(Seal)의 마모 ④ 펌프 고정 볼트의 이완

21 유압 작동기의 방향을 전환시키는 밸브에 사용되는 형식 중 원통형 슬리브 면에 내접하여 축 방향으로 이동하면서 유로를 개폐하는 형식은?

① 베인 형식 ② 포핏 형식
③ 스풀 형식 ④ 카운터 밸런스 밸브 형식

해설 스풀 밸브는 원통형 슬리브 면에 내접하여 축 방향으로 이동하여 유로를 개폐하여 오일의 흐름방향을 바꾼다.

22 유압장치 내에 국부적인 높은 압력과 소음 · 진동이 발생하는 현상은?

① 캐비테이션 ② 오버랩
③ 필터링 ④ 하이드로 록킹

해설 캐비테이션 현상은 공동현상이라고도 부르며, 유압이 진공에 가까워짐으로서 기포가 발생하며, 기포가 파괴되어 국부적인 고압이나 소음과 진동이 발생하고, 양정과 효율이 저하되는 현상이다.

23 다음 중 유압유가 갖추어야 할 성질로 틀린 것은?

① 점도가 적당할 것
② 인화점이 낮을 것
③ 강인한 유막을 형성할 것
④ 점성과 온도와의 관계가 양호할 것

24 유압장치에 사용되는 것으로 회전운동을 하는 것은?

① 유압 모터 ② 셔틀 밸브
③ 유압 실린더 ④ 컨트롤 밸브

정답 12. ③ 13. ③ 14. ① 15. ② 16. ④ 17. ④ 18. ① 19. ③ 20. ① 21. ③ 22. ① 23. ② 24. ①

해설 유압 모터는 유압 에너지에 의해 연속적으로 회전운동 함으로서 기계적인 일을 하는 장치이다.

25 다음 중 지게차에 관한 설명이 틀린 것은?

① 지게차는 주로 경량물을 운반하거나 적재 및 하역작업을 한다.
② 지게차는 주로 뒷바퀴 구동방식을 사용한다.
③ 조향은 뒷바퀴로 한다.
④ 주로 디젤엔진을 사용한다.

해설 지게차는 앞바퀴 구동, 뒷바퀴 조향으로 되어 있다.

26 지게차에서 틸트 실린더의 역할은?

① 차체 수평유지 ② 포크의 상하이동
③ 마스트 앞 · 뒤 경사 조정 ④ 차체 좌우 회전

해설 틸트 장치는 마스트 앞 · 뒤로 경사시키는 장치이다.

27 다음 중 지게차의 구성품이 아닌 것은?

① 블레이드 ② 밸런스 웨이트
③ 틸트 실린더 ④ 마스트

28 지게차에서 엔진이 정지되었을 때 레버를 밀어도 마스트가 경사되지 않도록 하는 것은?

① 벨 크랭크 기구 ② 틸트 록 장치
③ 체크 밸브 ④ 스태빌라이저

해설 틸트 록 장치는 마스트를 기울일 때 갑자기 엔진의 시동이 정지되면 작동하여 그 상태를 유지시키는 작용을 한다. 즉 레버를 움직여도 마스트가 경사되지 않도록 한다.

29 운행 중 브레이크에 페이드 현상이 발생했을 때 조치방법은?

① 브레이크 페달을 자주 밟아 열을 발생시킨다.
② 운행속도를 조금 올려준다.
③ 운행을 멈추고 열이 식도록 한다.
④ 주차 브레이크를 대신 사용한다.

해설 브레이크에 페이드 현상이 발생하면 정차시켜 열이 식도록 한다.

30 다음 중 클러치 페달의 자유간극 조정방법은?

① 클러치 링키지 로드로 조정한다.
② 클러치 베어링을 움직여서 조정한다.
③ 클러치 스프링 장력으로 조정한다.
④ 클러치 페달 리턴 스프링 장력으로 조정한다.

해설 클러치 페달의 자유간극은 클러치 링키지 로드로 조정한다.

31 지게차에서 적재 상태의 마스트 경사로 적합한 것은?

① 뒤로 기울어지도록 한다.
② 앞으로 기울어지도록 한다.
③ 진행 좌측으로 기울어지도록 한다.
④ 진행 우측으로 기울어지도록 한다.

해설 적재 상태에서 마스트는 뒤로 기울어지도록 한다.

32 건설기계조종사 면허 적성검사기준으로 틀린 것은?

① 두 눈의 시력이 각각 0.3이상
② 시각은 150도 이상
③ 청력은 10m의 거리에서 60데시벨을 들을 수 있을 것
④ 두 눈을 동시에 뜨고 잰 시력이 0.7이상

해설 55데시벨(보청기를 사용하는 사람은 40데시벨)의 소리를 들을 수 있고, 언어분별력이 80퍼센트 이상일 것이어야 한다(건설기계관리법 시행규칙 제76조).

33 차로가 설치된 도로에서 통행방법 중 위반이 되는 것은?

① 택시가 건설기계를 앞지르기를 하였다.
② 차로를 따라 통행하였다.
③ 경찰관의 지시에 따라 중앙 좌측으로 진행하였다.
④ 두 개의 차로에 걸쳐 운행하였다.

해설 두 개의 차로에 걸쳐 운행하는 행위는 금지된다.

차로 위반의 유형
① 두 개의 차로에 걸쳐 운행하는 행위
② 한 차로로 운행하지 않고 두 개 이상의 차로를 지그재그로 운행하는 행위
③ 갑자기 차로를 바꾸어 옆 차로로 끼어드는 행위
④ 여러 차로를 연속적으로 가로지르는 행위
⑤ 특별히 진로 변경이 금지된 곳에서 진로를 변경하는 행위

34 건설기계로 등록된 덤프트럭의 검사유효기간은?

① 6개월 ② 1년
③ 1년 6월 ④ 2년

해설 덤프트럭의 검사유효기간은 1년이다(건설기계관리법 시행규칙 표7).

35 건설기계의 조종 중 과실로 7명 이상에게 중상을 입힌 경우 면허처분 기준은?

① 면허 취소 ② 면허효력정지 30일
③ 면허 효력정지 60일 ④ 면허효력정지 90일

해설 건설기계의 조종 중 과실로 7명 이상에게 중상을 입힌 경우 면허 취소에 해당한다(건설기계관리법 시행규칙 별표22). 이외에도 과실로 3명을 사망하게 한 경우, 19명에게 경상을 입힌 경우에도 면허취소 사유에 해당된다.

정답 25. ② 26. ③ 27. ① 28. ② 29. ③ 30. ① 31. ① 32. ③ 33. ④ 34. ② 35. ①

36 세척작업 중 알칼리 또는 산성 세척유가 눈에 들어갔을 경우 가장 먼저 조치하여야 하는 응급처치는?

① 수돗물로 씻어낸다.
② 눈을 크게 뜨고 바람 부는 쪽을 향해 눈물을 흘린다.
③ 알칼리성 세척유가 눈에 들어가면 붕산수를 구입하여 중화 시킨다.
④ 산성 세척유가 눈에 들어가면 병원으로 후송하여 알칼리성으로 중화시킨다.

해설 세척유가 눈에 들어갔을 경우에는 가장 먼저 수돗물로 씻어낸다.

37 등록번호표의 반납사유가 발생하였을 경우에는 며칠 이내에 반납하여야 하는가?

① 5일 ② 10일
③ 15일 ④ 30일

해설 건설기계조종사면허를 받은 자가 건설기계조종사면허증의 반납 사유에 해당하는 에는 그 사유가 발생한 날부터 10일 이내에 주소지를 관할하는 시장 · 군수 또는 구청장에게 그 면허증을 반납하여야 한다(건설기계관리법 시행규칙 제80조).

38 도로교통법상 교통사고에 해당되지 않는 것은?

① 도로운전 중 언더길에서 추락하여 부상한 사고
② 차고에서 적재하던 화물이 전락하여 사람이 부상한 사고
③ 주행 중 브레이크 고장으로 도로변의 전주를 충돌한 사고
④ 도로주행 중 화물이 추락하여 사람이 부상한 사고

39 도로교통법상 주차를 금지하는 곳으로서 틀린 것은?

① 상가 앞 도로의 5m 이내인 곳
② 터널 안 및 다리 위
③ 도로공사를 하고 있는 경우에는 그 공사구역의 양쪽 가장자리로부터 5m 이내인 곳
④ 화재경보기로부터 3m 이내인 곳

40 건설기계 소유자가 관련법에 의하여 등록번호표를 반납하고자 하는 때에는 누구에게 하여야 하는가?

① 국토교통부장관 ② 동장
③ 시 · 도지사 ④ 구청장

해설 건설기계 등록번호표는 10일 이내에 시 · 도지사에게 반납하여야 한다.

41 건설기계 관리법령상 건설기계 정비업의 등록구분으로 옳은 것은?

① 종합건설기계 정비업, 부분건설기계 정비업, 전문건설기계 정비업
② 종합건설기계 정비업, 단종건설기계 정비업, 전문건설기계 정비업
③ 부분건설기계 정비업, 전문건설기계 정비업, 개별건설기계 정비업
④ 종합건설기계 정비업, 특수건설기계 정비업, 전문건설기계 정비업

해설 건설기계 정비업의 구분에는 종합건설기계 정비업, 부분건설기계 정비업, 전문건설기계 정비업 등이 있다.

42 도로교통법상 차로에 대한 설명으로 틀린 것은?

① 차로는 횡단보도나 교차로에는 설치할 수 없다.
② 차로의 너비는 원칙적으로 3미터 이상으로 하여야 한다.
③ 일반적인 차로(일방통행도로 제외)의 순위는 도로의 중앙선 쪽에 있는 차로부터 1차로로 한다.
④ 차로의 너비보다 넓은 건설기계는 별도의 신청절차가 필요없이 경찰청에 전화로 통보만 하면 운행할 수 있다.

43 자동차에서 팔을 차체의 밖으로 내어 밑으로 펴서 상하로 흔들고 있을 때의 신호는?

① 서행신호 ② 정지신호
③ 주의신호 ④ 앞지르기신호

해설 오른손을 펴서 45도 각도로 자연스럽게 상하로 왔다갔다 하는 제스처는 서행을 한다는 의미이다(도로교통법 시행령 별표 2).

교통수신호 방법
① 좌회전·횡단·유턴 시 : 왼팔을 수평으로 펴서 차체 밖으로 내민다.
② 우회전 시 : 왼팔을 차체 밖으로 내어 팔꿈치를 굽혀 수직으로 올린다.
③ 정지 시 : 팔을 차체 밖으로 내어 밑으로 편다.
④ 서행 시 : 밑으로 펴서 위 · 아래로 흔든다.

44 산소가 결핍되어 있는 장소에서 사용하는 마스크는?

① 방진 마스크 ② 방독 마스크
③ 특급 방진 마스크 ④ 송풍 마스크

45 고속도로 운행시 안전운전상 특별 준수사항은?

① 정기점검을 실시 후 운행하여야 한다.
② 연료량을 점검하여야 한다.
③ 월간 정비점검을 하여야 한다.
④ 모든 승차자는 좌석 안전띠를 매도록 하여야 한다.

해설 고속도로 등을 운행하는 자동차 가운데 좌석안전띠가 설치되어 있는 자동차의 운전자는 모든 동승자에게 좌석안전띠를 매도록 하여야 한다. 다만, 질병 등으로 인하여 좌석안전띠를 매는 것이 곤란하거나 행정자치부령으로 정하는 사유가 있는 경우에는 그러하지 아니하다(도로교통법 제67조제1항).

46 밀폐된 용기에 채워진 유체의 일부에 압력을 가하면 유체 내의 모든 곳에 같은 크기로 전달된다는 원리는?

① 파스칼의 원리 ② 베르누이의 원리
③ 보일샤르의 원리 ④ 아르키메데스의 원리

해설 프랑스의 과학자인 파스칼(Pascal)은 밀폐된 용기 속 유체 표면에서 압력이 가해질 때 유체의 모든 지점에 같은 크기의 압력이 전달된다는 것을 발견하였는데 이를 '파스칼의 원리'라 한다. 이 원리에 따르면 같은 힘(F)이라도 면적(A)이 클수록 압력(P)은 더욱 커지게 된다. 즉 힘을 배가시킬 부분의 면적을 증가시킨으로써 몇 배나 강한 힘을 생성시킬 수 있기 때문에 작은 힘만으로도 큰 힘 얻을 수 있다.

47 오일의 흐름이 한 쪽 방향으로만 가능한 것은?

① 릴리프 밸브(relief valve) ② 파이롯 밸브(pilot valve)
③ 첵 밸브(check valve) ④ 오리피스 밸브(orifice valve)

해설 체크 밸브(첵 밸브)는 유체를 한쪽 방향으로만 흐르게 하고 반대 방향으로는 흐르지 못하도록 하는 방향제어밸브의 한 종류이다.

정답 36. ① 37. ② 38. ② 39. ③ 40. ③ 41. ① 42. ④ 43. ① 44. ④ 45. ④ 46. ① 47. ③

48 **야간작업을 할 경우 안전운전 방법으로 틀린 것은?**

① 작업장에는 조명이 불필요하고 통로만 조명시설을 한다.
② 전조등 또는 기타 조명장치를 이용한다.
③ 원근감이 불명확해지므로 조명장치를 이용한다.
④ 지면의 고저감의 착각을 일으키기 쉬우므로 안전속도로 운전한다.

해설 야간의 어두운 장소에서 작업 시에는 조명을 반드시 설치하여 사고에 대비하여야 한다.

49 **일반 공구 사용에 있어 안전관리에 적합하지 않은 것은?**

① 작업특성에 맞는 공구를 선택하여 사용할 것
② 공구는 사용 전에 점검하여 불안전한 공구는 사용하지 말 것
③ 작업 진행 중 옆 사람에서 공구를 줄 때는 가볍게 던져 줄 것
④ 손이나 공구에 기름이 묻었을 때에는 완전히 닦은 후 사용 할 것

50 **일반 작업환경에서 지켜야 할 안전사항으로 틀린 것은?**

① 안전모를 착용한다.
② 해머는 반드시 장갑을 끼고 작업한다.
③ 주유 시는 시동을 끈다.
④ 정비나 청소작업은 기계를 정지 후 실시한다.

51 **작업장 안전을 위해 작업장의 시설을 정기적으로 안전점검을 하여야 하는데 그 대상이 아닌 것은?**

① 설비의 노후화 속도가 빠른 것
② 노후화의 결과로 위험성이 큰 것
③ 작업자가 출퇴근 시 사용하는 것
④ 변조에 현저한 위험을 수반하는 것

52 **작업장에서 휘발유 화재가 일어났을 경우 가장 적합한 소화방법은?**

① 물 호스의 사용
② 불의 확대를 막는 덮개의 사용
③ 소다 소화기의 사용
④ 탄산가스 소화기의 사용

53 **크레인으로 화물을 적재할 때의 안전수칙으로 틀린 것은?**

① 시야가 양호한 방향으로 선회한다.
② 조종사의 주의력을 혼란스럽게 하는 일은 금한다.
③ 작업 중인 크레인의 운전반경 내에 접근을 금지한다.
④ 작업 중인 조종사와는 휴대폰으로 연락한다.

54 **과급기케이스 내부에 설치되며 공기의 속도에너지를 압력에너지로 바꾸는 장치는?**

① 디퓨저　　② 터빈
③ 임펠러　　④ 디플렉터

해설 디퓨저는 과급기 케이스 내부에 설치되며, 공기의 속도에너지를 압력에너지로 바꾸는 장치이다.

55 **산업안전보건법상 안전 · 보건표지의 종류가 아닌 것은?**

① 위험표지　　② 금지표지
③ 경고표지　　④ 지시표지

해설 산업안전 보건표지의 종류에는 금지표지, 경고표지, 지시표지, 안내표지가 있다.

56 **재해유형에서 중량물을 들어 올리거나 내릴 때 손 또는 발이 취급 중량물과 물체에 끼어 발생하는 것은?**

① 감전　　② 낙하
③ 전도　　④ 협착

57 **다음 중 지게차의 운전방법으로 틀린 것은?**

① 화물 운반 시 내리막길은 후진으로 오르막길은 전진으로 주행한다.
② 화물 운반 시 포크는 지면에서 20~30cm 가량 띄운다.
③ 화물 운반 시 마스트를 뒤로 가량 경사시킨다.
④ 화물 운반은 항상 후진으로 주행한다.

58 **지게차 운전 종료 후 점검사항과 가장 거리가 먼 것은?**

① 각종 게이지
② 타이어의 손상여부
③ 연료량
④ 기름누설 부위

해설 각종 게이지 점검은 운전 중에 한다.

59 **다음 중 지게차의 적재방법으로 틀린 것은?**

① 화물을 올릴 때에는 포크를 수평으로 한다.
② 적재한 장소에 도달했을 때 천천히 정지한다.
③ 포크로 물건을 찌르거나 물건을 끌어서 올리지 않는다.
④ 화물이 무거우면 사람이나 중량물로 밸런스 웨이트를 삼는다.

60 **지게차의 운전 장치를 조작하는 동작의 설명으로 틀린 것은?**

① 전 · 후진 레버를 앞으로 밀면 후진한다.
② 틸트 레버를 뒤로 당기면 마스트는 뒤로 기운다.
③ 리프트 레버를 밀면 포크가 하강한다.
④ 전 · 후진 레버를 잡아당기면 후진이 된다.

정답 48. ① 49. ③ 50. ② 51. ③ 52. ④ 53. ④ 54. ① 55. ① 56. ④ 57. ④ 58. ① 59. ④ 60. ①